教育部教育装备研究与发展中心中央级公益性科研院所基本科研业务费专项支持课题《学校直饮水设备运维模式适用性研究》（课题编号：KZX201709）研究成果

# 学校直饮净水设备技术运维与应用指南

辛 珉 线亚威 沈英琪 主编

中央民族大学出版社
China Minzu University Press

**图书在版编目（CIP）数据**

学校直饮净水设备技术运维与应用指南 / 辛珉，线亚威，沈英琪主编 .-- 北京：中央民族大学出版社，2019.11（2020. 5重印）

ISBN 978-7-5660-1700-0

Ⅰ.①学… Ⅱ.①辛… ②线… ③沈… Ⅲ.①学校－净水－设备－指南 Ⅳ.①TM925.59-62

中国版本图书馆 CIP 数据核字（2019）第 176392 号

**学校直饮净水设备技术运维与应用指南**

主　　编　辛　珉　线亚威　沈英琪
责任编辑　于秋颖
责任校对　肖俊俊
封面设计　舒刚卫
出 版 者　中央民族大学出版社
　　　　　北京市海淀区中关村南大街 27 号　　邮编：100081
　　　　　电话：（010）68472815（发行部）　传真：（010）68933757（发行部）
　　　　　　　　（010）68932218（总编室）　　　　（010）68932447（办公室）
发 行 者　全国各地新华书店
印 刷 厂　北京建宏印刷有限公司
开　　本　787 × 1092　1/16　印张：26.5
字　　数　312 千字
版　　次　2019 年 11 月第 1 版　2020 年 5 月第 2 次印刷
书　　号　ISBN 978-7-5660-1700-0
定　　价　108.00 元

# 学校直饮净水设备技术运维与应用指南
## 编　委　会


**主编**：辛　珉　线亚威　沈英琪

**编委**：（按姓氏笔画排序）

王　茜　王　冰　邓　哲　刘　东　任国飞　沈英琪　张永杰

何应斌　辛　珉　李红高　李　杰　线亚威　赵宝云　骆文平

易显早　段　蕊　徐建广　夏建新　夏建中　靳　锋

# 序 言

随着我国经济的飞速发展，物质生活水平的不断提高，饮水安全日益受到人们关注，校园饮水更是关系着师生的身体健康。家长和师生对于改善校园健康饮水品质、保障学生的饮食安全的呼声也是越来越高。这些饮水设备的消毒净化水平也应跟上现代技术的进步，在学校中推广以膜处理技术为基础的消毒净化直饮水设备是技术发展的必然趋势，只要选配的设备适用、运维合理得当，就完全可以满足师生不断增长的安全饮食和健康饮水的需要。

学校直饮水是指以自来水为原水，通过膜分离技术把自来水处理为优质直饮净水，直接供师生饮用，实现饮水和生活用水的分质、分流，达到直饮的目的，并满足优质优用、低质低用的要求。这种供水模式也是节约用水、保护水资源的有效途径之一。由于减少了中间的运输和搬运，师生可随时饮用，采用的净水处理设备是有卫生生产许可批件的专用设备和符合国家标准规范的消毒设备，运维和水质检测又是在学校的监督下进行的，所以不仅饮水的安全可以保证，而且根据实际测算，使用膜处理设备处理出来的直饮水的价格相对于桶装水、瓶装水等包装饮用水的价格还会稍微便宜一些。全国大部分学校还是愿意接受这种供水模式的，在乡村学校和一些民族地区的学校由于水质情况不稳定，所以对于膜处理净化方式的直饮水设备需求更迫切，更能体现教育均衡发展的要求。

随着工业化的发展，水环境不断受到影响，全国的学前幼儿园、中小学校以及大中院校直饮水新建与改造已成为发展趋势。教育部门与学校也在不断试点，努力改善设备与设备运行维护条件，使这些常年在校园中配备的直饮水净水设备能够持续地为广大师生服务，为学生提供充足的符合卫生标准的饮用水。本书提供了目前学校的饮水方式和设备现状及分析、膜处理净水处理技术参考、直饮水净化消毒技术、学校直饮水设备所涉及的法律法规和规范标准、设备适用性分析、设备运维方案对后期水质的影响分析及不同类型学校详实设计和运维模式的案例，为今后教育部门和学校配备直饮水净化系统、在系统运维工作中找到适用自己学校特色的设备和有的放矢的日常运维模式，及地区特色的使用方法提供参考。

# 目 录

# 校园饮水设备现状及对策建议

校园饮水工程是一项全面的福利工程、德政工程、均衡工程，也是一项政策许可、家长拥护、学校省心的工程，是有利于提高在校师生身体健康水平的一项重要工作，关系到一个国家的未来以及国民未来人群的整体身体素质。因此，倡导师生健康安全饮水、推广优质健康的校园直饮水工程很有必要。学校与教育部门也在不断试点，努力寻找适用学校、节能、环保、安全、健康的饮水模式，并不断努力改善设备技术条件与设备运行维护手段，使这些在校园中配备的饮水设备能够持续不断地为广大师生服务，提供充足的符合卫生安全标准的优质直饮水。

# 第一节　学校传统饮水设备现状

为了改善饮用水质量，保护水资源，推行全民健康的饮水战略，为更好地找出校园饮水工程的最佳方案，使学校饮水设备更符合地方情况和学校具体情况，教育部教育装备研究与发展中心“学校直饮水设备运维模式适用性研究”课题的项目组有针对性地对校园饮水现状及问题进行了细致的研究与调研。显然实施青少年健康饮水福利工程是造福子孙后代、让他们健康成长的重大问题，也可以彻底解决长期以来困扰学生饮水的难题。项目组为了对学校饮水设备的现状及问题进行深入的研究和分析，前期进行了项目调研，抽取了饮水设备使用和饮用水水质具有代表性的地区，先后赴厦门、淮北、长春、长沙、上海、南宁、西安、福州等地开展了专项调研。走访了80多所学校，并进行了多次研讨与面对面的座谈，收回了112所学校的4000余份调查问卷，总样本共118组数据，对目前校园饮用水的现状、适用性及校园直饮水指标要素等数据进行了分析。参与调查学校中的各种饮水方式的数量与总调查数量的百分比数据如图1–1所示。

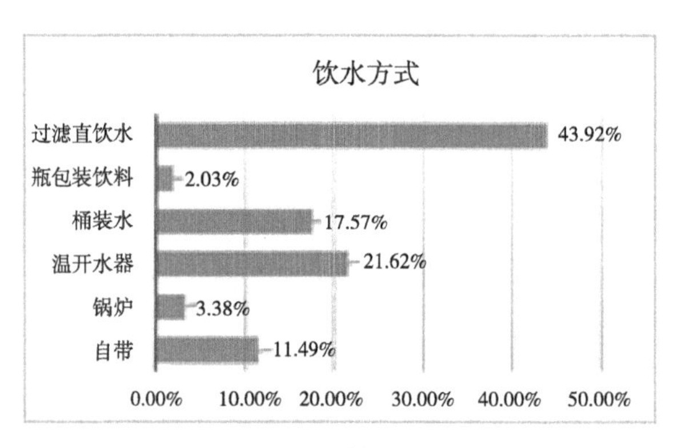


图 1–1　校园各饮水方式占比

由调查结果可知，目前，学校饮用水大概分为自带水、燃煤（气）锅炉供饮水、桶装水、温开水、直饮水、瓶包装饮料等方式。由于种种原因，受设备运行和消毒方式的影响，前面几种供应饮水的方式和设备会有水质不达标的可能性，卫生指标达不到《生活饮用水卫生标准》的情况也时有发生，如果按2005年建设部颁布的《饮用净水水质标准》（CJ 94–2005）就更难达标了。有部分学校认识到了安装采用膜处理加二次消毒技术的学校直饮水系统的重要性，为了防止安全隐患发生，学校引进了直饮水设备，它是采用膜处理技术对市政自来水或是对原来供水系统的饮水进行净化的方法，为学校师生提供健康安全的直饮水。

## 一、燃煤（气、油）锅炉供饮水方式

目前有部分学校仍然在使用燃煤（气、油）锅炉设备为师生提供饮水，如图1–2所示，这些锅炉只是将市政或是深井水烧开消毒后，灌入保温桶或是保温壶中晾凉后再饮用。这种方式对于原水只是进行了高温消毒，去不掉水中杂质，所以市政管网的供水水质直接影响着烧开饮水的水质。另外随着国家对大气排放的要求不断提高，锅炉烧开水的方式由于煤燃烧后从烟囱排出的粉尘、氮氧化物、二氧化碳、二氧化硫等气体对大气环境造成了严重的污染和破坏，而脱硫、脱氮的处理工艺较复杂，处理设备运行费较高，使用过程中系统工作又不稳定，这样就出现了排放超标污染和破坏环境的问题；又因为锅炉本身的热效率不高，在烧开消毒的过程中就已经损失了大量的热能，烧开后需要将开水晾到合适的温度才能饮用，得到温水的时间较长，学生饮用很不方便；辅助场地占用面积大，不能对饮水水质起到任何净化和改善作用，仅是烧开消毒，容易产生二次粉尘污染，还存在火灾爆炸等安全生产隐患；由于操作复杂，锅炉需要有专业人员维护保养且维护保养困难，人员费用和设备运行成本也

图1–2　更换下来的饮水燃煤锅炉

较高，所以这种供饮用水的方式已经不适应健康饮水的要求。学校中这些设备已经逐渐被其他清洁能源的饮水设备和消毒净化系统取代。

## 二、桶装水及饮水机

学校中使用桶装水解决饮水问题，表面上它是解决师生饮水问题最简单的途径，只要购买桶装水和桶装水的饮水机或是一个简单的饮水泵、倒水装置即可。所以在前期调研过的学校中大约有17%的学校还在使用这种饮水设备。饮水机有台式和立式之分，工作原理都是将桶装水倒装在饮水机上，靠重力势能将饮水灌入水箱，然后进行加热或是制冷，水嘴一开直接就可以喝了。由于饮水机取水时肯定会给水桶中补充空气，从而会将空气中的病毒、细菌等有害物质带入桶中，再经过长时间的放置使得桶内的菌落总数超标，容易造成二次污染。用这些简单的饮水泵或是一个倾倒装置来取水，无法做到与教室空气隔离。空气里的细菌、病毒等会通过扩散和飘移的方式进入到饮水中，经过长时间放置，细菌病毒大量繁殖，就容易使饮水中的菌落总数超标。

现实中经常出现饮水机的桶装水菌落总数超标率高于单纯桶装水，这是因为饮用水经过饮水机时有了二次污染。原因主要是饮水机清洗消毒的问题，还有饮水机本身的质量问题。其次是饮水机的清洗是没有规章制度可循的，大多数学校清洗时只是用高压水冲洗，还有用化学清洗剂的办法，虽然可以清洗得彻底，但是会存在化学清洗剂残留的问题，它既没有检测方法也没有检测标准，这些方面也没有得到校方重视。所以饮水机要经常清洗消毒，防止饮水机中残留的微生物生长繁殖，造成二次污染，如图 1-3 所示。建议饮水机每个月清洗消毒一次，夏季则半个月一次，新购饮水机在初次使用时也应彻底清洗消毒，以保证饮水机清洁。

水质情况和水质检验也存在很大的问题。在水质检验中，一般的学校由于受财力和人力的限制，对校园中每台饮水机的每个水嘴进行标准的取样是非常不容易做到的。如果再加上检验周期要求，如要求日检、周检、月检、学期检验等就更难做到了。

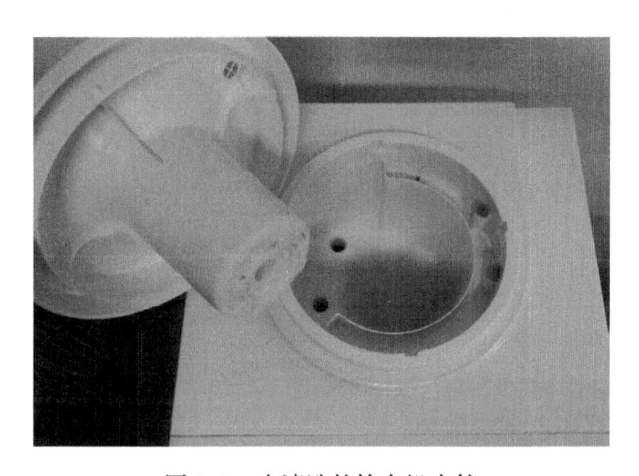

图 1–3　未清洗的饮水机水箱

桶装水的污染源首先就可能来自桶装水本身。在学校中曾发现某些水厂的检验报告使用的是被取代的旧的国家标准进行的水质检测，甚至还发生过水厂产水不合格造成师生群体就医的事件。当送水上门时，一定要观察桶装水的包装桶，质量较好的桶是由PC材质制成，桶体透明度高，表面光滑清亮，质感硬。还应仔细检查桶装饮用水的保质期，桶封上的标签是否完整；同时检查饮用水是否无色、透明、清澈、无异味，没有肉眼可见物，颜色发黄、浑浊、有絮状沉淀或杂质、有异味的水一定不能饮用。首先，桶装水应放在避光、通风阴凉的地方，避免在阳光下曝晒。其次，桶装水一旦打开，应尽量在短期内使用完，通常在一周内用完为宜，否则应加热煮开再饮用。即便是质量较好的桶装饮用水，放置时间太长也易滋生细菌。尤其是在炎热的夏季，温度高，细菌繁殖速度也加快，更不能久存。

桶装水的贮藏还应该有特殊的要求，有些学校为了减少校内运输搬运的麻烦，或是受到学校中库房的场地限制，通常会直接将桶装水从水厂运到教室的饮水机旁，放置在教室中也未加任何保护，从而产生卫生安全隐患。因此应放置在专门的仓库贮藏，既要保持库房的通风换气，还要定期对库房进行消毒和清扫。搬运中的安全问题也应该注意，如小学生在换水时曾发生过水桶脱落砸伤学生或是水桶摔破后划伤或是割伤学生的事件。

选择配备饮水机时一定要采购具备有效的饮用水卫生安全产品卫生许可批件的饮水机，应要求专业厂家每隔一段时间上门清洗每一台饮水机。

饮水机在使用中应避免太阳直射，应放置在阴凉、干燥、通风良好的环境中，由于通过饮水机接水时往往会不断地给水桶中补充空气，所以应避免饮水机的周围有粉尘，走访中经常会看到饮水机放置在教室的黑板旁，黑板粉笔灰和其他灰尘难免会进入到饮水中造成二次污染。

## 三、电（温）开水器供饮水

开水器是将自来水用电直接加热，通过将水烧开对自来水进行灭菌和消毒，出水只能是开水。现在这种产品在学校中比较常见，有的地区在煤改电的工程中统一配备的就是这种产品。也有一些改良的温开水器进入到校园中，就是先将自来水烧开后，经过一个水胆降低开水温度，使水嘴的出水温度降低成为温水，也就是“直饮水”。为了保证电器安全，防止用电安全事故的发生，这种电开水器需要通过3C强制产品认证，要使用3C产品目录上的产品，出水水质的检测标准依据的是《生活饮用水卫生标准》（GB 5749–2006）。

很多地方采用电开水器烧水，那么开水器烧的水可以喝吗？让我们先来看看开水器的工作原理。国内生产的第一代开水器为传统型浮球式电热产品，从这些开水器流出来的饮用水都是生水与开水混合的水。开水器的水箱没有分格，最顶部右边有一个浮球开关，假如热水从水龙头流出，顶部的浮球就会下降，开关阀随即打开，外面的自来水就直接流进水箱，直至灌满水箱后浮球继续浮在顶部。因此人们永远喝的是自来水与饮用开水混合在一起后的“半生半熟”的水。如图1–4是走访的学校中电开水器的一只出水嘴，由于这种设备不能够降低原水的硬度，所以在水嘴上结了一层厚厚的水垢。说明当地的水质硬度比较高，会影响水的口感。据了解，目前学校中使用的开水器还有一部分为传统型浮球式电热产品，这种开水器不能做到将生水与饮用热水完全隔开，流出的“开水”有时达不到烧开的温度。

图1–4 结垢的电开水器水嘴

新型的温开水器通常采取步进加热、箱体保温、冷热交换等方法解决烧开消毒和饮水系统密封、直饮温水和烫伤问题，但是由于

30℃~50℃是病毒和细菌繁殖速度最快的温度，如果在机器的水箱内部存水过多、时间过长，又没有其他辅助的杀菌措施，会使饮水中菌落总数超标。温开水器对水质没有净化和改善作用，即使有些学校用户在温开水器的前面加装上PP棉、活性炭等滤芯对原水进行简单过滤后再进入温开水器中消毒，这些办法还是不能去除原水中可溶的污染物，只是过滤掉了部分的泥沙、铁锈及一些悬浮物。如果滤芯更换得不及时，后面又没有其他的净化措施，那么这些滤芯特别是活性炭滤芯，还会产生二次污染，反而起不到净化的作用了。

其次，在调研中发现当饮水机配备的数量少时，课间时同学们又集中打水，开始时水还是50℃左右的温开水，后面水的温度就已经很高不能直接饮用了，这就表示这个机器的处理能力有限。再到最后由于水箱中没有烧开的水了，这时出水保护装置开始工作，机器中就没有开水或是温开水可提供，所有的水嘴只能停止供水，使得排在后面的同学喝不上水。还有的学校将机器配置得足够多，认为这样就一定可以满足同学们的喝水需求。但是当广播操的大课间下课时，同学们集中打水，这时所有的温开水器会同时加热，又加上供水水泵的突然启动，造成设计的用电容量不够，学校供电的总闸产生的跳闸事故影响了正常的教学秩序，学校只能选择更换更大的保护开关，并对变压器进行增容。

## 四、传统饮水方式问题分析

### 1. 校园生活中饮水习惯问题

日常生活中大家对饮水的重要程度认识不足，认为饮水只可用来解渴，不渴就不用喝水，有的甚至将饮料水等同于饮用水，所以经常造成每日饮水量不足的情况。中小学生在校的大部分时间是在课堂上度过的，学校饮水设施不完善，导致学生想喝水却不能立即喝到，尤其是当天气热或是运动后，都很容易造成缺水状态，当身体内缺水严重时，人就会感到疲劳犯困，精神不集中，学习效率下降，甚至可能呈现早期脱水现象。另外还有不少学生没有主动饮水的习惯，这些都是需要注意的问题。

**2. 学校饮水设备问题**

学校中饮水设备受办学条件限制，还有如下许多不尽如人意的方面有待改进。

第一，直接饮用深井水、自来水等未经消毒处理的水。很多经济条件不发达的地区及民族地区学生都有直接饮用自来水或是未经消毒处理的水的经历，而且夏天生饮现象更为普遍。我国虽然在下大力气对水源地进行保护，甚至已经上升到立法的层面，但是还会有自来水水源、地下水水源受污染的事件发生。超负荷运转及自来水输配管道的二次污染，都会造成终端自来水水质差，很多卫生指标超标。特别是用户端出水中铁锈、泥沙、浊度、酸碱度等超标，而且水质越差的地方，为了消毒就会在水中投入更多含氯的消毒剂，水中有机物与多余氯发生反应甚至可产生微量的有害物质，如果长期大量饮用也会对健康不利。有个别地区水源保护得好，水厂净化工艺先进，终端水质有保证，具备生饮条件，但即使是出水水质达标也没有人提倡直接饮用。国内的自来水厂受净化工艺、设备及管理水平、自来水品质、输水管道等因素的影响，还做不到国外能直接饮用的水平。

第二，饮用开水。由于自来水存在二次污染、有异味和口感差等问题，为保证学生饮水卫生，有些学校备有锅炉和电热水机，用来把合格的自来水烧开供饮用。但开水容易产生烫伤事故，并且开水只是把水中微生物杀死，原来自来水中残留的泥沙、金属锈蚀、高分子有机物等仍然留在水中。所以自来水还是在学校通过进一步加工净化过滤后再烧成开水或直接饮用为好。

第三，学生自带饮水。现在学生自带水的现象很普遍，而且种类多样，有纯净水、蒸馏水、各种饮料，品牌、容器也各式各样。但自带水会给家长、学生都带来麻烦，每天离家时多一项“备水”程序，同时又给书包增加了额外的重量，另外还会影响学校教室、书桌等的整洁环境，也容易产生学生间互相攀比的现象。

第四，饮用桶装水。不少学校为了让师生们喝上饮水，就配备饮水机购买桶装水让师生饮用，但通过长时间的使用后发现，桶装水水价高、二次污染严重、水质难以控制、送水及贮藏管理麻烦、饮水机清洗困难、出水的水质没有检测等，这些问题已令许多学校桶装水的饮水机“停工”。

所以学生饮水问题的确值得教育部门高度重视，学校饮水工程必须以安全、卫生、价廉、方便为依据，否则难以普及。实践证明，学校直饮水工程的实施，只要设计得当、施工合理、运维适用、管理严格，就能保证饮水安全。由于直饮水工程不用搬运贮藏，可以保障充足饮用，学生的饮水习惯会大为改观，家长既省钱又安心，学生饮水既安全又方便，学校既整洁又易于管理，是一举多得的解决方案。

# 第二节　学校配备直饮水设备对策建议

## 一、重视校园直饮水工程改造工作，把学生健康放在首位

学校后勤设施设备和环境建设都直接影响到学生的生活和学习，做好环境育人方面的工作，后勤部门应提前规划。加强校园直饮水项目的建设，在某种意义上来说就是支持了学生的健康与学习，给学生的学习提供了更好的后勤保障。要充分认识学校直饮水项目替代传统饮水设备的重要性，提高认识，妥善推进学校直饮水装备工作；加快直饮水装备知识的普及，加强监督检查、水质监测和技术指导，使学校设施配置科学化、规范化，促进师生的身体健康。

## 二、加强直饮水标准规范引领，做好项目顶层设计

目前，国家陆续颁布了《学校卫生工作条例》《生活饮用水卫生监督管理办法》等规范，在相关饮水问题上提出了要求。但目前全国各地饮水设备配备情况十分不均衡，特别是在国家层面，还没有针对中小学校直饮水设备的技术要求及配备的相关标准，学校在采购和使用直饮水系统过程中缺乏直饮水配备的标准与规范要求依据，管理和使用均缺乏有

效的指导，基层学校的需求十分强烈。因此，制定并尽快出台中小学校直饮水设备的技术要求及配备标准，从而进一步统一工作制度和装备规范，使各地直饮水项目的推进有章可循、有据可依势在必行。

## 三、根据学校实际选择适用的设备与运维模式

目前，在学校为师生提供直饮水，净化处理技术基本成熟。学校采用的直饮水设备不管采用哪种系统，适用性是关键，只有前期的设计合理适用，才能使运维的工作变得简单、有效且安全。解决师生的饮水问题，做好学校直饮水设备的配备工作，主要是需要找出适用性的关键因素加以解决。由于有些因素来源于学校外部不受学校控制，所以首先应根据学校实际出发，从外部各方面的因素来考虑净水技术和选择运维模式；然后根据学校所处的地理位置及其地形和气候特点，对设备适用性的影响做出相应的改进；校园内部因素主要是从学校本身现有的校园建筑情况、生活用水的供水设施、师生饮水习惯、饮水处设置及管网末端的水质检测等具体情况入手，最后根据技术要求设计学校直饮水系统。

学校直饮水项目运维的模式也直接关系到饮水安全，是学校不可忽视的问题。所以在学校配备设计直饮水系统时不仅要解决上述技术上的难点问题，还要根据地区经济发展和政策的导向，来设计适用的净水处理流程和设备运维模式。使学校的直饮水设备用得放心、运维省心、出水安心。

## 四、协同服务严格监管是饮水安全的有效保障

学校直饮水项目是政府提供的一项重要的社会公共服务项目，它直接涉及千万师生的身体健康，必须高度重视，确保安全。具体应有如下的保障措施：（1）组织保障。市、各区县均要成立由主要领导或分管领导亲自挂帅的直饮水项目实施领导小组，明确责任领导和责任人，制定具体的建设方案；区县教育局管理部门要切实承担具体组织实施和相关管理责任，确保工程顺利实施。（2）监督保障。直饮水项目采购应严格执行《中华人民共和国政府采购法》，企业选择数量应充分考虑建设时间和后续服务要求。工程验收、经费使用应严格按规定办理，并自觉接受相关部门监督。在直饮水项目建设过程中出现的违规、违纪、违法问题，由相关部门查处。（3）安全保障。各学校要开展多种形式的饮水卫生安全教育，爱护设备，安全取水，培养师生良好的饮水习惯。直饮水项目后续服务及水质检查相关要求应在合同中明确约定。（4）计划保障。各区县教育部门根据具体情况做好实施计划，确保在规定的期限内完成任务。教育基建部门在新校建设时，就需要将直饮水系统统筹计划安排其中。

学校直饮水项目的运维不同于一般常用设备，直饮水系统需要专业的维护和细致的管理，避免企业重设备销售，轻售后服务与设备保养维护。建议各相关部门共同努力、各负其责，为师生饮水安全严格把关，为维护学校正常的教学秩序服务。教育部门是负责学校直饮水项目实施的组织机构，主要职责是确定组织模式，制定标准和要求。如确定可以承担直饮水项目服务的企业名单，须制定全市统一的设备购置、工程施工、竣工验收、运行维护、水质检测和应急处置等基本标准和要求，指

导项目的组织实施。同时，联合卫生监督检验等部门加强直饮水项目的监管，如建立投标企业名录，确保技术力量较强、有社会责任心的企业参与项目，对有不良记录的企业建立黑名单制度等。各区县教育局组织协调校企对接，负责校园水服务的采购工作，并对直饮水项目日常运行维护履行监管职能，聘请第三方监测机构，定期检测水质指标。企业有着技术优势，不仅要负责直饮水项目建设，还要负责后期运行维护管理，为学校师生提供符合水量水质要求的服务。学校也从用户层面会同企业负责做好直饮水项目方案制定，协助完成直饮水设备施工、验收和运行工作。

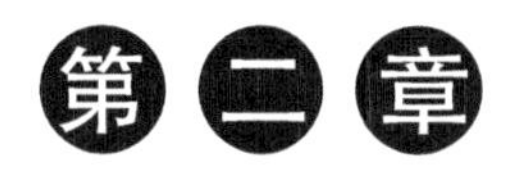


# 膜处理技术特点与学校直饮水设备工艺

学校中配备的饮水设备实践表明，还是以膜处理净化技术加二次消毒的直饮水设备最为安全可靠。只要各方重视，前期适用性设计合理，设备配件选型制造符合审批要求，施工符合流程和施工工艺，运维模式选择得当，符合学校师生的饮水习惯，参数设计健康和安全，即可持续地为师生提供饮水服务，最大限度地保障饮水饮食安全。

## 第一节 膜处理技术的直饮水设备

### 一、学校目前使用膜处理方式的直饮水设备

直饮水在学术描述上还没有明确定义，目前只是一个约定俗成的名称，从字面上理解表示打开水龙头后就可以直接喝的干净卫生的水，长期饮用不会产生疾病和健康问题，它应该符合优质与健康要求。随着膜处理净水技术的成熟应用与不断推广，在学校中使用直饮水净水设备还是有着很大优势的，完全能够满足师生饮水安全需要。

通过调研发现目前给师生提供直饮水服务的学校中，供水的方式存在不同。一种是简单的膜过滤方式，另一种是专用的膜处理技术净化系

统设备的方式。学校专用的膜处理技术的直饮水设备又分为：集成一体式供水设备，如集成一体的饮水机或饮水平台；中央处理管道分散式供水设备，可简称为管道直饮水设备，如可供应平层建筑的管道直饮水设备、可供应整栋楼宇的设备和供应整个校园的管道直饮水设备。这些设备是在简单的膜处理设备上发展起来并经过升级改造，专门为学校师生设计的学校适用的直饮水专用设备。

## 二、学校使用膜处理直饮水设备的技术优势

水是生命之源！学校中饮水的品质影响着师生的生活品质和健康水平。目前，家用净水器的使用已经十分普遍，膜处理净水技术也已经日趋成熟，但是在学校中使用的膜处理净水设备与家用的净水器还是有着很大的区别，直接把家用的净水器安装到学校还不能适用，也不能满足学校的使用特点。家用净水器由于净水流量太小，若课间时同时使用，会有供水不足的问题，不能满足师生取水需求。

收回的调查问卷显示师生们还是比较愿意饮用温度适中的直饮水，安装了直饮水设备的学校中，同学和老师们还是希望增加设备数量和净水流量，来满足课间打水的需要。数据显示，有的学校存在一些顾虑和担心，目前还在观望中，感觉不如桶装水省事，校方也可少一些管理责任等。但是以上的担心都可以解决，部分学校已经使用新的校园饮水净化设备来替代原有设备，这些设备使用膜过滤技术对市政水或是自备饮用水源进行过滤净化，加工后根据具体情况再选择一种或是几种消毒方式并用的办法来实现抑菌，保证产品水的水质、微生物等指标符合《饮用净水水质标准》（CJ 94–2005）要求。

学校的直饮水系统的优势在于它出水就可以直接饮用，净水目的明确，能有效除去水中杂质，改善口感，提高饮用水安全，达到保证人体饮水健康的目的；运行独立，膜处理的直饮水设备有着独立的管道、净化装置与二次消毒装置，有独立出水口可以确保不受到二次污染，在新型的膜处理饮水设备中还有反复冲洗功能用来提高膜装置过水能力；多样化设计，可以根据不同学校的校园文化甚至是民族风格定制出不同的合适产品，安装模式也可以各不相同，可以设计在教室、办公室、图书馆、活动室、宿舍、体育馆、食堂甚至是操场边；可选设备类型多，可根据学校不同的原水水质情况选择合适的直饮水设备，达到为学校提供经济且适合的饮水的目的；使用方式灵活，不仅可以提供日常饮水，还可以使用移动型净水处理设备来应对出现的紧急事件；由于学校是在开学期间统一时间使用膜处理装置和消毒设备，使其处于相对持续的工作运行状态，同时又有寒暑假的放假时间，从而可以对设备统一进行滤料更换、清洗等维护保养工作。总的来说，膜处理的直饮水设备的产品水可以做到温度适中、无须搬运、持续供应、系统密封、安全足量、即喝即饮。

另外，学校直饮水属于分质供水的范畴，是在水资源有限的情况下确保师生在校多用途用水质量的最佳方式。学校常规用水占比：饮水（约2%）、生活用水（50%~60%）、冲洗用水（马桶用水，景观绿化等40%~50%），通过比较可以发现，饮水在总耗水量里占比很小。如果实现饮水和生活用水分质分流，并满足优质优用、低质低用的原则，这种供水模式不仅可以节约能源消耗，还可以节约宝贵的水资源。

特别是乡村学校和民族地区学校更迫切需要采用膜处理技术的直饮水设备来保障饮水的安全，希望能给予政策、资金的支持和技术上的指导，尽快使用上技术先进、产品可靠、维护简便、高效安全、节约环保的直饮水设备，以解决广大师生健康饮水的问题。

## 三、配备膜处理饮水设备是保障饮水安全的需要

长期以来，中小学生饮水难的问题在社会上反应强烈，建立统一、科学的健康饮水系统成为维护中小学生健康、减轻家庭和学校负担的必然趋势。党中央、国务院对学校饮水安全工作非常重视。早在1990年国务院发布的《学校卫生工作条例》的第七条中就有规定，“学校应当为学生提供充足的符合卫生标准的饮用水”。饮水安全是头等大事，特别是在学校中的饮水工程更应严格把关，2005年，国家发展和改革委员会、水利部、卫生部、教育部下发了《关于做好农村学校饮水安全工程建设工作的通知》（发改农经〔2005〕1592号），明确要求各地要建设好农村学校的饮水安全工程，保证学生喝上符合卫生标准的水；2014年10月国家卫计委办公厅、教育部办公厅下发了《关于加强学校食源性疾病监测和饮用水卫生管理工作的通知》（国卫办食品函〔2014〕887号），对进一步做好学校食源性疾病监测报告和饮用水卫生管理工作提出了工作要求。在2011年，国家的十二部门联合发起和实施了“全国青少年健康饮水工程”，率先在全国推广校园直饮水项目。在5年的时间里，该公益项目已经惠及了1000余所中小学，使超过200万名学生喝上了健康的直饮水。然而，保护青少年饮水健康仅靠公益事业的力量还是远远不够的。虽然各级政府及教育主管部门越来越意识到青少年饮用水安全的重要性，但中小学校校园直饮水的推广依旧面临着资金、政策、卫生规范、设备标准、技术适用、运维模式等众多方面的制约。什么样的水才能够直接

饮用？怎样规范实施直饮水项目？按什么标准配备直饮水设备？水质检测使用什么样的标准？其中的具体指标要求是什么？……这些问题还需要认真研究，不断通过新技术的试点和应用推广才能解决。

## 四、学校膜处理直饮水项目难点分析

研究项目组曾对全国不同地区学校供水服务、管理部门和服务企业进行过调研和座谈，发现不少中小学校幼儿园及职业学校等部门均提供饮水，但供水的方式存在很大差异。有简单膜过滤单机供水（一般采用活性炭、PP棉和反渗透膜三级简单过滤后烧开再冷却的方式供应温水），集成一体式饮水平台供水（多以五级过滤加二次消毒方式），以及中央处理管道分散式供水（中央处理机房处理加复合消毒方式）三种形式。由于多方面因素和采用的技术手段不同，在供水方式、部门管理和企业服务等方面还存在问题，校园直饮水服务质量不高，经费投入和运维重视程度有待提高。具体来说，存在以下几个方面的问题：

### 1. 各种供水方式均存在不同难点

简单单机供水模式安装简便，初期投入较低，因此有不少学校采用。这种模式通过简单膜过滤后，将水烧开冷却，供给学生饮用，一定程度上减轻了师生对水质的疑虑。但这种单机工艺简单，仅有三级过滤，在设备保养不及时、消毒和检测工作跟不上时会引起水质不稳定的情况，但其效果还是优于将自来水直接烧开。

集成一体式饮水平台也有安装施工简便、集成度高、前期投入较低等优点，但是后期检测和维护比较分散，每台设备都需要进行滤芯更换和出水水质检测。另外，由于紫外消毒用汞灯寿命问题而引起消毒功能失效等难点也需要重视和研究。

中央处理管道分散式直饮水项目建设前期投入高，运维阶段管理、服务和健康宣传跟不上，使得师生对水质产生疑虑；某些设备净水处理技术陈旧，终端机功能不能适应使用要求等，使设备使用率降低，从而造成浪费。

**2. 校园直饮水项目推广的困难**

首先，校园推广直饮水项目缺少相关的项目管理和净水水质的国家标准，学校和管理部门缺少操作的依据，如实施的标准（部分地区和部门正在起草地方标准、团体标准、行业标准）等。为避免风险，中央处理管道供应直饮水系统，即分质供水，存在审批流程多、时间长、手续比较复杂等问题。其次，学生家长和教师担心水质难以保障，对健康有危害（主要是管线是否符合卫生要求，假期后是否进行设备清洗，滤芯更换是否及时以及取水点是否消毒等问题），根本原因还是没有行业的标准。最后，直饮水项目需要专门的安装空间、管线和专人管理，在学校开学期间大规模施工也存在困难。

**3. 校园直饮水项目的设计与运维模式的困难**

目前，中小学校主要采用简便单机净水、集成一体式饮水平台以及管道直饮水这三种形式。前两种存在不同程度的困难，如运行保养自动化程度低、设备维护工作分散、浓水收集困难、水质容易变化。管道直饮水项目校园供水服务技术先进，净化水质效果好，但后期运行和维护均需要有专业人员和资金保证。后期运维跟不上的主要原因有以下几点：企业重点目标是利润高的净水设备销售环节，需要投入的人力较多，经费却较少，后期运行成本高，但维护积极性不高，责任心不足，故无法得到保证。企业要保证净水设施的运行和维护，必须在当地设立服务点，并配备专业技术人员和车辆。如果项目数量不多，就不能产生规模效益，服务成本就会居高不下。部分企业技术不过关，在运行和维护方面管理不规范，导致水质存在问题。

从上面分析可以看出，校园直饮水项目的组织适用性和管理运维模式等方面迫切需要进行深入探讨，从难点问题出发，深入研究适用性和运维模式两大难题，就可以解决好上述问题，发挥好膜处理技术的优势，做好运维管理工作，严格进行出水水质监测和监督检验，做好资质与检验报告的公示，打消师生的疑虑，能够提供安全健康的达标饮水。

# 第二节 学校直饮水设备的处理工艺分析

## 一、学校直饮水设备处理工艺

学校直饮水处理过程多是采用逐级过滤的方法，通用的净化处理流程如图2-1所示，也可根据学校实际情况和不同的滤料设计，在工艺细节上做适当的增减和调整。

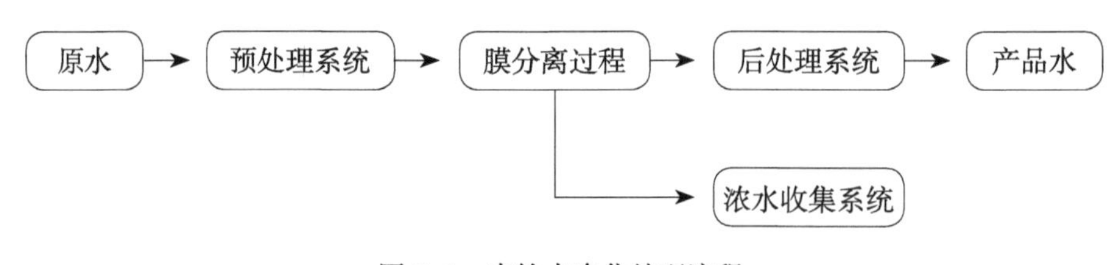


图2-1 直饮水净化处理流程

学校公共直饮水设备的净化处理工艺是在家用净水器的技术上发展而来的，净化处理过程也有相似之处。区别在于学校的公共直饮水设备中使用的净化膜组件水通量要远远大于家用净水器的处理能力。由于学校都有一定的用水周期，节假日还要停用或是减少水量，而日常用水时间段又相对集中在课间，每天会有多个用水高峰，所以饮水峰值产水量是直饮水设备的一个重要参数。另外饮水人数多也是日均总用水量大的原因，与普通家庭用水处理设备相比，学校饮水人数多，每天需要的水量很可能是普通家庭用水量的几十倍甚至数百倍。净水设备需要更耐用，学校用的直饮水是公共饮水范畴，一旦设备出故障不能继续工作或者其中一个净化环节损坏使水质受影响，其影响范围会更广，涉及人数更多，而这种饮水安全问题更是校方最注重的方面，所以设备的“产品质量”和“耐用程度”也是一个非常重要的考核指标。而学校对于产品水的水质要求会更高，解决饮水安全问题，获得更高品质的直饮水是学校配备直饮净水设备的最终目的，所以直饮水设备的安全要求应更高，一旦水质安全出了问题，波及的范围广，涉及的责任大，这也是学校直饮水设备运维工作的重点。所以在后处理过程中还添加了二次消毒设备，对净水进行再次的灭活杀菌，保障饮水安全。有些学校的人数众多而且密集、饮水量较大、选择的净水处理方式产水率较低，所以就需要根据设备和场地等情况增设直饮水设备数量。

## 二、直饮水设备滤芯的分类

滤芯的种类按水净化原理分为：预处理滤芯，即具备粗滤功能的滤芯，包括前置过滤器、石英砂、无烟煤、天然锰砂、陶瓷、PP棉等滤料的滤芯；膜芯，即以膜元件为核心构成的滤芯，包括超滤（UF）滤芯、纳滤（NF）滤芯、反渗透（RO）滤芯等；吸附滤芯，即具备吸附功能的滤芯，包括以颗粒活性炭（GAC）、活性炭棒（SAC）、活性炭纤维（FAC）、吸附树脂、陶瓷颗粒等为滤料的滤芯；矿化滤芯，即具备矿化功能的滤芯，主要包括以矿化球（MB）、麦饭石（MS）等为滤料的滤芯；离子交换滤芯，即具备和水中离子进行可逆性交换能力的滤芯，包括以阴离子交换树脂、阳离子交换树脂等为滤料的滤芯；复合滤芯，即具备两种或两种以上功能的滤芯；其他滤芯，即上述功能以外的滤芯，如电渗析（ED）、铜锌合金（KDF）等滤芯。

按滤芯的内芯及外壳的组合形式可划分为：分离式滤芯、一体式滤芯和复合式滤芯。

## 三、直饮水设备净化处理过程分析

### 1. 直饮水设备外部的预处理过程

直饮水的原水通常为市政供水，水厂到学校的输送距离长短不一，供水管道的年代不同。在长年的运行中，由于化学、微生物等的作用，管道腐蚀严重，而且杂质会逐渐地在管道上沉淀，一方面在这些杂质上非常容易繁殖大量细菌，另一方面会形成电化合物质，它们可以在很短的时间内造成金属管道的腐蚀或穿孔，管道的锈蚀物、泥沙等杂质不但会导致原水变浑浊和用水设备控制失灵，还对膜组件的前级寿命有很大的影响。所以前置过滤器是对学校直饮水设备原水的第一道粗过滤设备，它内部有不锈钢钢制或铜制过滤网，过滤精度通常在5μm~100μm。前置过滤器一般安装在直饮水设备的前端，可过滤肉眼所见的杂质如泥沙、铁锈、漂浮物等，可以大大延长后续设备的使用寿命。前置过滤器通常为“T”形结构，如图2-2所示，上面“一横”的位置左右两端分别为进出水口。下面“一竖”的位置为机身和内部的筒形过滤网，最下端则为排污口，靠一个阀门来控制开启和关闭。

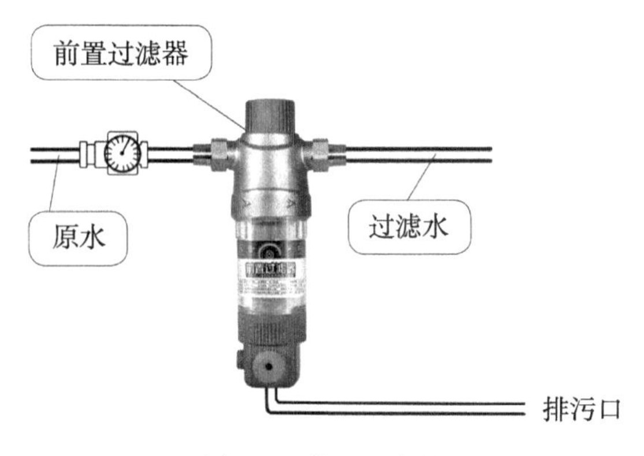


图 2-2　前置过滤器

在德国有立法规定1988年以后的所有建筑物的供水都必须安装这种前置过滤器，因此前置过滤器在欧美市场已经被广泛应用。

前置过滤器通常是装在直饮水设备的外部，其正常的工作状态属于“内压式”，通过自来水的压力由滤网的内壁渗透到外壁，泥沙、铁锈等颗粒型杂质被截留于管内。当杂质积累到一定量后，出水流量偏小，就需要进行清洗了。手动清洗时只需打开底部阀门，并旋转顶部手柄（刷子），滤网截留的杂质就被反向冲出，不会影响系统的正常工作，它不必用电，也可不设置排污地漏，其内部的过滤网也不需要经常更换，定期反冲洗（清洗）即可保证后面的净水设备正常运行，前置过滤器的主滤芯可以使用16个月以上，具体视管网的出水水质等使用情况而定。有时候水质和水量也会影响到更换频率，如果发现滤芯颜色变深则需要清洗或是更换。对原水进行预处理，以提高直饮水设备各级膜组件的使用寿命和产水流量；直饮水设备采用石英砂介质过滤器，主要目的是去除原水中含有的泥沙、铁锈、胶体物质、悬浮物等颗粒，自动过滤系统，采用进口品牌自动控制阀，系统可以自动进行反冲洗、正冲洗等一系列操作。保证设备的产水质量，延长设备的使用寿命。

原水的软化预处理可以使用KDF法和离子交换法来降低硬度。

KDF的工作原理是，利用氧化还原反应，与水中的有毒有害物质进行电子交换，从而达到使得有毒物质失活、毒性降低或者转变成为无毒物质的效果。在反应时阳极上的锌电极不断向溶液中释放锌离子，若处理不当，容易造成产品水中铜、锌离子超标的现象，所以在没有膜过滤的饮水处理设备中不建议使用这种方式来降低水硬度，而可以使用在膜处理直饮水设备的前级预处理中。

在预处理环节中使用，可以降低原水硬度，防止膜表面结垢污染，有降低渗透压、提高膜的通量、延长膜寿命、节约使用成本等优点；它还能够抑制细菌、藻类等微生物的繁殖，从而防止微生物对膜的破坏；阴极上的铜还会与水中的游离氯发生还原反应，减少水中的余氯。

离子交换软化法是目前工业生产中常用的去水硬度方法。该方法的工作原理就是将水持续地通过阳离子交换体，使离子交换剂中的钠离子或氢离子与水中的钙离子、镁离子进行交换，钠离子或氢离子被钙离子、镁离子所取代，从而达到水质软化的效果。通常的工作过程是交换产水、反洗、吸盐（再生）、冲洗（置换）等。一般情况下，常规的钠离子交换树脂带有大量的钠离子，当水中的钙离子、镁离子含量高时，离子交换树脂可以释放出钠离子，功能基材与钙离子、镁离子结合，这样水中的钙离子、镁离子含量降低，水的硬度下降，硬水就变为软水，这是软化水设备的交换产水过程。交换剂的工作交换容量是有限的，当其失去交换能力时，就要进行再生，再生过程是使含有大量钠离子的氯化钠（NaCl）溶液通过失效的交换剂层恢复其交换能力的过程。进行再生后还要进行反洗来恢复树脂的吸附能力，因此需要用大量的盐和软化水，反洗水中含有高浓度的盐，使得无法二次回收利用。

离子交换法软化硬水虽然解决了钙、镁等离子带来的硬度问题，目前只是在工业软化中使用较多，在学校的饮用水处理中主要是应用在反渗透设备的前级。由于软化处理后使得水中的各种离子含量并没有减少，还会破坏供水管网的表面钝化层从而腐蚀管网，这些金属腐蚀副产物也可以改变水的化学性质；其次由于除硬后水中含盐量高，再生频繁，酸碱消耗量大，运行周期短，运行费用也会提高。所以在学校的直饮水设备中使用此种降低水硬度处理的方式逐渐减少。随着膜使用成本逐渐降低和新技术的推广，使膜的寿命不断延长，也可以不用软化直接使用膜法处理原水。

**2. 直饮水设备内部的预处理过程**

直饮水设备内部第一级过滤通常为熔喷滤芯（PP面滤芯），它是采用无毒无味的聚丙烯粒子，经过加热、熔融、喷丝、牵引、接受成形而制成的管状滤芯。它具有杰出的化学兼容性和稳定性，通常使用在直饮水设备的第一级过滤中，主要是用来阻挡原水中的漂浮物、沉淀物、絮凝物和大颗粒杂质，如泥沙、水藻、微生物、水锈等。它纳污能力强，使用寿命长，成本低，过滤精度5μm，建议3~6个月更换一次。

第二级预处理通常采用果壳活性炭过滤器，目的是为了去除水中的色素、异味、生化有机物，降低水中的余氯，减少农药污染和其他对人体有害的物质。活性炭是既传统而又现代的人造材料，它是一种经特殊处理的炭，具有无数细小孔隙，表面积巨大，每克活性炭的表面积为500~1500平方米。用活性炭滤料吸附法净化饮水就是利用其多孔性固体表面，吸附、去除水中的有机物或有毒物质，使水得到净化。活性炭不仅有很强的物理吸附和化学吸附功能，而且还具有解毒作用，解毒作用就是利用了其巨大的面积，将毒物吸附在活性炭的微孔中，从而阻止毒物的吸收。同时活性炭能与多种化学物质结合，从而阻止这些物质进入到饮水中，这就减轻了膜的分离压力。

净水系列活性炭多选用椰子壳为原料，采用先进的生产工艺精制压缩而成，产品具有孔隙结构发达、颗粒度适中、强度高、不易脱粉、杂质含量低、吸附速度快、净化度高、阻力小等优点，对水质净化有极好的效果，它不但能除去异臭异味，还可以提高水的纯净度。研究表明，活性炭对分子量在500~1000范围内的有机物具有较强的吸附能力。活性炭对有机物的吸附能力受其孔径分布和有机物特性的影响，主要是受有机物的极性和分子大小的影响，可广泛用于装填各类大、中、小型净水器。

研究表明，颗粒活性炭（GAC）过滤通常采用的是将活性炭颗粒装填到滤芯中，这是净水前级过滤处理的常用方法。它可以去除多种化合物，包括一些引起气味和颜色的化合物、消毒副产品（DBPs）、天然有机物（NOM）和其他有毒化合物。通常，在许多水处理装置中颗粒活性炭被用于水的过滤和过滤后吸附。Bbabi K.G.等人的报告说，过滤后吸附比过滤前能更有效地去除三卤甲烷（THMs）、氯乙酸（HAAs）和可溶性有机碳（DOC）[①]。研究人员还展示了颗粒活性炭的去除率，前50天表现良好，但50天后去除率开始下降，150天后去除率就只稳定在50%。在颗粒活性炭上随着时间的推移形成的生物膜由于生物降解的作用，200天后去除率反而又增加了。但是颗粒活性炭对于三卤甲烷的去除率有时会产生负值，这意味着对三卤甲烷的吸附不稳定，一些吸附溶质有可能

① 可溶性有机碳（DOC）通常是指能通过 0.45μm 的滤膜，且在以后用于其测定的分析过程中不因蒸发而丢失的溶解态有机物质。DOC组成异常复杂，且在水体中质量浓度较低，主要成分有：（1）碳水化合物（单糖和多糖）；（2）氨基酸类；（3）烃和卤代烃；（4）维生素类，主要来源于细菌等；（5）腐殖质。

随着时间的推移而被解析出来。溶解有机碳代表了水体中溶解有机物质的总和，与水体中浮游植物的光合作用、生物的代谢和细菌的活动等息息相关，是表征水体中有机物含量和生物活动水平的重要参数。

颗粒活性炭（GAC）已被广泛应用于去除饮水中的溶解有机物。20世纪70年代有研究发现粒状活性炭过滤器中滋生繁殖的细菌可以去除一些有机物，并在此基础上发现预臭氧化可以大大增强颗粒活性炭的生物活性。预臭氧化和颗粒活性炭的组合使用一般被称为生物活性炭工艺，又称为生物增强型活性炭工艺。生物活性能增强颗粒活性炭的吸附能力，被称为生物增强效应。

但是活性炭是有一定的使用周期的，在使用一定时间后活性炭的吸附能力也会达到饱和状态，此时活性炭不但不再有吸附净化作用，反而会滋生大量细菌，造成严重的二次污染。因此学校净水设备的活性炭滤芯都有一定的使用寿命，现在使用的活性炭滤芯使用寿命约为半年到一年不等。

由于有些地区的原水硬度较高，可在膜分离前增加一级处理，采用KDF法或离子交换法对水进行软化，主要目的是降低水的硬度，去除水中的钙离子、镁离子，提高膜寿命，降低使用成本。以上的处理过程都可以说是膜处理工艺的预处理过程。

**3. 直饮水设备的膜分离过程**

第三级膜分离过程是直饮水处理设备的核心，主要是选择一种过滤膜滤芯，有钠滤（NF）、超滤（UF）、反渗透（RO）等，工艺上可按照原水的水质和用户对水质不同的要求选择膜的类型，有些系统可以自动进行反冲洗，来提高产水率和水通量。由于它是直饮水设备的核心处理过程，后面一节还会进行详细介绍。

### 4. 后置处理过程

第四级后置活性炭（T33滤芯）一般是以优质椰壳活性炭为原料，采用烧结工艺制备而成，起着进一步的过滤和吸附作用，后置活性使用期限一般为4~6个月。尤其是对使用压力储水桶的纯水机，后置活性炭可有效去除储水桶产生的异味。利用活性炭的吸附能力改善水的口感，消除异味，确保水质安全。

由于学校饮水属于公共饮水，所以还要求净水有可靠的消毒过程。通常采用紫外线杀菌器或臭氧发生器（根据不同的类型确定），还可以两种消毒方法同时使用，提高直饮水的安全性。为保证效果，紫外杀菌应定时清洁石英外罩，检查紫外灯是否失效；臭氧杀菌应使臭氧与水充分混合，并将浓度调整到最佳比例。

### 5. 浓水收集系统

有些大型设备服务的人数多，产出的净水量大，浓水的产生也就较多，为了减少浪费，就设计了浓水回收系统，将其注入到专用的水箱中用来冲洗或是用作景观用水。

## 四、产品水的消毒技术及其副产物分析

学校中使用的膜处理净水设备属于公共饮水的范畴，如果饮水安全保障不好，就会引起公共的饮食安全事故，甚至出现群体就医的事件，这也是学校解决直饮水问题中首先要考虑的重大问题。青少年的身体健康更是影响国家发展的大问题，所以更要谨慎从事、严格把关。为什么净水还会出现微生物污染的现象？最关键是因为生物可同化有机碳（AOC）的存在，它不只是在活性炭、塑料、金属、木料上有，且几乎无

处不在。学校的直饮水设备不仅要对市政供水层层净化过滤，还要求净水有可靠的二次消毒灭活过程，来保证饮水安全。

**1. 纳滤和反渗透膜净化处理就是有效的净化工艺**

从上面的分析可以看出，纳滤和反渗透膜过滤本身就是一种很有效的净化水技术，在家用净水器中，常常只需过滤净化后就可以直接饮用了，但有些用户还是把净水二次杀菌灭活后才饮用。这种净化方法与其他的消毒方法相比有很多独特的优点：（1）在膜分离过程中，被分离的物料不发生相变，可在常温下进行，和蒸馏、蒸发等方法相比，能耗低，节能效果较好；（2）膜分离技术不使用任何化学试剂和添加剂，也不产生任何对环境有污染的物质，绿色环保；（3）膜分离应用范围广，能够分离跨尺度的物质；（4）膜分离系统通常只是膜组件的拼装，装置简单，操作、控制容易，生产环境干净整洁。同时，膜过滤也有一些缺点：（1）膜的价格目前还比较贵，可能会增加净水成本；（2）膜组件只能一次性使用，再用需更换整个组件，进一步增加成本，如果不更换滤芯反而会形成新的污染源；（3）由于膜组件存在渗漏损坏的可能（可通过传感器实时监控），膜漏水后可导致截留率大大降低，甚至失去作用，直接导致产品水质不达标；（4）有些膜净化技术产生的浓水较多，造成水资源浪费。同时，产生的浓水还需要进行收集处理。

学校的直饮水系统中已经很少使用氯化物消毒的方法了，目前在校园净水设备机组中常用的杀菌消毒方法包括：烧开、臭氧、紫外等，但这些传统方法均存在不足之处。因此，如何满足优质直饮净水标准，就应针对直饮水的性能特点不断优化工艺，加快技术革新，不断研发新产品、使用新技术。

**2. 常规的净水杀菌消毒技术分析**

（1）水烧开消毒

我国饮用烧开过的水已具有上千年的历史，肠胃菌落已适应温水，有些人的肠胃还对直饮室温水有些不适应。经过净化过滤、烧开消毒、高温杀菌的工艺处理的直饮水，人们的接受度会较高，不易产生争论。甚至对于只要是自来水加热烧开过的饮水，卫生部门就认为水质达标。通过加热将水烧开到沸腾状态是降低水中余氯较为简单而有效的方法，还可以使水中溶解的钙、镁、铁等离子沉淀出来。水烧开后再通过热交换冷却到温水温度，这也是一般家庭采用的饮水方式，因此学校提供净化过滤并烧开的饮水是安全有效且技术成熟的方式，不应将其排除在直饮水设备的消毒方式之外。但是这种方式也存在问题，有些温开水机由于温水贮存在水胆里，温水是细菌繁殖速度最快的环境，放置时间过长后会造成出水的菌落总数超标。水烧开后再冷却还会使用大量的电，有些学校还要进行电力的增容改造。如果下课集中打水，会遇到处理能力不足的情况，这时喝到的只是过滤净化而没有烧开的水。

（2）臭氧消毒

臭氧是一种强氧化剂，具有广谱高效杀菌作用，作为一种新型消毒剂已经开始在水处理领域中被广泛使用。它的杀菌原理是一个高级氧化过程，在过程中产生大量的高活性羟基自由基，能够将有机物氧化或碳化为水、二氧化碳和无机酸；除此之外，臭氧对水中的微生物（细菌、病毒和原生动物等）也有极好的消毒效果，消毒的同时还可分解有机物。目前主要在直饮水设备的净水部分、空气和食品的消毒保鲜、医药合成、空间灭菌等领域广泛应用。

欧洲发达国家已率先将臭氧应用于饮用水的净化处理，有些主要城市还把臭氧作为水净化消毒的主要处理方式。臭氧是已知的最强氧化剂，高于氯和二氧化氯的氧化能力。臭氧的杀菌能力比氯大600~3000倍，在臭氧浓度为0.3mg/L~2mg/L时，0.5min~1min内就可以杀死病菌。水中的病毒、孢囊、孢子、真菌、寄生生物都能被臭氧高效杀除。臭氧能对细菌的细胞壁产生破坏，氧化分解细胞内的RNA、DNA等大分子化合物，破坏细菌的蛋白质产生过程，从而破坏细菌的代谢和繁殖过程。

臭氧的消毒杀菌作用是瞬间产生的，不受pH值的变化和氨的影响。臭氧溶于水主要发生两种反应：第一种是直接氧化，其反应速度慢，选择性高；第二种是间接反应，是臭氧产生羟基自由基引发的链反应，具有强氧化能力的单原子氧可瞬间分解水中的有机物质、细菌和微生物。由于$O_3$（臭氧）在空气中会慢慢自行分解为$O_2$（氧气），不易储存，因此$O_3$应根据需要现场制备。目前生产臭氧的方法有：空气放电法、电解法、紫外线照射法、放射化学法，其中较常用的是空气放电法和电解法。在净水中臭氧消毒的方法也是这两种，第一种通常是以干燥空气或氧气通过臭氧发生器中的高压电场制备臭氧。消毒时，将溶有臭氧的吸收液与水充分混合即可。其中国标《臭氧发生器安全与卫生标准》（GB 28232-2011）要求对生活饮用水消毒时，臭氧与水接触至少12min才可出厂，消毒后的水中臭氧残留量≤0.3mg/L，微生物指标应符合《生活饮用水卫生标准》（GB 5749-2006）的要求。第二种是近年研制的电解水的臭氧发生器，其结构简单，体积小且重量轻，无噪声，副产物中无有害的氯化物，可直接用于饮用净水消毒。这种装置可很好地控制水中溶解的臭氧浓度，减少臭氧投加量，也减少了空气的释放浓度。为了解决臭氧消毒过程中有毒副产物的析出问题，控制好臭氧的投加量与在空气中的释放量是技术关键。臭氧是慢慢分解的，有一定的持续性。采用臭氧消毒需要检测溴酸盐和甲醛含量，作为第二道防护措施。

臭氧消毒也有受限的条件，特别是在校园中使用时，由于在投加过程中臭氧残留会产生异味，引起学生的不适。目前各个生产企业也在不断研制新的臭氧制备方法和溶于水的浓度控制方法，让其更多地溶解在净水中，从而减少空气中的释放量，在出水端尽量减少臭氧的残留，减少异味的产生，从而达到用最少的臭氧投加量，达到最大的消毒效果。更应该严格控制机房及周围环境臭氧的扩散浓度，应符合《室内空气中臭氧卫生标准》（GB/T 18202–2000）的要求，防止吸入高浓度的臭氧，以免出现身体不适，严重的会造成人的神经中毒，产生头晕头痛、视力下降、记忆力衰退等症状。

（3）紫外线消毒法

紫外线消毒器具有广谱性，对多种病源微生物都有较好的消毒作用。目前，紫外线已在饮用水紫外线消毒器、再生回用水紫外线消毒器、生活污水、工业废水等的紫外线消毒器处理中得到了一定的应用。随着人们对紫外线消毒器技术研究的不断深入，杀菌效率更高的中压灯、脉冲灯、LED灯的出现，灯管使用寿命延长，紫外线消毒器产品的商业化、国产化，绿色、环保、高效的紫外线消毒器技术在我国饮用水紫外线消毒器中将具有良好的应用前景。

紫外线可以杀灭各种微生物，包括细菌繁殖体、芽孢、分枝杆菌、病毒、真菌、立克次体和支原体等。原理就是通过紫外线的照射，破坏或改变细胞或病毒的DNA（脱氧核糖核酸）及RNA（核糖核酸）结构，它还能影响细菌和病毒中许多酶的活性，使其蛋白分子的结构和功能发生改变，影响蛋白质、核酸的合成，也可使细菌或病毒的毒性降低甚至死亡。真正具有杀菌作用的是UVC这个波段，因为C波段紫外线很容易被生物体的DNA吸收，尤以波长为253.7nm左右的紫外线最佳。紫外线（UV）对于水中的病原微生物（比如：隐孢子虫和贾第虫）的消毒十分有效，所以是净水二次消毒的常见设备。紫外线在净水中的消毒方式有：水中浸没式和平行悬浮式。波长、功率、悬浮距离、照射时间等是影响消毒效果的主要因素。

目前使用的紫外线杀菌灯（UV灯）实际上是属于一种低压汞灯，和普通日光灯一样，利用低压汞蒸汽（$<10^{-2}$Pa）被激发后发射紫外线。不同的是日光灯的灯管采用的是普通玻璃，254nm紫外线透不出来。一般杀菌灯的灯管都采用石英玻璃制作，因为石英玻璃对紫外线各波段都有很高的透过率，达80%~90%，是做杀菌灯的最佳材料。紫外线杀菌石英汞灯的光谱主要有254nm和185nm两段波长。254nm紫外线通过破坏细胞的核酸来杀灭细菌，185nm紫外线可将$O_2$（氧气）变成$O_3$（臭氧），臭氧同样具有杀菌灭活的作用，臭氧的弥散性恰好可弥补由于紫外线照射角度出现的消毒有死角的问题，最终使设备内消毒无死角。紫外线杀菌属于纯物理消毒方法，具有简单便捷、广谱高效、无二次污染、受水温及pH值影响小、便于管理和实现自动化等优点，随着各种新型设计的紫外线灯管和光源的推出，紫外线杀菌的应用范围也在不断扩大。

同时，紫外线消毒也有自身的局限性。与臭氧消毒一样，紫外线消毒无持续杀菌能力，可能出现细菌的复活现象；紫外线消毒效果与水体透射度有关，当水体悬浮物过多时，消毒效果就会大打折扣，净水经过多层过滤后已无悬浮物，且离子浓度降低，水体透射度达到最大，所以紫外线消毒法比较适合净水消毒；汞灯杀菌是目前直饮水设备中最常见与广泛应用的消毒方法，但由于其含有金属汞，破损后会污染环境，《水俣公约》正式生效后紫外杀菌汞灯会逐渐停产。其次汞灯寿命短、光谱分散、光衰减严重、耗电量大、启动时间长和不能频繁开关等原因，都会导致其将被深紫外的LED所取代。

**3. 消毒副产物处理**

出于输水管网抑菌的考虑，一般在自来水中均含有一定的余氯，余氯消毒具有高效、灭菌能力强的优点，但会产生一定量对人体有害的消毒副产物。

（1）自来水氯消毒法副产物处理

氯消毒法在我国应用很普遍，使用历史也很长，是一种很成熟的消毒方法。氯消毒法的机理是将液氯、次氯酸钠和二氧化氯等与水反应生成盐酸与次氯酸，消毒主要靠次氯酸起作用。次氯酸呈电中性，可以穿透细菌的细胞壁进入细胞内部，再破坏细菌酶系统而使其失活。氯能将病毒的核酸破坏并对其产生致死作用。这种方法成本低，易于操作，消毒效果可持续，因此，在自来水厂被广泛采用。

采用氯消毒法，水中会留下氯离子，生成其他一些物质，如三氯甲烷、四氯甲烷等，这些都是有毒且容易致癌的物质，会对人体健康造成危害，必须去除。在饮用水领域，一般采用KDF（电解析法）和活性炭吸附去除这些副产物。KDF是一种新型的过滤介质，本质是一种高纯度的铜锌合金颗粒。其净水机理是发生氧化还原反应，KDF介质与水中的有害物质进行电子交换，去除氯和水中如铅、汞、镉等重金属。但目前此方法在学校较少采用，由于有金属锌作为电解析极板，长期在水中浸泡，金属离子融入净水会有二次污染的风险。活性炭也能有效去除水中的余氯、异味及有机污染物。

（2）臭氧消毒法副产物处理

臭氧消毒也可能形成小分子有机副产物，如：甲醛、丙酮酸、丙酮醛和乙酸等，其中甲醛对人体健康有一定危害。在水中有溴离子存在时，还会生成三卤甲烷类物质，水中TOC和溴化物越高，pH值越低，产生量越大。世界卫生组织（WTO）已将溴酸盐和甲醛产生量作为臭氧副产物控制的指标。

控制臭氧副产物生成的技术措施主要有：去除消毒副产物的前驱物质（如TOC和溴化物）、改进臭氧投加工艺、采用活性炭吸附等。

（3）水处理消毒灭菌可采用紫外线、臭氧等技术并符合下列规定

① 选用紫外线消毒时，紫外线有效剂量不应低于40mJ/cm$^2$。紫外线消毒设备应符合现行国家标准《城市给排水紫外线消毒设备》（GB/T 19837-2005）的规定。

② 采用臭氧消毒时，应符合《建筑与小区管道直饮水系统技术规程》（CJJ/T 110-2017）的标准要求，管网末梢水中臭氧残留浓度应小于0.01mg/L。应满足《臭氧发生器安全与卫生标准》（GB 28232-2011）的要求。

③ 消毒方法可组合使用。

④ 消毒灭菌设备应安全可靠，投入量精准，并应有失效报警功能。

⑤ 膜处理后的产品水必须全程循环（包括末梢水），尽量减少支路盲管的长度。

⑥ 应实现无人操作，系统有缺水、漏水、耗材超限服役及水处理部件故障警示功能。

⑦ 深度净化处理系统排出的浓水，宜回收利用。

**5. 净水管道循环工艺**

在学校的中央处理管道分散式供水工程中，大型全校供水和中小型的管道直饮水系统比较常见，就是系统通过封闭供水管网将处理后的产

品水供应到饮水处，整个供水管网要求保证净水循环流畅，尽可能没有死角。净水循环是将管网中未被用户使用的净水及时回流到净水箱中二次消毒，避免水在管网中停留时间过长而导致细菌大量繁殖，水在管网中停留的时间最好不要超过6小时。直饮水净化是一项系统工程，应该从全系统的设计优化组合考虑，量体裁衣，结合工程实况，给学校设计、选择和定做适合的管路和设备单元，使其能各自发挥其最佳效应以保证水质，且便于今后的运营管理与维护。

# 第三节 膜分离技术的基本原理与应用特点

## 一、膜分离技术的基本原理

膜分离技术，是指以天然或人工合成的高分子薄膜为介质，在外界能量或化学位差的推动力作用下，基于膜的选择渗透功能，对混合物中的溶质和溶剂进行分离、提纯和浓缩的技术。根据材料的不同，薄膜可分为无机膜和有机膜。无机膜主要是陶瓷膜和金属膜，有机膜是由高分子材料做成的，如醋酸纤维素、芳香族聚酰胺、聚醚砜、聚氟聚合物等。它能把流体分隔成不相通的两个部分，使其中的一种或几种物质能透过，而将其他物质分离出来。它与传统过滤的不同之处在于，膜可以在分子范围内进行分离，并且这个过程是纯物理过程，不发生相变，无须添加助剂，具有节能、高效、简单、造价较低、易于操作等特点。膜是膜处理过程的核心部分，根据膜的形态、材料、结构及功能不同，膜有不同的分类。一般在饮用水处理中，依据膜的截留分子直径不同可分为：微滤膜（MF膜）、超滤膜（UF膜）、纳滤膜（NF膜）与反渗透膜（RO膜）。由于使用不同的处理工艺，不同的膜，其推动力不同，分离机理也不同，进而净化效果也不同。微滤膜可去除悬浮物和细菌等，通常作为直饮水的前级部分，可以有效降低水中的杂质含量；超滤膜可分离大分子和病毒；纳滤膜可去除部分重金属和农药等；反渗透膜几乎可去除各种杂质。

膜分离的基本原理是较为简单的，在过滤过程中通过泵的加压，料液以一定流速沿着滤膜的表面流过，大于膜截留分子量的物质透不过膜流回料液灌，小于膜截留分子量的物质或分子透过膜，形成透析液。故膜系统都有两个出口，一是回流液（浓缩液）出口，另一是透析液出口。在单位时间（h）单位膜面积（$m^2$）透析液流出的量（L）称为膜通量（L/（$m^2$·h）），即过滤速度。影响膜通量的因素有：温度、压力、固含量（TDS）（TDS是Total Dissolved Solids 的英文首字母缩写，即水中总溶解性固体物质）、离子浓度、黏度等。对多种分子量分布的有机物，根据有机物的分子量，选择不同的膜，选择合适的膜工艺，从而达到最好的膜通量和截留率，进而提高生产效率，减少投资规模和运行成本。但是在实际的工作中，随着膜长时间的使用，截留的附着物不断增多，反冲洗的效果也随之下降。

学校直饮水设备的处理工艺大部分是用城市自来水为原水进行深度净化的，以城市自来水中微污染的有毒有害物质和有机污染物以及自来水在输水系统中的二次污染物为主要去除对象。因此用于直饮水深度净化的主要为反渗透膜、纳滤膜和超滤膜，具体选择膜处理工艺时，应根据各地学校原水水质的具体情况而定。还有一部分乡村学校和民族地区学校原水供水用的是乡村集中供水、深井水和地表水，甚至是山泉水，这部分的原水水质十分不稳定，有时还达不到《生活饮用水卫生标准》（GB 5749-2006）的要求。这时就更需要采用膜技术的直饮水设备来保障饮水的水质安全。由于分离膜的结构、材质、选择特性的差异，分离过程中适用的分离体系和范围也会有所不同，故学校要根据原水水质、分离机理和使用的适用性来选择膜处理方式和运维模式。

## 二、反渗透膜的工艺特点

### 1. 反渗透膜工作原理

反渗透膜（RO膜）是以压力差为推动力，利用半透膜使溶液中的小分子物质和溶剂分离的一种膜过程。渗透膜一般用高分子材料制成，膜孔径非常小（0.0001μm~0.001μm），能够有效地去除水中的溶解盐类、微生物、有机物、重金属、矿物质等。使用反渗透膜处理饮用水，在高流速下有高脱盐率，受pH值、温度影响较小，具有膜来源广泛、加工简便、成本低廉等优点，缺点是对水的浪费较大。它是超纯水和纯水制备的优选方法 。

反渗透是与自然渗透过程相反的膜分离过程。渗透和反渗透是通过半透膜来完成的。在浓溶液一侧施加比自然渗透压更高的压力，迫使浓溶液中的溶剂反向透过膜，流向稀溶液一侧，从而达到分离提纯的目的。渗透压的大小与溶液性质有关，而与膜无关。物质迁移过程常用氢键理论、优先吸附毛细管流动理论、溶解扩散理论来解释。

### 2. 反渗透膜分离特点

膜的分离效率高，用于海水淡化时，平均脱盐率高达99.7%。杂质去除范围广，不仅可以去除水中溶解的无机盐，还可以去除各类有机物杂质。可以设计成大产水量设备，与其他淡化方法相比，设备占地小、投资成本低、能耗较低。由于净化过程中不发生相变，不需要对饮水进行加热烧开，适于处理水中一价离子含量超标的原水。生产成本低，可以用反渗透技术大规模地生产廉价、高品质的纯净水。

### 3. 反渗透膜组件

所有膜装置的核心部分都是膜组件，即按一定技术要求将膜组装在一起的组合构件。膜组件一般包括膜、膜的支撑体或连接物、与膜组件中流体分布有关的流道、膜的密封、外壳以及外接口等。在开发膜组件的过程中，必须考虑以下几个基本要求：流体分布均匀，无死角；压力损失小，具有良好的机械稳定性、化学稳定性和热稳定性；装填密度大；制造成本低；更换膜的成本尽可能低；易于清洗。

反渗透处理中使用过的膜组件，有四种结构形式，即卷式、中空纤维式、管式、板式。板式和管式是早期开发的两种结构形式，由于膜的填充密度低、造价高、难以规模化应用等原因，目前仅用于小批量的浓缩分离。卷式和中空纤维式组件具有填充密度高、易规模生产、造价低、可大规模应用等特点，是反渗透水处理中应用的主要组件形式。其中卷式膜组件是专门为反渗透技术应用而开发的。

目前，反渗透卷式膜组件销售占反渗透市场总量的91%，中空纤维组件占5%，管式和板式组件共占4%。

卷式膜元件类似一个信封状的膜口袋，开口的一边黏结在含有开孔的产水收集管上。将多个膜口袋卷绕到同一产水收集管上，使给水水流从膜的外侧流过。在给水压力下，使淡水通过膜进入膜口袋后汇入产水中心管内。为了便于产水在膜袋内流动，在膜袋内有一层产水导流织物支撑层。为了使给水均匀流过膜袋表面并给水以扰动，在膜袋与膜袋之间的给水通道中夹有隔网层。卷式膜组件结构图如图2-3所示。

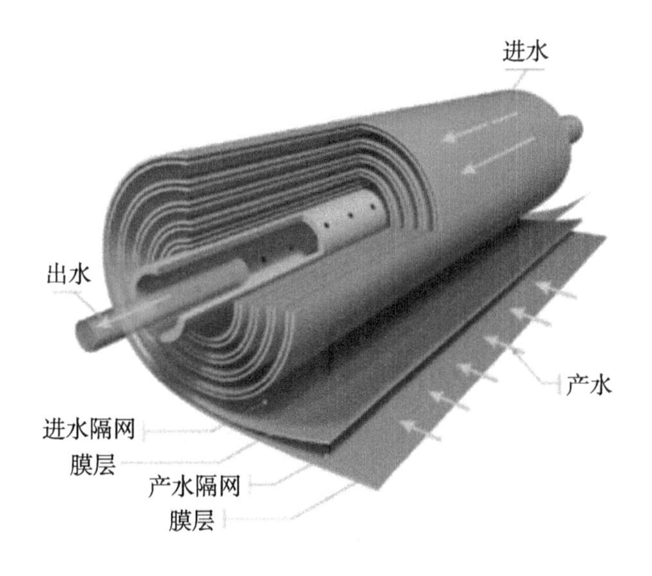


图 2-3 卷式膜组件结构

与传统的过滤流动方式不同，卷式反渗透膜元件的给水流动方式为错流，如图2-4所示。给水从膜元件端部引入，沿着与膜表面平行的方向流动，被分离的产水在压力差的作用下垂直于膜表面流动，透过膜进入产水膜袋，从产水收集管流出。

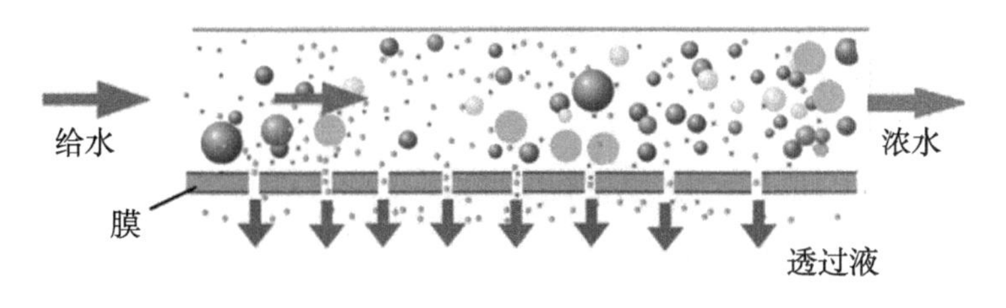


图 2-4 错流膜过滤

**4. 反渗透膜预处理**

为保证反渗透系统稳定运行，对给水的严格预处理就必不可少。预处理的目的就是去除给水中会对反渗透膜产生污染和导致劣化的物质。一旦预处理系统不能发挥作用，就会有污染物进入反渗透系统，这些物质会在膜表面堆积，若给水中含有微生物，那么它的繁殖会导致更严重的后果。预处理系统必须保证以下几点：

（1）保证淤泥密度指数（SDI15）最大不超过5.0，争取低于3.0；

（2）保证浊度低于1.0NTU，争取小于0.2NTU；

（3）保证没有余氯或类似氧化物，如：NaClO、$ClO_2$、$Cl_2$、$O_2$等；

（4）保证没有其他可能导致膜污染或劣化的化学物质；

（5）预处理一般可以分为传统预处理方法和膜法预处理。

传统预处理是使用在反渗透和纳滤膜前的处理工艺的总称，包括：絮凝、沉淀、多介质过滤和活性炭过滤等。膜法预处理是随着高分子分离膜技术的不断发展，微滤和超滤逐步使用在反渗透和纳滤的预处理系统中。系统预处理的目的是为了防止结垢、防止胶体污染、防止微生物污染、防止有机物污染和防止膜劣化等。

## 三、纳滤膜的工艺特点

纳滤膜技术起源于20 世纪80年代，是伴随着低压反渗透膜的诞生而发展的一种新型膜技术。一方面，传统反渗透膜（RO膜）的高操作压力需要消耗很高的电能；另一方面，RO膜几乎将所有离子过滤掉并会降低水的pH值，产水水质超过了当时人们对水的实际需求。因而，在饮水方面人们就需要一种相较反渗透而言，具有选择性的溶质截留率和更大渗透通量的膜分离技术。

**1. 纳滤膜工作原理**

纳滤（NF）是指以压力为驱动力，用于分离一二价混合盐类，并且切割分子量从200~1000 道尔顿的膜分离过程。与反渗透过程相比，纳滤具有操作压力低、水通量大、产水量高、浓水少等优点。因为电荷和孔径的综合作用，纳滤膜可以实现有机物与盐类的差异化分离，可有效去除水中的内分泌干扰物、抗生素、消毒副产物等微量有机物和重金属离子，同时对二价及多价阴离子的盐类有较高的截留率，并保留部分一价离子的盐类。纳滤膜是目前净水技术中比较有效的方法，具有过滤后水质好、耗能低、工艺简单、操作简便等优点。

纳滤膜亦属于压力驱动膜，工作示意如图2-5所示，可在较低的操作压力下高效地去除有害物质，利用其选择特性，通过改变膜的电荷特性，可以有效的、可选择的保留水中部分一价元素。从结构上看，纳滤膜大多数是由化学成分不同的表层、分离层和支撑层组成的复合膜，其对溶质的截留性能介于反渗透和超滤之间，只对特定的溶质具有较高的脱除率，其孔径范围在纳米级，且通常表面带负电荷，对不同的电荷和不同价态的离子具有不同的道南电位。其表面电荷引起的电荷相互作用改变了纳滤膜的传质过程和纳滤膜对不同价态离子的截留能力，多数纳滤膜膜面带有负电荷，水溶液中带正电的离子会被膜面电荷吸引、带负电的离子则会受到排斥而远离膜面，这种电荷效应被称为道南效应。通过改变膜材料及膜的物化性能，从而可以有针对性地选择过滤水中的某些特定物质，使得纳滤膜的这些孔径和表面特征决定了其独特的性能。因此人们通常认为纳滤膜是一种具有纳米级微孔结构的荷电分离膜。

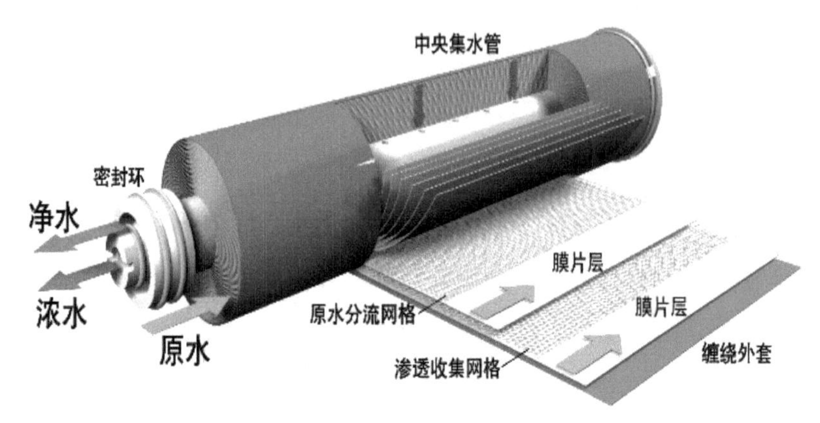


图 2-5　纳滤膜滤芯结构

**2. 纳滤膜分离的机理**

纳滤膜分离机理的研究自纳滤膜产生以来一直是热点问题。尽管纳滤膜的应用越来越广泛，其分离机理还没能确切地弄清楚。最早的理论认为纳滤膜传质机理与反渗透膜相似，是通过溶解扩散传递。随着对纳滤膜应用和研究的深入，发现这种理论不能很好解释纳滤膜在分离中表现出来的特征。就目前提出的纳滤膜机理来看，表述膜的结构与性能之间关系的数学模型有电荷模型、道南 – 立体细孔模型、静电位阻模型。

**3. 纳滤膜的分离特点**

（1）对不同价态的离子截留效果不同，对二价及高价阴离子的截留率明显高于单价离子。

（2）对离子的截留受离子半径的影响。在分离同种离子时，离子价数相等，离子半径越小，膜对该离子的截留率越低；离子半径越大，膜对该离子的截留率越高。

（3）截留分子量在200~2000，适用于分子量大小为1nm左右的溶质组分的分离。

（4）对疏水型胶体油、蛋白质和其他有机物具有较强的抗污染性。

（5）与反渗透膜相比，纳滤膜具有操作压力低、水通量大的特点。与超滤相比，纳滤膜又具有截留低分子量物质的能力。纳滤膜对许多中等分子量的溶质，如消毒副产物的前驱物、农药等微量有机物、致突变物等杂质能有效去除。表2-1为针对性实验中得到的纳滤膜分离数据。

表2-1　纳滤膜分离数据

| 分类 | 项目 | 去除率 | 分类 | 项目 | 去除率 |
| --- | --- | --- | --- | --- | --- |
| 矿物质及微量元素 | 钾K | 10%~70% | 金属和有机物质 | 铅Pb | 99.9% |
| | 钠Na | 10%~70% | | 铬$Cr^{6+}$ | 98.8% |
| | 镁Mg | 30%~70% | | 镉Cd | 99.9% |
| | 钙Ca | 30%~70% | | 砷As | 99.9% |
| | 锶Sr | 71.21% | | 氰化物 | 99.8% |
| | 偏硅酸 | 62.7% | | 硝酸盐氮 | 99.1% |
| | 锂Li | 44.60% | | 三氯甲烷 | 99.9% |
| | 锌Zn | 64.90% | | 四氯化碳 | 99.9% |

### 4. 纳滤膜组件

纳滤膜组件于20世纪90年代中期实现工业化，并在许多领域得到了应用，由于其最初被专门研发用于水质软化，因此纳滤膜有时也被叫做软化膜。世界上第一个纳滤水厂就是专门针对水质软化的需求而设立的，其处理对象主要是地下水，由于地下水中含有较高的有机物和盐度，需要经过软化处理后才能作为饮用水供给。对水中硬度的去除目前仍然是纳滤应用的主要方向之一，随着水质标准的日益严格，将纳滤用于水中溶解性有机物的去除也逐渐受到人们的关注。在水处理过程中，对天然有机物的去除通常是必须考虑的因素之一，尽管纳滤对水中有机物的截留率较反渗透低，但仍然可以满足生产过程中对天然有机物（NOM）和色度物质的去除要求。通过对纳滤技术的认识和理解的不断深入，人们对纳滤在水处理中的应用范围有了更广泛的认识，从最初仅仅以水质软化为目的的简单应用，到把纳滤作为一种可以一步同时去除水中多种不同组分的高效净化技术。纳滤的这种可以一步去除硬度和多种其他微污染组分的特点引起了研究人员和饮用水公司的强烈兴趣，之后纳滤技术又被逐步应用于水中病毒、农药和其他微污染物以及砷的去除，而相关研究则主要集中于在纳滤过程中不同组分物质的传质机理的研究，包括对传质过程的描述、传质模型的建立以及技术经济性的评估。此外，纳滤还被作为海水淡化工艺中反渗透的预处理工艺，由于纳滤在多价盐截留方面的优势，大大减轻了反渗透膜在实际运行过程中的结垢污染问题。一系列的试验和工程应用的结果表明，纳滤是一种可靠稳定的膜过滤技术，可同步截留水中的多价盐、有机物、病毒等多种有机和无机组分，达到水质净化的目的。与反渗透膜一样，纳滤膜组件主要形式有卷式、中空纤维式、管式及板框式等。卷式、中空纤维式膜组件由于膜的装填密度大、单位体积膜组件的处理量大，常用于脱盐软化处理过程。而对含悬浮物、黏度较高的溶液则主要采用管式及板框式膜组件。工业上应用最多的是卷式膜组件，此外也有采用管式和中空纤维式的纳滤膜组件。有关卷式膜组件结构参见前面图2–5所示。

**5. 纳滤膜预处理**

为保证纳滤系统稳定运行，对给水的严格预处理就必不可少。预处理的目的就是去除给水中会对纳滤膜产生污染和导致劣化的物质。一旦预处理系统不能发挥作用，有污染物进入纳滤系统，这些物质会在膜表面堆积，若给水中含有微生物，它的繁殖将会导致更严重的后果。预处理系统必须保证以下几点：

（1）保证淤泥密度指数（SDI15）最大不超过5.0，争取低于3.0；

（2）保证浊度低于1.0NTU，争取小于0.2NTU；

（3）保证没有余氯或类似氧化物，如：NaClO、$ClO_2$、$Cl_2$、$O_2$等；

（4）保证没有其他可能导致膜污染或劣化的化学物质；

（5）预处理一般可以分为传统预处理方法和膜法预处理。

## 四、超滤膜的工艺特点

### 1. 超滤膜工作原理

超滤技术是介于微滤和纳滤之间的一种膜分离技术，孔径范围小于0.01μm，操作压力一般为0.2MPa~0.4MPa，膜的透过速率为（0.5~5）$m^3/(m^2 \cdot d)$，能够分离分子质量为（500~1000000）道尔顿的大分子、胶体粒子、蛋白质及微生物等。中空纤维超滤膜是超滤膜的一种，也是超滤技术中最为成熟与先进的一种技术，中空纤维管壁上布满微孔（0.001μm~0.1μm），孔径以能截留物质的分子量表达，截留分子量可达几千至几十万。超滤技术使用过程简单，不需加热，能源节约，低压运行。

超滤膜对溶质的分离过程主要有：在膜的表面及孔内的吸附（一次吸附）、在膜孔中停留而被除去（阻塞）、在膜面的机械截留（筛分）三种方式。

超滤膜过程是以膜两侧压差为驱动力，以机械筛分为基础的一种溶液分离过程，当含有大分子物质的溶液与超滤膜接触时，使用压力通常在0.25MPa左右，在原料侧施加一定的压力，溶液中的小分子物质及水透过膜上的超微孔流到膜的低压侧为透过液，大分子物质被膜阻挡而留在膜的上游侧，从而实现溶液中大分子物质与小分子物质和水的分离。

**2. 超滤膜的分离特点**

（1）出水水质稳定可靠，安全性高。除浊率高，产水浊度能保持在0.10NTU 以下，对颗粒物的去除率能保持在 99.9%以上；能有效去除蓝氏贾第鞭毛虫、隐孢子虫、细菌等微生物及病毒。对于饮用水而言，绝大部分病毒的直径都在100nm以上。所以通过超滤膜的拦截之后可以使得饮用水的安全得到保障。

（2）物质不发生相变，在常温、低压下即可进行分离，因此能耗低，设备装置简单，投资费用较少，操作方便。

（3）物质在浓缩分离过程中不发生质的变化，因而适合保味和热敏性物质的处理。

（4）适合稀溶液中微量贵重大分子物质的回收和低浓度大分子物质的浓缩，能将不同分子量的物质分级处理。

（5）超滤膜是由高分子聚合物或无机材料制成，在使用过程中无任何杂质脱落，可以保证超滤产品液的纯净。

**3. 超滤膜组件**

从结构上看，超滤膜组件分为五种结构，管式膜组件、毛细管膜组件、中空纤维膜组件、平板式膜组件及卷式膜组件。

（1）毛细管膜组件

毛细管膜具有自支撑的特点。毛细管膜组件是将很多的毛细管膜安装在一个膜组件中，如图2-6所示。膜的自由端用环氧树脂、聚氨酯或硅橡胶封装。膜组件安装及操作方式有两种：

① 膜的皮层在毛细管内侧，原料液流经毛细管内腔，在毛细管外侧收集渗透物（如图2-6（a），从内向外流动式）；

② 膜的皮层在毛细管的外侧，原料液从毛细管外侧进入膜组件，渗透物通过毛细管内腔（如图2-6（b），从外向内流动式）。

这两种方式的选择主要取决于具体应用场合，要考虑压力、压降、膜的种类等因素。组件的装填密度为600m$^2$/m$^3$~1200m$^2$/m$^3$，介于管式膜组件与中空纤维膜组件之间。

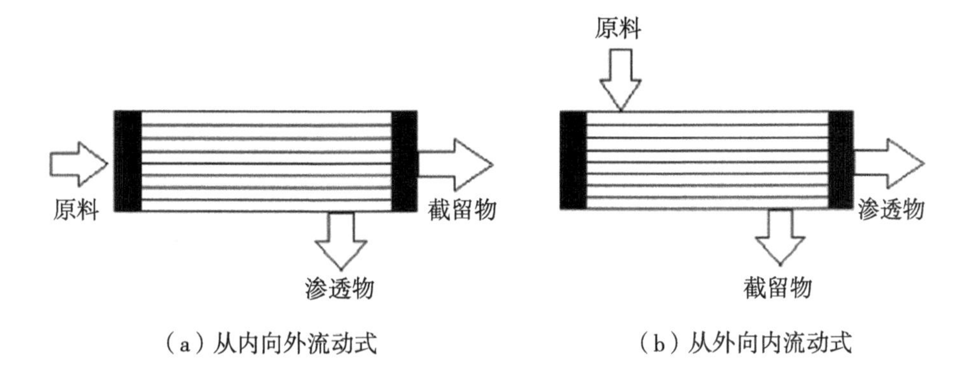


图2-6　毛细管膜组件示意图

毛细管膜具有自支撑的特点，优点是投资费用较低，对料液中浊度要求比较宽松，膜装填面积较大；缺点是操作压力受限，对系统操作的错误比较敏感。

（2）中空纤维膜组件

中空纤维膜组件也是自支撑的，但膜丝直径比毛细管膜细得多。中空纤维膜组件是装填密度最高的膜组件构型，单个组件内能装填几十万到上百万根中空纤维超滤膜丝，装填表面积可以达到30000m$^2$。其主要优点是膜的装填密度高，产水量大，制造方便，便于大型化和集成化，成本低，应用广泛。主要缺点是膜面污垢去除困难，不能进行机械清洗，只能采用化学清洗；对进料液有严格的预处理要求。

目前，为了最大限度地减少污染和浓差极化，商品化的中空纤维膜组件，在流道设计时，采用横向流代替切向流，在膜组件中装有一个多孔的中心管，使原料垂直于纤维流动，强化边界层的传质过程，同时纤维本身起到湍流强化器的作用。

在实际工程中广泛使用的中空纤维膜组件的形式（如图2-7所示）主要有三种，即柱式膜组件、帘式膜组件、集束式膜组件。其中柱式膜组件又分为外压膜组件和内压膜组件；帘式膜组件中，中空纤维膜丝全裸在待处理水环境中；集束式膜组件分为全裸和半裸两种形式。

（3）管式膜组件

与毛细管和中空纤维膜不同，管式膜不是自支撑的，膜被固定在一个多孔的不锈钢、陶瓷或塑料管内。管直径通常为6mm~24mm，每个膜组件中膜管数目一般为4~18根，当然也不局限于这个数目。原料一般流经膜管内，渗透物通过多孔支撑管流入膜组件外壳，如图2-8所示。

管式膜组件的主要优点是能有效地控制浓差极化；可大范围地调节料液的流速，流动状态好；污垢容易清洗；对料液的预处理要求不高，并可处理含悬浮固体的料液。其缺点是投资和运行费用较高；装填密度较低，小于或等于300m$^2$/m$^3$。

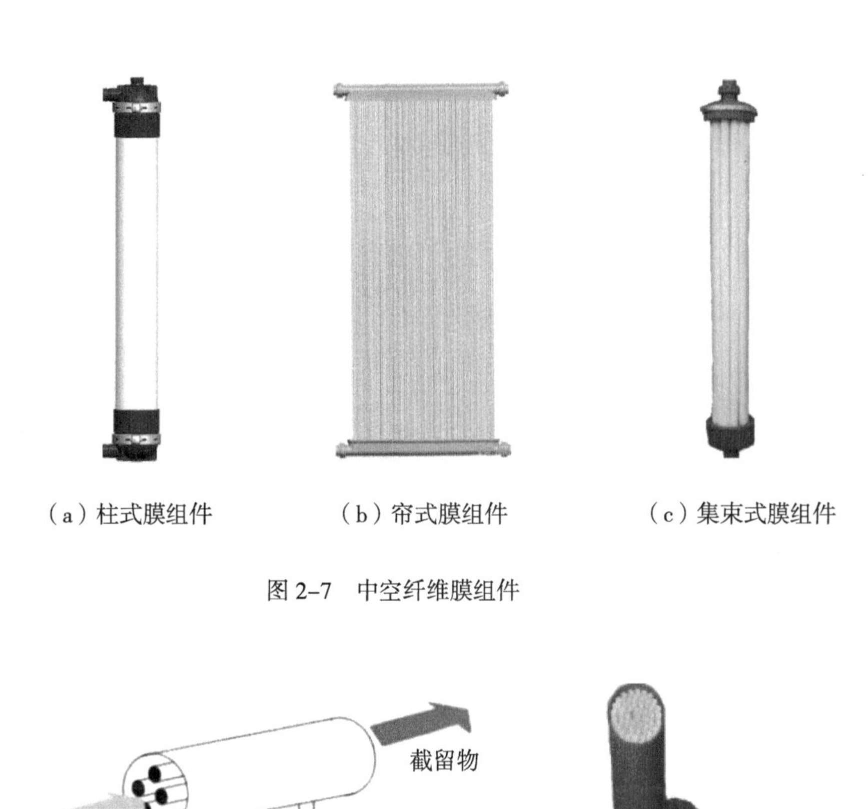


（a）柱式膜组件　（b）帘式膜组件　（c）集束式膜组件

图 2–7　中空纤维膜组件

图 2–8　管式膜组件

（4）板框式膜组件

板框式膜组件结构中的基本部件是：平板膜、支撑膜与进料边起流体导向作用的进料板。将这些部件以适当的方式组合堆叠在一起，构成板框式膜单元，如图 2–9 所示。

板框式膜单元，是由两张膜一组构成夹层结构，两张膜的膜面相对，由此构成原料腔室和渗透物腔室。在原料腔室和渗透物腔室中安装适当的间隔器。采用密封环和两个端板将一系列这样的膜单元安装在一起以满足一定的膜面积要求，这便构成板框式膜组件。

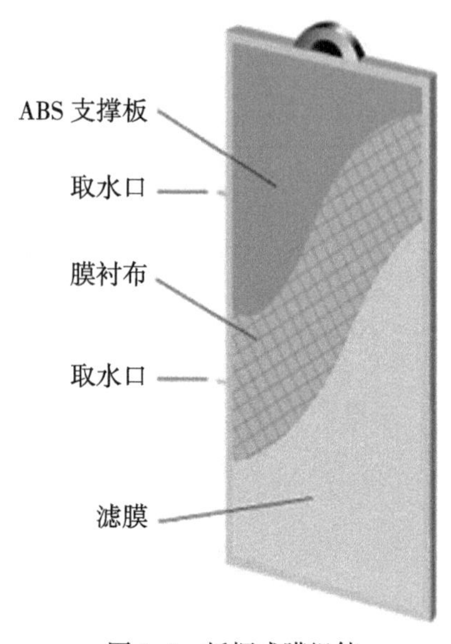


图 2-9 板框式膜组件

这类膜组件的装填密度约为 $100m^2/m^3$~$400m^2/m^3$。为减少流量分布不均的问题，膜组件中设计了挡板。这种板框式膜组件的优点是，每两片膜之间的渗透物都是被单独引出来的，可以通过关闭各个膜单元来消除操作中的故障，而不必使整个膜组件停止运转。缺点是在板框式膜组件中需要个别密封的数目太多，同时内部压力损失也相对较高（取决于流体转折流动的情况）；价格较昂贵的板框式膜组件的费用一般为每平方米500美元~1000美元，而膜的更换费用为每平方米30美元~100美元。

**4. 超滤膜工艺**

由于超滤膜的截留相对分子质量较大，单纯超滤工艺去除溶解性有机物的效果不佳，易造成膜污染、膜通量降低等问题。因此，超滤膜常与其他工艺组合，组成超滤膜组合工艺，以提高对溶解性有机物的去除效果。

（1）超滤+混凝工艺

采用混凝膜前预处理与超滤互补，降低膜过滤阻力，提高对小分子有机物、溶解性盐和金属离子等污染物的去除效果。膜前混凝通过卷扫、电性中和、吸附架桥等作用改变原水中悬浮粒子尺寸分布，使小分子有机物形成絮体，改变了其分离特性，然后絮体经过膜表面时被超滤膜所截留，因而可以最大限度去除小分子有机物和大分子有机物。另一方面，混凝可以改变颗粒物的表面电性，使滤饼层不会粘附在膜表面，因而可以有效延缓膜污染。目前在水处理工艺中常用无机絮凝剂，主要是铝盐和铁盐。

（2）超滤+活性炭

将活性炭对小分子有机物的吸附作用和超滤对大分子有机物及细菌等病原性生物的截留作用结合在一起，大大提高了对有机物的去除率，并能有效延缓膜污染。

（3）超滤+氧化组合工艺

超滤与氧化组合工艺能够有效抑制微生物的增长，提高藻类的去除率；同时还能够改变有机物的结构，从而减缓膜污染。

（4）超滤+生物组合工艺

生物预处理需要为微生物的生长提供载体，主要应用于污水处理中，但是随着我国水状况的不断恶化，将生物膜作为超滤的预处理应用于高含量腐殖酸的原水处理，效果明显，优于单独使用超滤进行水净化。生物预处理对于膜的可逆以及不可逆污染均有较好的抑制作用。

（5）超滤膜一体化工艺

将预氧化、混凝、生物接触氧化、浓缩炭泥回流、超滤集成于一池，实现化学预氧化、生物降解吸附与高精度机械分离一体化。超滤膜一体化技术可经济、高效地提高水厂产水品质。

总之，超滤膜与现有饮用水厂处理工艺的组合方式多种多样，包括超滤膜、混凝、沉淀、过滤、臭氧－活性炭各工段的任意组合，其优越性需要从厂区规划、出水水质、经济性等方面进行综合考量。

# 第四节　学校直饮水设备型式与分类说明

## 一、按照设备结构分类

学校配备的直饮水设备按设备结构分为集成一体式供水设备和中央处理管道分散式供水设备。

**1. 集成一体式供水设备**

这种供水设备是将增压泵、过滤膜组件、储水罐、加热、消毒、给排水等装置集成在一台设备内部，每一组设备可以分散安装到各个场所，以满足不同功能区的饮水需要。这种方式的直饮水设备布置灵活，不用敷设净水管道，不用单独设置中央处理机房，可以满足人数不多、使用不集中的场所需要。但这种设备由于集成度比较高，学校在配备时要多台多地同时运行，维护清洗时需要到各个饮水处检测和更换滤料，工作比较分散，水质检测需要对所有的设备产品水进行检测，所以检测和运维的费用也相对较高，处理后产生的浓缩水收集也不太方便。另外，这种设备一般占用楼道妨碍疏散，且需要上下水设施，一般学校为了管路的安装方便，通常安装在厕所旁边的比较多，易引起卫生隐患。所以安装时最好设置在专用的饮水处，根据《中小学校设计规范》（GB 50099-2011）的要求，中小学校的饮用水处与室外公厕、垃圾站等污染源间距应大于25m；教学用建筑内每层设饮水处，每处应按每40人~45人设置一个饮水水嘴计算水嘴的数量；教学用建筑每层的饮水处前应设置等候空间，等候空间不得挤占走道等疏散空间。

**2. 中央处理管道分散式供水设备**

管道分散式供水是在学校内建设中央处理机房或是净水站，将自来水或是深井水等原水进一步深度处理、消毒和净化，在原有的自来水管道系统上，再增设一条独立的优质供水管道，将水输送至用户终端，供师生直接饮用。中央处理管道分散式供水设备是采用中央水处理机组和供水终端设备相组合的方式，将增压泵、膜处理装置、储水罐、消毒装置等设备放置在机房或是机柜内部，终端设备放在各个不同的饮水处，通过敷设净水管道将净水输送到饮水终端内，并保持净水在管道内不断循环。这样净水在系统中可以不断地循环杀菌，保持整个净水系统的安全卫生，饮水终端上另外设置加热或二次消毒处理等功能。这种方式供水时工程量比较大，敷设管路较长，需要单独设置机房或是有单独的场地来放置机柜。但是后期维护方便，水质检测容易，运营成本较低，浓水收集方便，饮水终端机的占地面积小，布置灵活，噪声小，甚至可以直接引入到教室中。

## 二、按照供水管道结构分类

**1. 大型全校的中央处理管道分散式直饮水设备**

大型全校的管道直饮水项目由三部分组成：设备间净水机组+循环供水管网+终端饮水设备。净水机组一般采用多介质过滤器、活性炭吸附、膜过滤等工艺流程，对自来水进行深度处理，除去水中的悬浮物、颗粒物、有机物、细菌、病毒等有害物质，以供学生直接饮用。

上述处理工艺中，在自来水硬度高的地区，可加装前置过滤和软化处理器。如果不经软化直接进入膜净化系统后，由于钙离子、镁离子浓缩浓度被提高（可达原水的4倍左右），很容易在膜表面结垢，造成膜孔堵塞，产水量下降，降低膜的使用寿命。此外，保安过滤器的主要作用是保护膜的正常长期运行，防止上道工序有漏泄，将部分微粒带到主机中，对膜造成损伤。保安过滤器安装在膜处理系统之前，采用5μm熔喷滤芯去除前处理流失的滤料或大于5μm的污染物颗粒，防止对后续膜处理系统产生影响。

**2. 小型中央处理管道分散式供水型式**

小型管道直饮水项目一般也由三部分组成，即柜式净水主机+供水管道+终端饮水设备。与大集中的区别在于其规模小，供水量小，供水点少一些，一般采用1+N模式。由一台净水机组主机为不同楼层供水，或同一楼层多个饮水台供水，主机与饮水台之间通过食品级不锈钢管道连接。

上述处理工艺与大型管道直饮水设备相同，只是在供水范围上有所区分。

**3. 集成一体式设备（单体机）**

设备集水质净化、加热于一体。由于供水量少，净水工艺相对简单，一般包括PP过滤器、活性炭过滤器、增压泵、膜系统、压力水箱、换热器、加热器七个模块，直接连到出水口。

上述处理工艺中加装三道活性炭过滤器：利用颗粒活性炭滤芯，它集吸附、过滤拦截、催化作用于一体，可有效去除杀虫剂、农药残余物、有机溶剂及其他工业造成的化学污染，还能有效去除水中的有机物、余氯及其他具有放射性的物质，并有脱色、去味的效果。压缩活性炭滤芯可以深层吸附水中的异色、异味、余氯，并过滤掉细微杂质。后置活性炭是一种新型的深层过滤滤芯，作为纯水机的最后一道工序，可以进一步吸附水中异色异味，增加净化水的含氧量，从而改善水的口感。特别是对当地水质出现的各种异味，活性炭过滤器可以有效对其进行吸附。

## 三、按照膜处理方式分类

学校配备的直饮水净化设备按核心的膜处理方式分为超滤处理设备、纳滤处理设备和反渗透处理设备。在学校配备直饮水的设备时，具体选择哪一种膜处理方式是要根据原水水质和净化的不同效果来选择的。学校最好在设计招标时就提前了解一下自己学校的本地原水水质、气象条件、服务人数、服务对象、饮水习惯和基本地理信息等。

反渗透膜设备膜的截留率高，产生的浓水较多，出水是纯净水，可以直饮，对于水质较差或水质不稳定的地区比较适用。纳滤膜设备可应用于水质的软化、降低TDS浓度、去除色度和有机物，适合于饮用水的处理，纳滤膜设备的产品水同样可以放心直饮。超滤膜设备虽然膜的孔径较大，但它也是一种压力过滤膜，如上面工作原理所述，它改变不了原水的TDS浓度和硬度，不过理论上它可以过滤掉某些大体积的细菌，过滤后也可以降低饮水中的菌落总数，所以在市政供水的水质十分优良的情况下也可以使用超滤膜作为净水处理设备。以上三种膜处理设备，虽然自来水在处理后都可以直饮，但是为了饮水安全，特别是学校中的公共净水设备，还需要对净水进行二次消毒灭活，以控制治病菌的总数。

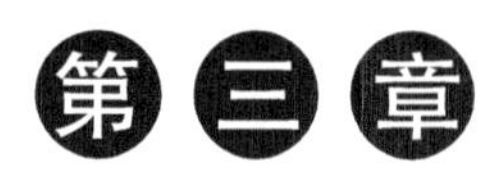


# 学校直饮水设备的适用性分析

由于各地饮用水源各异，饮用方式不同，管理的模式和条件也大相径庭，结合大量的参考资料和调研结果，我们认为学校直饮水设备设计选配的适用性非常重要，这对后期直饮水卫生安全与使用成本都起着至关重要的作用。适用性设计不仅要根据学校所处的外部环境和校园的大环境及饮水处的小环境来综合考虑设计学校直饮水净化设备，还要根据各学校各自的特点，为解决师生饮用水而专门设计直饮水供水系统。根据学校情况，选择与之匹配的直饮水设备，是做好学校直饮水供应工作的关键。直饮水设备种类繁多，学校情况千差万别，要确保校园直饮水设备配备科学合理，我们既要了解直饮水设备，又要了解影响其配备的学校因素，还要考虑国家卫生监督法律法规的要求，做到有的放矢，科学合理选配。

# 第一节　学校直饮水设备的技术适用性

## 一、膜过滤方式的适用性分析

### 1. 超滤净水设备

它是经过过滤、吸附、杀菌、消毒等处理手段，去除水中部分或全部有害杂质、改善饮水的感官性状和一般化学指标的直饮水设备，出水水质符合《生活饮用水卫生标准》(GB 5749-2006)。这种设备的核心工艺通常是使用超滤工艺，对原水进行净化。超滤(UF)技术是介于微滤和纳滤之间的一种膜分离技术，利用筛分原理分离，可筛选有机物截留分子量从3000~300000道尔顿的物质，适用于大分子物质与小分子物质的分离、浓缩和纯化过程。中空纤维超滤膜是超滤膜的一种，是超滤技术中最为成熟与先进的一种技术，中空纤维管壁上布满微孔(0.001μm~0.1μm)，它截留物质的分子量较大，可达几千至几十万，出水后还需要进行加热或是其他的消毒手段配合使用才可以直饮。超滤技术使用过程简单，节约能源，低压运行，几乎不产生浓水。通常应用于原水水质好，而且水质稳定的地区，如有些地区的自来水厂采用的是纳滤膜的生产工艺，出厂水的水质已经很好，学校只要在末端进行简单的净化消毒处理就可以直接饮用了。

**2. 纳滤饮用净水设备**

经纳滤膜净化的产品水，是以市政自来水为原水，根据原水水质，将纳滤膜与不同净水组件模块式组合，将原水净化成优质趋同的生活饮用水，最大限度地去除原水中对人身体有害的物质，出水水质符合《饮用净水水质标准》(CJ 94-2005)的直饮水设备。纳滤(NF)是指利用“纳米级孔”膜，截留分子量为200~1000道尔顿物质的过程。由于纳滤膜的膜孔径非常小，能够有效去除水中的大部分溶解盐类、胶体、微生物、有机物等(总除盐率高达80%以上)。对二价离子特别是阴离子的截留率可达99%，脱除水中的三卤甲烷中间体THM，低分子有机物和农药、硫酸盐等有害物。纳滤是目前净水技术中比较有效的方法，具有出水水质好、耗能低、工艺简单、操作简便等优点，但有一定的浓水比例，膜的价格相对较高。研究表明纳滤膜的产品水是可以直饮的，但是在校园公共饮水的直饮系统中为了保险起见，还要在后面再次配合消毒措施使用，这样更能保障公共饮水安全。

### 3. 反渗透净水设备

它是指经RO膜反渗透方式净化，出水水质符合《生活饮用水水质处理器卫生安全与功能评价规范——反渗透处理装置》的直饮水设备。反渗透（RO）是指通过外加压力等因素使水逆浓度梯度流动的过程。反渗透膜一般用高分子材料制成，膜孔径非常小，能够有效地去除水中的溶解盐类、微生物、有机物、重金属、矿物质等。使用反渗透膜处理饮用水，有高脱盐率、膜来源广泛、加工简便、成本低廉等优点。缺点是渗透压较大，相比纳滤膜的设备更费电；脱盐率较高，浓水的比例较高，对水的浪费较多。但是有些地区如果原水中含一价离子浓度较高，使用纳滤膜脱盐时达不到脱盐分离的目的，所以就要选择反渗透方式进行直饮水的处理，这样才能达到净化的目的。

## 二、设备供水方式的适用性分析

### 1. 集成一体式供水设备

它是将制水、供水、加热、消毒与取水集成为一体的一体式供水设备。它适用于已经建设完毕的中小学，在需要缩短工期时可以采用这种直饮水设备。单台设备一般由2、4、6个龙头组成，一般一个龙头可满足45~55人的饮水需求。该设备建设难度小，不需敷设楼与楼之间的供水管网，不用开挖路面或地面，净水无须设置输送管网，可直接在本机上取用。由于该设备结构相对简单，体积紧凑，施工容易，所以工期可以很短。采用集成一体式供水也可以每层楼安装一套系统，硬件上只需提供进水管和地漏，通上电源，即可正常使用。

这种方式也存在一些不足。因一台集成一体式设备就是一个处理单位，分散地设置在校园各处，相对处理水量也小，所以浓水的收集会有一些困难。如果学校规模较大，装机台数也会较多，因此检测、管理和维护难度也相应增大，甚至会出现产品水的水质差异（如维护点较多，需要人工工时多，建议借助运维在线监控管理平台，可降低运维管理难度）。每台集成式设备都需要单独进行耗材的更换，这又增加了维修维护的成本。

**2. 中央处理管道分散式直饮水设备**

管道直饮水是指中央处理主机制水（净化处理），净水罐储存，管网输送，饮水终端机或取水龙头取用的整套直饮水系统。主要用于有多栋建筑物的大型学校的不同教学楼、图书馆、宿舍等。

大型中央处理管道直饮水项目适用于在校学生数量较多（宜超过500人），学校办公及教学用建筑较多的学校。建设这种工程具备以下优势：

（1）水质安全。管道直饮水通过管路同程布置、回水定时循环、无菌水箱持续消毒等措施，使管道内的水始终处于循环状态，不存在死角，能从根本上保证直饮水水质安全。

（2）维护成本低。管道直饮水采用集中处理，给水管路和回水管路同程布置，设备间是整个系统主要维护的区域，水质监测和管道维护更容易，日常管理更便捷，对应的日常维护的成本更低。

（3）中央处理管道直饮水设备制、供、取水功能区分明显。它制水量大，供水区域广。设备根据制、供水量，供水人数及供水范围，可以细分为大型、中型、小型及微型设备。

中央处理管道直饮水设备的特点：

（1）产水、供水量大，水质稳定，检测方便。

（2）覆盖区域广。管道输送直饮水能覆盖学校的各个区域，终端安装空间需求少，体育场、行政办公室、图书馆以及餐厅均可纳入直饮水的供应范围。

（3）大型中央处理管道分散式直饮水项目对于新建的学校尤其适用，可将管道直饮水纳入前期规划。从泵房建设、管路敷设到用水点布置，统一设计，统一施工，避免后期二次施工所造成的问题。

管道直饮水设备的不足在于针对已经建设完毕的中小学校，如前期没有规划直饮水项目，那么采用大型管道直饮水项目可能存在以下问题：

（1）风险高。管道直饮水需要敷设给水管和回水管，用来连通集中处理设备和用水点，这必然涉及到学校路面的开挖工程。调研中有部分学校已有数十年的历史，地下管网图纸已经缺失，贸然开挖敷设新的管路，极易造成老旧管路意外损坏，影响学校的正常运营。

（2）成本高。路面管沟开挖涉及混凝土和铺装层的破除和恢复，施工成本接近土基开挖的两倍。

（3）工期紧张。由于学校的特殊性，只有在两个月的暑期中才能进行大修和管路的施工，容错率低，工期紧张。

（4）中央处理机房建设难度大。没有提前规划直饮水处理设备间的学校，也就没有合适的位置和面积用于建设泵房，而直饮水处理设备的泵房必须要具备完善的排水系统，增加了建设的难度。

（5）设备出现故障后影响范围广，如停水或是停电后需要有饮水的应急保障措施。

### 3. 小型中央处理管道分散式直饮水设备

这种设备适用于普通型学校，或是教学楼之间距离太远，要求每一栋教学楼设计一个中央处理机房或是机柜。小型中央处理式直饮水项目适用于在校学生规模适中（人数在500~1000），或学校办公教学楼相对分散的学校和北方不易敷设跨楼管线的学校。针对已经建设完毕的中小学校，建议采用这种直饮水项目，原因有以下几个方面：

（1）建设难度小。采用小型中央处理式供水可以在每栋楼安装一套系统，不需敷设楼与楼之间的供水管网，降低了建设难度和建造成本。

（2）建设工期短。工程建设仅限于单个楼，不需要在全校大面积施工，建设工期相对较短。

小、微型管道直饮水设备特点：

（1）适用范围广。只要有2个或2个以上的取水点，均可采用该类直饮水设备。大、中型单位也可以根据经济效能原则进行测算，选用多套小、微型管道直饮水设备组合使用，满足本单位的饮水需求。

（2）水质安全、健康。小、微型设备一般采用膜技术，并辅以其他的消毒技术，其产品去除了原水中的有害物质，适合长期饮用，对正处于生长发育期的青少年的健康有益。

（3）净水循环流动。小、微型设备净水输送管无主管、支管之分，净水管把各分机串联在一起，首尾相接，形成一个完整的净水输送封闭圈，做到管道及分机的每一滴水都能参与循环，保证了管网水质的新鲜和饮水的健康。

（4）有效节省占地面积。小、微型设备主机体积小，占地面积不大，以楼栋为单位供水，可以选用楼梯间等空地或独立供水处放置，投资少，并且能使闲置空间得到有效利用，不占用单位有效面积。

（5）小型设备在楼栋相接或相邻的情况下，经测算，总的取水量能实现跨楼栋供水。供水管道可沿墙体敷设或短距离架空，并采用特定材料包裹管道防冻，确保管道质量，进而保障水质。

## 三、直饮水设备取水方式的适用性分析

直饮水设备按取水方式分为大集中取水设备、中集中取水设备、小集中取水设备及分散式取水设备。

### 1. 大、中型集中取水设备

大集中取水设备是指一个大型场所，如一所学校或一个居民小区只设置1个取水点的直饮水设备。中集中取水设备是指以一栋楼或邻近几栋楼为单位设置1个取水点的直饮水设备。

大、中型集中取水设备取水布点相应较少，便于管理；净水供输管路短，管道少，安装施工简单，投资成本较少。但由于取水点少，供水点的设置不可能便利到大部分人，因此，会出现取水高峰期排队、拥挤的现象，这一点大大降低了用水人群的体验感。

### 2. 小集中取水设备与分散式取水设备

小集中取水设备是以一层楼或功能区为单位设置1~2个取水点的设备。分散式取水设备是指以单个房间，如学校的教室、办公室或活动场所，又如教学楼的每个教室或学校的功能教室、宿舍为单位设置取水点的设备。

该类设备取水点设置能尽可能地就近使人群方便取用，与饮用水设备的设计初衷相吻合，提升了人们取用水的体验感和幸福感。但由于小集中取水设备和分散式取水设备取水点多，分布较广，因此管理成本较

大；管网敷设路径长，投资成本也较大。

**3. 直饮水设备体积及处理能力的适用性**

（1）大型水质处理器

必须同时符合下列条件的净水器为大型水质处理器：① 长度、宽度或高度≥200cm；② 重量≥100kg；③ 一般水质处理器净水流量≥16.7L/min或反渗透（或纳滤）水质处理器净水流量≥3L/min。

（2）小型水质处理器

除大型水质处理器以外的其他净水器。

**4. 直饮水设备控制现代化程度的适用性**

（1）机械过滤直饮水设备

该类设备将有孔隙的成型过滤材料，或用一定方式能组合成有孔隙的非成型材料，装配到能将水导向流过该过滤材料的机械装置中，形成过滤净水组件，利用自来水的压力或加增压泵驱动原水通过过滤净水组件，实现对原水的过滤净化。现在市场上99%以上是该类设备。

该类设备由于净水处理工艺简单，如采用的是一般过滤材料，其出水水质及其稳定性难以保证；只有采用高精度（过滤孔径纳米级）过滤材料，比如RO膜或纳滤膜才能保证水质。

（2）全自动化直饮水设备

该类直饮水设备将多种饮水净化技术及其构成的净水组件、净水生态重建技术及其装置科学整合，利用自动控制技术，按预设的程序进行全自动净化、保质、供输工作。

全自动化直饮水设备可实现选择性净化处理饮水，还有净水保质功能。

（3）智能物联加自动化控制模式直饮水设备

该类直饮水设备是在全自动化直饮水设备的基础上，利用局部网络或互联网等通信技术把传感器、控制器、机器、人员和物料等有机地联在一起，构成信息化、远程管理控制和智能化的网络，是现代体验感极致的直饮水设备，也是直饮水设备未来发展的方向。

## 四、设备预处理的适用性分析

### 1. 直饮水设备上的前置过滤

过滤即用有孔隙的成型材料，或用一定方式能组合成有孔隙的非成型材料，装配到能将需要净化的液体导向经过该过滤材料的机械装置中。在外力作用下，液体中大于过滤材料孔隙的颗粒物质得以截留，小于孔隙的物质及液体得以通过，这个获得更纯净的液体的过程叫过滤（这里是指水源水通过过滤获取更纯净饮水的过程）。最常见的过滤材料有如下种类：

（1）矿物滤料过滤材料，常见的如石英砂

即水经过砂石层渗透到砂石层下，水中的那些悬浮物被阻拦下来。砂滤主要针对的是水中细微的悬浮物。特殊的矿物砂具有氧化和氧化还原作用，能去除某些特殊重金属离子，如锰砂可去除铁、锰。砂滤出水也不能直接饮用，一般应用于直饮水设备对原水的预处理。石英砂是一种坚硬、耐磨、化学性能稳定的硅酸盐矿物，其主要矿物成分是$SiO_2$，颜色为乳白色或无色半透明状，硬度为7，性脆无解理，贝壳状断口，油脂光泽，密度为2.65。石英砂作为净水滤料主要针对的是水中细微的悬浮物，就像水经过砂石渗透到地下一样，将水中的那些悬浮物阻拦下来。

（2）人造纤维过滤材料，如聚丙烯滤芯

聚丙烯滤芯是采用无毒无味的聚丙烯粒子，经过加热熔融、喷丝、牵引、接受成型而制成的滤芯。

过滤精度1μm~10μm，能截留泥砂、悬浮物及大分子量胶体等物质。

（3）麻、棉等植物纤维及钢丝过滤材料

用麻、棉等植物纤维及钢丝做成的滤芯，其过滤精度均以微米计算。

（4）净水活性炭

净水活性炭是以优质的果壳炭及煤质活性炭为原料，辅以食用级粘合剂，采用高科技技术，经特殊工艺加工而成，外观为黑色不定型颗粒，具有空隙结构发达、比表面积大、吸附能力强等优点。它集吸附、过滤、截获、催化作用于一体，能有效去除水中的有机物、余氯及其他放射性物质，并有脱色、去除异味的功效。净水活性炭滤芯产品有两大类：压缩型活性炭滤芯、散装型活性炭滤芯。压缩型活性炭滤芯采用高吸附值的煤质活性炭和椰壳活性炭作为过滤料，加以食品级的粘合剂烧结压缩成型，具有管、片、棒等外形，除具化学吸附作用外，还具备一定的物理拦截过滤能力；散装型活性炭滤芯将所需要的活性炭颗粒装入特制的塑料壳体中，用焊接设备将端盖焊接在壳体的两端面，然后将两端分别放入起过滤作用的无纺布滤片上，确保炭芯在使用时不会掉落炭粉和使水变黑。

**2. 其他几种前置预处理方式**

（1）混凝

混凝是指通过某种方法（如投加化学药剂）使水中的胶体粒子和微小悬浮物聚集的过程，凝聚和絮凝总称为混凝，把能起凝聚与絮凝作用的药剂统称为混凝剂。凝聚主要指胶体脱稳并生成微小聚集体的过程，絮凝主要指脱稳的胶体或微小悬浮物聚结成大的絮凝体的过程。

（2）化学氧化或氧化还原

通过化学氧化或氧化还原技术净化水，是利用某种净水材料的化学氧化性或氧化还原性，对水中超标的金属离子和那些对人体有害的重金属离子予以去除的净水技术。常见的如锰砂、KDF等。

锰砂是天然氧化剂，锰砂滤料是采用优质天然锰矿石加工而成，外观呈褐色，具有水处理滤料最理想的级配比例，使它在单位体积内有最大的比表面积、最强的截污能力、最大的氧化催化作用和最小的反冲洗流失率，常用于去除生活饮用水的铁和锰。

KDF是一种高纯度的铜锌合金，其净水原理是利用氧化还原反应，促使KDF介质与污染物进行电子交换，把许多污染物质变成无害物质。通过此方法可以清除水中高达99%的氯和水中溶解的铅、汞、镍、铬等金属离子和化合物。

（3）离子交换

离子交换技术净化水是通过净水材料中离子与水中有关离子进行交换使原水软化的技术，常见的离子交换净水材料有离子交换树脂等。

离子交换树脂净水原理：水的硬度主要是由其中的钙（$Ca^{2+}$）离子、镁（$Mg^{2+}$）离子构成，当原水通过树脂层时，原水中的钙离子、镁离子与树脂内的钠离子发生置换，树脂吸附钙离子、镁离子，而树脂内的钠离子被置换到水中。

随着交换过程的不断进行，树脂内的钠离子被全部置换出来后就失去了交换功能，吸附钙离子、镁离子饱和后的树脂经过钠盐溶液的处理，可重新转为钠型而恢复其交换能力。通过NaCl溶液对树脂进行再生，将树脂吸附的$Ca^{2+}$、$Mg^{2+}$置换下来，树脂重新吸附了钠离子，恢复了其软化交换能力。

## 五、杀菌消毒工艺的适用性分析

除菌是学校直饮水设备净水必备的重要环节，而净水除菌的方式有很多，常用的除菌方式有：加热杀菌、膜过滤滤菌、氯及二氧化氯杀菌、紫外线杀菌、臭氧杀菌。

### 1. 加热杀菌

加热是一种简捷有效的杀灭某些病原虫的方法，是最古老的饮用水消毒方法之一。

（1）加热杀菌机理

人们通常认为是加热使细胞内的蛋白质和有机物（包括酶）的凝聚变形，使微生物死亡；另一种可能是某个对生物生命过程很关键的细胞器功能失效。例如在细胞膜内含有受热容易溶解的脂类化合物，当细胞受热时，这些脂类化合物流失，致使细胞膜产生小孔，结构变化丧失功能而使微生物死亡。

（2）高温杀菌效果影响因素

影响高温杀菌效果的因素主要有：温度、作用时间、微生物种类、菌龄等。

（3）高温杀菌的局限性

① 有些耐热性细菌难以杀死，耐热性细菌芽孢在温度达不到120℃时，长时间加热也不会死亡。

② 加热消毒能量消耗巨大。

③ 加热消毒没有持久杀菌能力，通常仅限制于临时、简易和小规模

的供水装置。

**2. 膜过滤方式滤除细菌**

膜过滤是直饮水设备滤除细菌最普遍的方式。

（1）除菌机理

① 膜过滤主要是利用膜孔的筛滤作用去除微生物。繁殖型细菌的大小一般为0.5μm~10μm，很少有小于1μm者；芽孢大小为0.5μm或更小些；隐孢子虫大小为4μm~6μm；蓝氏贾第鞭毛虫为7μm~14μm；病毒的尺寸为10nm~25nm。反渗透膜（RO膜）为0.1nm~0.4nm，纳滤膜（NF膜）为1nm~2nm，超滤膜（UF膜）为10nm~50nm，能滤除全部细菌；微滤膜（MF膜）孔径在0.1μm~1μm，能滤除绝大部分细菌。

② 膜去除微生物的另一个机理是吸附作用，一般微生物可视为带负电的胶体颗粒，当微生物通过膜时，就有可能被带正电的膜结构基团捕获而去除。

③ 除了去除微生物以外，膜过滤还可以去除水中的其他无机物颗粒和一大部分有机物分子，从而除去微生物生长繁衍所需要的基质。

（2）膜滤除细菌的优点

① 膜的孔径小，纳滤膜、超滤膜能滤除全部细菌，微滤膜也能滤除绝大部分细菌。

② 膜滤除细菌不使用任何药剂，不会产生任何对环境污染的物质。

③ 膜滤除细菌装置简单，操作、控制容易，环境干净整洁。

（3）膜滤除细菌的缺点

① 由于膜壁较薄、脆，因此容易损坏，损坏后也难以发现。一个非常微小的裂纹，就可能导致膜的截留率大大降低，甚至发生沟流使膜失去作用。

② 膜组件只能一次性使用。如果膜组件内部某处损坏，很难修补，则需更换整个组件。

**3. 氯杀菌**

（1）水的氯化消毒是饮用水消毒中使用最为广泛、技术最为成熟的方法。但人类已发现这种消毒方法本身对人体健康有可能构成威胁，氯化消毒将逐步被其他更好的消毒技术取代，但在相当长的一段时间内，氯仍然可能是欠发达地区使用最普遍的消毒剂之一。

（2）氯消毒的优点

① 杀菌能力较强，有持续灭菌作用和一定的除藻、除臭、除味的能力。

② 应用广泛，技术工艺比较成熟。

③ 消毒系统投资和运行费用低廉，能大量生产，来源方便。

（3）氯消毒的缺点

① 在一般投加剂量下对病毒、病原虫（如蓝氏贾第鞭毛虫、隐孢子虫等）和寄生虫卵基本无效，对于某些生活形式下的细菌也难以控制。例如铁细菌能与有机物结合成难以与氯反应的瘤状物，因此在一般配水系统中的余氯难以杀灭铁细菌，不能控制管道内壁的水垢。

② 不能氧化一般的杀虫剂等复杂化合物。

③ 氯的杀菌效果受pH值影响较大。氯主要靠次氯酸形态杀菌，所有消毒效果与水的pH值密切相关。当pH值升高时次氯酸的氧化还原电位下降很快。当杀灭大肠杆菌时，pH值的有效范围仅为6.8~8.5。

④ 液氯的使用、储存和运输有安全性隐患。

⑤ 自由性余氯在输水系统中维持的时间较短。经测定，自由性氯为0.5mg/L的管网水在4h后就很难测出余氯。虽然可采用氯氨消毒，但是

杀菌能力下降。

⑥ 氯能与某些有机物反应产生难闻的氯臭味。

⑦ 氯和氯氨在杀灭细菌和氧化还原无机物的同时，还可能氧化部分微生物难利用的有机物，生成容易被细菌利用的AOC组分。所以加氯的消毒方式对饮用水的生物稳定性具有一定的影响。

⑧ 氯消毒对健康的威胁还需要进一步研究。

氯系消毒剂本身对健康可能有危害。据研究，高剂量的氯会引起动物染色体的畸变，促使脂肪酸和三酸甘油酯聚合而导致肝肿大；次氯酸根与动物精子的异常增加密切相关；次氯酸钠可能促进实验动物癌肿瘤的发展；美国Joseph Price认为饮用水中的氯会增加血液胆固醇的含量，是引起动脉粥样硬化的原因。有观点认为，氯能与水处理中广泛使用的铝盐结合生成氯化铝，而氯化铝会累积在脑细胞中，致使人体神经细胞受损，甚至导致老年性痴呆等疾病。

氯消毒所形成的大量的消毒副产物对人体健康可能有危害。氯与水中的藻类物质、腐殖质等天然有机物NOM的化学反应除了氧化反应以外，还可以有非选择性的取代、加成等反应，生成各种化合物。可能生成许多对人体健康有害的挥发性氯化有机物如三卤甲烷THMs等致癌物质。除此之外，氯消毒还能生成有害的非挥发性卤化有机物，如三氯乙酸、二氯乙酸、二氯乙腈、氯酚、卢卤代丙烯腈、卤代酮、三氯硝基甲烷、三氯丙酮、醛类等。如果水中含有溴化物，则氯将把溴氧化成氢溴酸，而后者会与天然有机物反应生成相对应的溴化消毒副产物，如溴仿和溴代乙酸等。形成的消毒副产物的种类和分布与氯和溴化物的浓度、pH值、温度，以及NOM的含量与特性有关。某些溴化消毒副产物如溴二氯甲烷毒性很大，所以应当重视三氯甲烷从氯化类型转化为溴化类型时带来的健康危害。

**4. 二氧化氯杀菌**

二氧化氯是很强的氧化剂，其氧化能力约为氯的2.5倍，漂白能力约为氯的2.63倍，为漂白精的3.29倍，与水中杂质反应速度比氯快。

（1）二氧化氯消毒原理

呈分子状态的二氧化氯容易吸附在细菌的表面，能较大程度地改变细胞外膜的蛋白质和类脂组成，使膜的通透性增加，二氧化氯能渗透到细胞内部，有效地氧化细菌内含巯基的酶，使微生物中蛋白质的氨基酸和核酸氧化分解，导致氨基酸链断裂，蛋白质合成被抑制、破坏并失去功能，从而杀灭微生物。

（2）二氧化氯杀菌消毒优点：

① 杀菌能力强，消毒快而耐久。

② 具有有效地杀灭微生物和水质控制效果。

③ 适用水质范围广。

④ 应用pH值范围大。

⑤ 氧化有机物能力强。

（3）二氧化氯杀菌消毒的缺点

① 二氧化氯本身及其消毒副产物也有毒性。

高剂量的二氧化氯可能会在人体内产生过氧化氢，将体液中的单质碘氧化成活性形式，活性碘会与肠胃中的有机营养物结合成碘化有机物，从而干扰碘的吸收代谢并抑制其生理活性，抑制甲状腺素的分泌而导致血清中甲状腺素的降低，引起胎儿脑质量下降、神经行为作用迟缓、细胞数下降或皮肤增生。当饮食中脂肪和钙的含量较高时，二氧化氯还可使血液中的胆固醇浓度升高和增大血小板个体，增加心血管病患病率，损害肝肾和中枢神经系统。消毒副产物亚氯酸有较大的毒理学影响，亚氯酸盐能使红细胞氧化变性成无色的正铁血红蛋白，引起溶血性贫血，导致生物个体成长速度减慢和幼胎夭折；还能影响肝功能和免疫反应，毒害性腺，使含硫基因团受抑制，肝产生坏死病变，肾和心肌营养不良。亚氯酸盐被国际癌症研究所确定为致癌物类。氯酸盐属于中等毒性的化合物，会引起肾功能衰竭。二氧化氯、氯酸和亚氯酸的综合作用能引起突变，使精子畸形、血液和尿液化学成分异常。

② 二氧化氯对某些特殊的水质不能适用。

例如当水中含有氰化物时可能形成有毒的氯氰化物；处理有机物含量高的水有可能生成非挥发性有机卤化物；某些水中的物质会与二氧化氯反应生成有色产物，如锰离子能被氧化成高锰酸，羟基化合物能被氧化成有色的醌式化合物等。

**5. 紫外线杀菌**

紫外线是一种波长范围为100nm~400nm的不可见光线。在光谱中的位置介于X射线和可见光之间，其最长波长邻接可见光的最短波长（紫光），而最短波长邻接X射线的最长波长，其波长在200nm~280nm范围的紫外线具有杀菌功能。

（1）紫外线杀菌原理

通常认为紫外线能改变和破坏抗蛋白质（DNA和RNA），导致核酸结构突变，改变了细胞的遗传能量特性，使生物X丧失蛋白质的合成和复制、繁殖能力。紫外线还能驱动水中各种物质的反应，产生大量的羟基自由基，还可以引起光致电离作用，这些物质和作用都能导致细胞的死亡，从而达到杀菌消毒的目的。

（2）影响紫外线杀菌的因素

① 紫外线灯管温度。低压灯管的最佳工作温度是41℃左右，通常消毒器的进水温度和环境温度应在5℃以上，否则会造成灯管点火启动困难。

② 紫外线光源的辐射强度及其分布方式。

③ 水层厚度和处理时间。

④ 水流分布状态。

⑤ 杀灭微生物所需的最小剂量（敏感性）和微生物的数量。

⑥ 水质：水中的藻类、铁盐、色度、胶态物质、有机物（特别是腐殖酸和酚）、亚硫酸盐、亚硝酸盐、硫化物、油类以及悬浮物都会吸收紫外线。此外，水的硬度对淹没式紫外线装置的工作也有一定影响，硬度较高的水容易在灯管设备的水接触面上结垢，结垢后会降低消毒效果。

（3）紫外线杀菌消毒的优点

① 不在水中引进杂质，水的物化性质基本不变。

② 水的化学组成（如氨含量）和温度变化一般不会影响消毒效果。

③ 不另增加水中的溴味，不产生诸如三卤甲烷等类的消毒副产物。

④ 杀菌范围广而迅速，处理时间短，在一定的辐射强度下一般病原微生物仅需十几秒钟即可杀灭，能杀灭一些氯消毒法无法灭活的病毒，还能在一定程度上控制一些较高等的水生生物，如藻类和红虫等。

⑤ 过度处理一般不会产生水质问题。

（4）紫外线消毒的局限性

① 孢子、孢囊和病毒比自养型细菌耐受性高。

② 水必须进行前处理，因为紫外线会被水中的许多物质吸收，如酚类、芳香化合物等有机物、某些生物、无机物和浊度。

③ 没有持续消毒能力，并且可能存在微生物的光复活问题，最好用在处理水能立即使用的场合、管路没有二次污染和原水生物稳定性较好的情况（一般要求有机物含量低于10ug/L）。

④ 不易做到在整个处理空间内辐射均匀，有照射的阴影区。

⑤ 没有容易检测的残余物质，处理效果不易迅速确定，难以监测处理难度。

⑥ 处理水量较小。

⑦ 较短波长的紫外线（低于200nm）照射可能会使硝酸盐转变成亚硝酸盐，为了避免该问题应采用特殊的灯管材料吸收上述范围的波长。

**6. 臭氧杀菌**

臭氧是氧的同素异形体，由3个氧原子构成，其化学式为$O_3$，化学性质极为活泼，其氧化能力仅次于氟，其原子在游离时可以在瞬间产生强力的氧化作用。臭氧不稳定，容易分解成氧气和新生态氧。在标准状况下，臭氧在水中的体积溶解度是氧气的10~15倍，是空气的25倍，但仍属难溶气体。

（1）臭氧消毒机理

① 臭氧在分解成氧气的过程中生成“新生态氧”，高度活性的新生态氧可起杀菌作用。

② 臭氧能破坏细胞上的脱氧酶而干扰细胞的呼吸功能，直接氧化各种酶和蛋白质，阻碍代谢过程，破坏有机体链状结构而导致细胞死亡。

③ 臭氧能影响细胞中的物质交换，使活性硫化物基因转化过程的平衡遭到破坏。

④ 臭氧能与细胞膜作用，与细菌细胞壁脂肪酸双键反应，作用于细胞外壳脂蛋白和内部的脂多糖等分子聚合物，使细胞膜的渗透性改变，

导致原生质的流失和细胞体的溶解。

⑤ 臭氧能穿透细胞壁，渗入细胞内部与细胞质反应，作用于脂蛋白和脂多糖，改变和分解RNA、DNA和线粒体结构，臭氧能迅速穿透细胞壁的特性是其杀菌速度快的原因之一。

（2）影响臭氧消毒效果的主要因素

① 臭氧浓度。

② 接触时间。

③ 水的pH值。

④ 水的温度。

⑤ 水的浊度。

⑥ 水中碳酸盐和X碳酸盐。

⑦ 水中还原性有机物。

⑧ 水中其他某些杂质。

（3）臭氧杀菌的优点

① 氧化能力强，能在消毒时兼代处理许多其他的水质问题。

② 杀菌效果显著，作用迅速。

③ 臭氧消毒效果受水质影响小。

④ 广谱高效。

⑤ 副作用较小。

（4）臭氧杀菌的局限性

① 容易自行分解，半衰期短，应就地生产使用。

② 由于臭氧很容易被消耗掉并转化成有利于生物生长的氧，需要做好输配水系统中的生物控制措施。

③ 臭氧处理水，在水中的溴离子被臭氧氧化成溴酸盐。

# 第二节　学校因素对校园直饮水设备选配的影响

## 一、学校装备条件因素影响

### 1. 直饮水设备配备的适用性学校因素是必须要考虑的重点

校址的地理位置、校园的内外环境、建筑物的结构、学生类别、师生人数，当然，还有学校的主管部门、学校的管理层，学生、学校及当地财政经济状况等，无一不影响校园直饮水设备的选配。这些因素有主观的、有客观的，由于主观因素不好把握，在此不做研究，本节仅就学校因素及其中的客观因素在校园直饮水设备选配中所起的作用进行阐述。校园的直饮水净化消毒系统是一项系统工程，影响出水水质的因素较多，系统较为复杂。直饮水处理系统设计首先还要从水源开始考虑。为了给整个校园提供公共健康的饮水，首先要了解清楚目前学校生活饮用水的水源在哪、水质情况如何，最好在确定安装饮水净化系统前做一次事先的水质检测，得出生活用水详细的水质检测报告，再根据检测结果来确定使用的净水设备的类型。

### 2. 饮用净水设备实行的卫生行政许可生产制度

由于饮用水关系到每个师生的身体健康，是保证校园公共卫生的必要条件，同时直饮水也是生活水平提高的象征。而涉及饮水净化消毒的这些所有设备材料（包括饮水生产过程中与净水接触的所有密封止水材料、输配水管及容器、管道零件、无负压供水设备、防护材料、各种处理剂和化学物质、膜材料和水处理材料）是保证饮水生产和卫生安全的基本要素。对于生产这些零配件及设备的生产企业，我国都有严格的管理制度和市场准入制度，还有相关的法律法规和技术标准作为质量保障。只有符合了这些要求许可的材料零配件、整机才能获得市场准入。所以对于生产企业的产品以及采购的零件都应该有涉水卫生批件。这个国家卫生部门颁发的涉水卫生批件，就是卫生部门对净水系统生产厂家涉水产品的检测合格证，有了这个许可才可以进行生产，没有涉水水卫生批件的整机和零件是不能生产销售进入校园的。

**3. 直饮水项目建设需要的条件**

校园直饮水项目建设均需要一定的条件，不同类别的直饮水项目需要的条件有较大差异。

（1）校园直饮水项目均须具备以下一般条件：

① 通自来水，原水压力为0.1MPa~0.4MPa；

② 有平整结实的地面，有一定容纳机器的空间；

③ 电力供应（高于一般电器设备、有漏保、可靠接地220V）；

④ 有排水口（地漏）。

（2）特殊条件

对于大型管道直饮水项目，要求具备能够安装净水机组的车间，面积不小于60m$^2$；有足够的水量供给；有380V电力供给；供水管网建设方便或已经预埋。

对于小型管道直饮水项目，要求具备能够安装柜式净水机的空间，面积不小于20m$^2$；有足够的水量供给；有380V或220V电力供给；各楼层供水管道建设方便或已经预埋。

**4. 供水渠道对水质的影响**

由于大部分学校使用的是城镇管网的外部供水，管网的使用情况和本身材质不同及使用年限长短的不同，都会对引入到学校的水质有影响。特别是二次供水的学校，水箱的使用年限、水箱结构组成、清洗方法及周期，更是影响着出水的水质状况。而使用自备井的学校水质条件就差距比较大了，有的深井水水质较好，能够好于《生活饮用水卫生标准》（GB 5749–2006）要求的指标，甚至接近《饮用净水水质标准》（CJ 94–2005），调研中也曾经发现走访的这所学校处于城市郊区的边缘，水质不理想，受气象、地理、工农业生产生活的影响较大，由于城市范围扩大与房地产的不断开发，整个乡镇的地下水环境受到污染，浊度和溴味、致病菌总数等相关数据超标，但是学校安装使用膜处理直饮水设备后，产品水用CJ 94–2005的标准进行检测时，其各项指标是完全达到要求的，所以进行适用性研究也是十分有必要的工作。

## 二、学校外部环境因素影响

学校外部因素即来源和产生于学校外部的因素，也可理解为外面的不受学校控制的因素，主要由两个大的方面构成。一是校址的地理位置，即校址所在的纬度、经度、地形、地貌、地质等，以及由此形成的气候造就了水源成分、空气成分，这些因素对直饮水设备的选配都有着重要的影响。二是校园外面的人造环境，即校园外面因为人类的活动形成的环境，如垃圾、污水等，影响地表、地下水质及空气质量，进而影响直饮水设备的配备。由于学校所处的地理位置比较分散，原水的供水水质可能会有很大的区别。

调研中发现，由于城市供水厂在郊区，所以市区学校的原水TDS值是郊区学校原水TDS值的两倍之多，虽不能仅以TDS值的多少来主观判断水质的好坏，但是直饮水的适用性设计还是要根据学校所处的外部环境，就是校园的大环境及饮水处的小环境综合考虑，来设计学校直饮水净化设备。这是根据各学校各自的特点，为解决师生饮用水而专门设计的一整套直饮水的供排水系统，其中一个小小的环节出现问题，都会影响最终的饮水出水水质。由于中小学生的身体正处在生长发育期，如果长期饮用出水水质不达标的饮用水，一定存在致病风险。学校设立直饮水系统还要考虑其他的安全因素，设置饮水的系统不能产生另外的风险与伤害风险。包括学校所处的地理位置、海拔高度、周边的建筑类型、历史的使用情况都会对水源产生影响，饮水处的设置、环境的清洁通风消毒等辅助设备的设计都要有所考虑。

校园外部因素对直饮水设备配备的影响主要表现在四个方面：① 对水源水质的影响形成对原水水质的影响；② 对空气质量的影响导致净水水质的二次污染；③ 对直饮水设备功能部件功能的影响；④ 对设备本身使用寿命的影响。

**1. 气候**

气候是影响设备配备的重要因素之一，我国各地自然条件不同，形成的气候也不同，一般是纬度位置（阳光的直射与斜射）、海陆位置（季风）和地形地势造成的。我国幅员辽阔，自北向南跨越寒温带、中温带、亚热带、热带等不同气候带。华北平原、黄土高原和东北平原属温带季风气候，夏季高温多雨，冬季寒冷干燥；长江中下游平原、东南丘陵、四川盆地、云贵高原属亚热带季风气候，夏季高温多雨，冬季温和少雨；台湾南部、雷州半岛、海南岛以及云南南部地区属热带季风气候，全年无冬，高温多雨；西北地区远离海洋，气候干燥，降雨稀少，属温带大陆性气候；青藏高原海拔高，冬半年遍地冰雪，夏半年凉爽宜人，属高原气候。不同的气候特征，对直饮水设备配备形成不同的影响。

（1）降雨量

① 降水量充足，水资源丰富，地表、地下水存量大，采用产水率低的RO膜或纳滤膜还可行；降水量不足，则水资源缺乏，地表、地下水存量小，则不宜采用RO膜或纳滤膜处理设备。同时还要考虑浓水的回收问题，如水质好则采用超滤膜最为宜。

② 降水量充足，水体体积大，纳污能力强，水质相对较好，处理难度小，进行相关的过滤和杀菌即能达到饮用标准；降水量不足，水体体积小，纳污能力弱，水质相对较差，处理难度大，因此需要针对水质具体状况，进行增强性处理。

（2）气温

① 气温高，人体水分散失大，饮水的补充量大，饮水供应量大，反之，饮水供应量减少。

② 气温高，热水加热起始温度高，能耗减少；反之，则能耗大大增加。

③ 低气温下直饮水设备需要采取相应的防冻措施，防止管道过水部件冻裂或结冰，高气温下采取遮蔽措施，预防设备老化，影响使用寿命。

④ 对于采用紫外线杀菌消毒的设备来说，低温将会影响紫外线灯的启动和杀菌效果。温度下降到4℃时，辐射强度则可下降65%~80%，严重影响杀菌效果。低压灯管的最佳工作温度是41℃左右，设备进水温度

和环境温度应在5℃以上，否则会造成灯管台头启动困难。

（3）湿度

① 环境湿度大，易滋生微生物，采用虹吸式原理供输水的设备应防止外界环境中的微生物通过虹吸空气进入净水水体，造成对净水的污染。

② 采用紫外线杀菌的直饮水设备，湿度会影响紫外线杀菌的效果，相对湿度在55%~60%时，紫外线对微生物的杀灭率较高，相对湿度在60%以上时，微生物对紫外线的敏感率降低，甚至对微生物有激活作用，使杀菌力下降30%~40%。

③ 采用臭氧杀菌的直饮水设备，湿度会影响到臭氧产生量，相对湿度大于40%时，臭氧产量随湿度加大而产量降低；相对湿度小于40%时，对臭氧产量影响不明显。

（4）光照

① 光照强，直饮水设备及输水管道易老化，影响使用寿命，同时，因光照强，管道内水受热会影响水质口感，因此需要采取防晒措施。

② 直饮水设备如果采取远程供输净水形式，则需要采取避光措施，无避光措施管道内易长绿苔，影响观感。

**2. 海拔高度**

同一地方因海拔高度不同，气温、气压、氧气含量、紫外线强度均有所不同，每垂直上升100米，气温下降0.6℃，同时因为海拔升高，空气稀薄，氧含量减少，气压降低，紫外线增强。

（1）温度影响。前文已述，略。

（2）气压影响。气压影响到水烧开的温度，如直饮水设备采用水烧开杀菌的方式则不可取，在低气压下水温达不到杀菌温度，应采取其他如臭氧、紫外线等杀菌的方式。

（3）氧气含量影响。空气稀薄，会影响其中氧气的含量，从而影响臭氧发生器的臭氧产量。如直饮水设备采用臭氧灭菌，则影响到臭氧发生器的臭氧产量和臭氧浓度，从而影响杀菌效果。此时，直饮水设备需采取相应增大臭氧量的措施，如增装臭氧发生器等。

（4）紫外线照射强弱的影响。紫外线照射容易使直饮水设备老化，影响其使用寿命，如紫外线照射强，则需采取遮蔽紫外线的有关措施，防止设备老化。

**3. 海陆位置**

（1）距离海近，则空气湿润，且含盐量大，因此易腐蚀设备，直饮水设备材料需采用相关防腐蚀措施。

（2）海陆位置决定风向。东部沿海受太平洋影响，夏季盛行东南季风，冬季受西伯利亚寒流影响刮东北风；同样，台湾南部、雷州半岛、海南岛以及云南南部地区受印度洋影响，夏季盛行西南季风，冬季受寒潮影响，盛行西北风。

净水设备只要有储存、供输，就会采用虹吸原理将储存的水输送出去，同时虹吸也会吸入空气。空气中的烟尘、总悬浮颗粒物、可吸入颗粒物（PM10）、细颗粒物（PM2.5）、二氧化氮、二氧化硫、一氧化碳等挥发性有机化合物、微生物等就会进入净水水体，影响净水气味、口感，并污染净水，使水质变差、变坏。直饮水设备如处于空气污染源的下风向，则更会严重影响到直饮水设备的水质。

（3）距离海近，如是采用地下水作为原水，地下水则因海水倒灌有被海水污染的风险，直饮水设备应考虑采用海水脱盐技术。

**4. 地形地貌**

一个地方的地形地貌，亦是影响当地气候的重要原因，进而影响校园直饮水设备的配置。同时，因地形地貌成因类型、地层岩性、地质构造不同，对当地原水的成分又具有很大的影响。如有的地方有含砷水、含氟水等，直饮水设备则需另增加除氟、除砷等技术。另外土质疏松，雨天易引起水土流失，地表水源也容易受到污染，进而也污染地下水。洪涝灾害对地下水的污染更为严重，直饮水设备也必须考虑在极端天气下水源受到严重污染后的处理能力。所以，地形地貌是校园直饮水设备配备的关键因素之一。

（1）高原

高原是指海拔高度一般在1000米以上、面积广大、地形开阔、顶面起伏较小、周边以明显的陡坡为界、比较完整的大面积隆起地区。我国的四大高原分别为青藏高原、云贵高原、黄土高原、内蒙古高原。其主要特点如下：

① 高原海拔高，氧气含量少，属于一种缺氧环境，会影响臭氧杀菌设备的臭氧产量。

② 高原地区接受太阳辐射多，日照时间长，光照强烈，直饮水设备长期受光照影响易老化，同时，因光照影响，直饮水管道内易长绿苔。

③ 高原地区由于空气稀薄，大气压低，水的沸点低，用烧开水杀菌的方式达不到杀菌的目的。

④ 在高原地区，植被稀疏，水土流失严重，水资源既缺乏，又极易受污染。

（2）山地

山地一般指海拔在500米以上、起伏较大的地貌，坡度陡、沟谷深，多呈脉状分布。中国的山地大多分布在西部地区，如喜马拉雅山、昆仑山、唐古拉山、天山等。其主要特点如下：

① 山地地形区随着高度的上升，太阳辐射穿过的大气层逐渐减少，辐射值逐渐增加，设备受强辐射影响易老化。

② 气温随高度增加而降低。每上升100米，夏季温度下降0.5℃~0.7℃；冬季下降0.3℃~0.5℃。

③ 山地气象条件的差异很大，降水量分布也十分不均，雨量的巨大差异又造成植被与环境有很大差异。

④ 风速随山地海拔升高而增大。山顶、山脊以及峡谷风口处风速大，盆地、谷底和背风处风速小。

⑤ 在湿度方面，水气压随海拔高度的增加而降低，湿度也会增大。

⑥ 由于山地地形的原因造成其不易被人类开发，因此山地地形区工业污染程度不大，同时森林植被覆盖率较高，因此，该区域内的水源污染少，空气质量也较好。

（3）平原

平原地形海拔一般在0~500米，地面平坦或起伏较小，主要分布在大河两岸和濒临海洋的地区。主要特点是：

① 濒海，都属于季风气候带，空气湿润。

② 平原水网密布，水资源丰富。

③ 经济发达，人口集中，工业、农业、居民生活引起的污染严重。

④ 平原地区地表水、地下水均受到不同程度污染。

（4）丘陵

丘陵地形海拔一般在200~500米，地形有起伏，但是海拔较低，坡度比较和缓，相对高度一般不超过200米，由连绵不断的低矮山丘组成。我国的丘陵约有100万平方千米，占全国总面积的十分之一。自北至南主要有辽西丘陵、淮阳丘陵和江南丘陵等。丘陵地区的主要特点是：均处于季风气候带，距海近，降水量较充沛，空气湿度大。

（5）盆地

盆地是盆状地形，主要特征是四周高（山脉或其他山地隆起带）、中部低（平原和丘陵）。中国最知名的四大盆地分别为四川盆地、准噶尔盆地、塔里木盆地、柴达木盆地，面积都在20万平方千米以上。各盆地因所处的温度带及海陆位置的不同形成各自不同的气候特点。

四川盆地气候特点：冬暖夏热春来早，云雾阴天多，日照晴天少，霜、雪少见；准噶尔盆地降水比较多，气候比较湿润；塔里木盆地降水少，气候干燥；柴达木盆地属高原大陆性气候，以干旱为主要特点，盆地年平均温在5℃以下，气温变化剧烈，年绝对温差可达到60℃以上，日温差也常在30℃左右，风力强盛，风蚀强烈。

**5. 地区经济发展水平**

地区经济发展水平的高低会影响污染的程度。地区经济发达，人口众多，经济活动频繁，产生的垃圾、生产废水、生活污水多，空气污染就会较为严重，反之，则污染会较轻。

就对水源的污染而言，在农村，主要是因为农业施肥、施药，污水灌溉、生活垃圾，生活污水对水源产生污染；在城镇，主要是工业废水、生活污水、垃圾对水源的污染；在工矿区，主要是矿区污水排放、废渣的堆放及掩埋对水源产生污染。直饮水设备安装设计需考虑到工业企业的排污管道、生活污水的下水道、污水池、污水塔、垃圾堆放地及掩埋地等。

就空气污染而言，城镇有工业企业生产排放、车辆尾气等，而农村则有居民生活、取暖排放、垃圾焚烧等。受污染的空气会导致净水的二次污染。

在经济不发达地区，直饮水设备配备时，要在保证直饮水设备出水水质卫生、安全、健康的基础上保证其经济性，要让在不发达地区生活的人民买得起，用得起。

**6. 直饮水设备原水的影响**

学校直饮水原水水质直接影响直饮水的设备配备和后期的运维。水源的污染主要分为生物、物理和化学三类。

生物性污染物包括细菌、寄生虫和病毒。有关致病细菌和寄生虫已有较好的灭杀方法，但对致病病毒的研究尚不够充分，有些病毒灭杀还在研究和发现过程中，随着水和环境状况的变化，水体中的病毒亦可能发生变化，并产生出新的病毒。

物理性污染物包括悬浮物、热污染和放射性污染。放射性污染危害最大，一般存在于局部地区。

化学性污染物包括有机化合物和无机化合物。随着分析技术的发展，目前从原水中检出的化学性污染物已达 2500 种以上。某些化学性污染物可干扰机体内一些激素的合成、代谢或作用，从而影响人体的健康。

随着人们环保意识和健康意识的不断加强，水源地水质的不断改善，市政供水的出厂水应能够达到《生活饮用水卫生标准》( GB 5749-2006 ) 的要求。水厂还在不断应用新技术来改善水质，超滤膜技术在饮用水领域与传统水处理工艺相比，具有设备结构紧凑、生产时间短以及容易扩充的优点。且当不使用化学或紫外消毒时超滤对病毒仍有很好的去除效果，从而降低了后续的消毒加氯量，减少了消毒副产物的生成量，使水厂出厂水的处理效果可以达到优质。

在国内改善自来水水质的工程中也在不断应用纳滤膜处理技术。2014年山西省阳泉市出现了首个采用超低压选择性纳滤膜工艺的饮用水水质改善工程（3.5万吨/日）；江苏省盐城市大丰区第二水厂示范工程项目采用的也是连续膜过滤加纳滤膜技术，为国家饮用水新标准下的自来水行业提供了良好的示范，推动了我国饮用水出厂水质全面达标的进程。如果采用纳滤膜过滤的出厂水作为学校的原水来使用，学校的直饮水设备就可以选择采用超滤膜过滤加二次消毒的工艺给师生提供直饮水。

（1）市政自来水

校园有市政自来水，市政自来水是应符合《生活饮用水卫生标准》的，但因其在供输过程中所受到的二次污染，以及为加强管网末梢微生物的控制，水中余氯含量大，此时校园直饮水设备主要是针对此二次污染和余氯的净化处理。

（2）二次供水

校园用水是对市政自来水进行储存、再加压的二次供水，校园直饮水设备以此为原水，配备时需要考虑二次供水可能会受到的种种污染并予以应对。对于水箱等二次供水的媒介一定要加强管理，定期进行清洗和检测，如果水中微生物、污染物等物质超标，将会对学生的健康造成威胁。此外，目前也有一些原本采用二次供水的学校开始寻找新的供水方式，无负压供水就是一个很好的选择，它可以有效地避免由于二次供水导致的污染。

（3）自备水源

校园没有自来水，就抽取井水、河水、溪水、湖泊水、塘水等使用，校园直饮水设备以此为原水进行配备时必须对此原水水质进行检验，做到有针对性的净化处理。

根据不同的水源，供水时还需要考虑水温的问题。春夏秋三个季节室温相对较高，许多地区的学校不需要给供水加热或者保温，室温水就可以满足师生的饮水需求。到了冬季，饮水情况就不一样了，对于北方供暖区的学校而言，只需要将饮水装置放在室内，就可以保持

20℃~30℃的室温，无须加热。而对于南方地区，情况就大相径庭，南方冬季不进行供暖，因此当气温很低时还是需要直饮水设备有加热功能。

## 三、学校内部环境因素影响

校园内部因素主要包括学校本身现有的生活用水的供水设施、饮水处设置及管网末端的水质检测情况等。由于各地学校所处的地理位置、学校内建筑形式、校内建筑使用的时间、管理人员、使用管网情况的差异，使得水质情况也变得千差万别。原水取水的情况不一，对学校后期配备膜处理的净化饮水设备有很大影响，对后期的运维费用和更换滤芯的周期也有影响。

其中校园的内部环境、建筑物的结构及功能、学生类别（高中生、初中生、小学生、幼儿）、师生人数等都会影响校园直饮水设备净水供输类别的选择，供输类别分为大型中央处理管道供水设备、小型中央处理管道供水设备和集成式设备三种。如是中央处理管道供水设备，还需要考虑主机位置、取水终端位置及管网敷设方案；如是集成式设备，则需考虑各设备的安装位置、原水取水点、废水排放等问题。其中建筑物的结构及功能主要影响直饮水设备饮水点的选取、安装位置的选择、管网的敷设等，是集中一点取水，还是分楼层集中取水，或是分散取水等。总之，校园直饮水设备的配备要依据学校所处的具体情况来抉择。

### 1. 学生类别

学生类别主要是从学生的自我安全意识和设备防护方面出发，需考虑设备的安装位置、安装高度、取水温度等。

学校按照学生年龄主要划分为四个层次，包括幼儿教育、初等教育、中等教育和高等教育四级（高等教育在此不作阐述），处于前三个学龄的学生在身高、认知能力及行为水平上存在差异，因此直饮水设备的配备应该充分考虑以下几点因素。

（1）幼儿教育学校（3~6岁）

幼儿教育是指根据一定的培养目标和幼儿的身心特点，对学前幼儿进行的有计划、有组织的教育。一般招收3~6岁的幼儿，主要由幼儿园、托儿所、学前班等机构实施。

该学龄期的儿童认知水平发展有限，比较多动，对于事物的理解不完全，对于危险的防范意识较薄弱，防范风险能力较低，因此配备直饮水设备时要考虑到安全问题，如水温的设置、儿童安全锁等，同时，安装时要考虑到水、电的问题，确保小朋友的安全。另外，该阶段在校幼儿的身高较矮小，男童平均身高范围是100cm~122cm，女童平均身高范围是96.3cm~121cm，因此，直饮水设备安装的高度应该符合该阶段学生的身高。

（2）小学教育学校（6~12岁）

小学教育的主要任务是使儿童打下文化知识基础和做好初步生活准备的教育，对于提高民族素质具有极为重要的意义。

小学生大脑处于发育阶段，认知水平有所提高，对于危险有一定的认知；同时随着运动能力的提高，对新鲜事物充满好奇心。小学有低年级和高年级之分，高、低年级的身高差异较大，因此，直饮水设备在设计安装时水嘴高度和水嘴间距应该区别对待。高年级使用的设备取水高度可高于低年级，水嘴间距可适当加宽，同时低年级区的电路及电插座应该从安全上着重考虑。

（3）中等教育学校

中学是指在初等教育基础上实施的中等普通教育和专业教育，分初级和高级两个阶段。

中学生的思维能力及认知水平与成人无较大区别，能够分辨危险，对于危险的防范意识也有所增强，同时身高也趋于定型，对于直饮水设备的安装应该满足大多数人的需求。

**2. 学校规模**

学校规模要综合在校学生人数、学校占地面积及建筑物面积几个因素考虑。确定选用的净化设备和饮水供水系统要服务多少人，从而让师生能喝上足量的饮水，并且保证取水和饮用方便。根据近现代的研究表明，人体一切的生命活动都离不开水。一般而言，人每天喝水的量至少要与体内的水分消耗量相平衡。通常情况下，健康的人体一天所排出的尿量约有1500毫升，再加上从粪便、呼吸过程中或是从皮肤所蒸发的水，总共消耗水分大约是2500~3000毫升。健康人除了每天从食物中得到一部分水分外，每天还需要喝2000毫升左右的水。特别是在校的学生，由于运动较多，会在消耗能量的同时大量排出汗液，这样排出体外的水就会更多，这就需要增加饮水量使身体消耗的水分得以补充。

净化水量也不要设计得太大，因为净水存放时间太长就会有大量病菌繁殖，应该采用净水循环的方式回到净水的水罐再进行消毒灭活。所以总的产水量不要设计得太大，如果喝不了容易造成净水的浪费，使得初期的安装费用和后期的使用费、运行费都相应提高。

（1）微型学校

微型学校是指在校生人数在80人以下，由于学校场地与教师资源有限，不同年级的学生混合在一个教室学习。该种学校形式一般出现在乡村和偏远山区及生源极度缺乏的偏远贫困山区，并且在小学中较为常见。

微型学校校园由于人数少，操场及活动场地不齐全，因此占地面积较小，建筑物多是独栋的单、多层建筑。根据《建筑给水排水设计规范（2009年版）》（GB 50015-2003）规定的每人最高日饮水定额1L来计算，微型学校日总用水量在50L左右，因此，该种学校使用一台集成一体式设备就可以满足在校师生的饮水需求。

（2）小型学校

这种学校在校学生人数在300人以下，通常非完全小学属于小型学校。学校一般处在农村的村落里，由于人口外流，生源减少，学校规模缩减，小学完整的1~6年级学制无法完全开展，遂将小学高年级（5、6年级合并至初级中学）。该种类型学校的建筑一般分为连体多层教学楼和生活用单层建筑，可以选择多台集成一体设备或者小型的中央处理管道供水设备。

（3）中型学校

这种学校在校学生人数在300~2000人，学校学制完善，是一所完整的学校。该种学校一般设置在城镇里，校园面积大，有多栋教学楼，教学区、活动场所齐全，适合选择1~3套中央处理管道直饮水设备按楼栋供水，在能满足相邻楼栋饮水供应的情况下，可实现跨楼栋供水。

（4）大型学校

大型学校人数在2000人以上，学校年级完整，设施齐全，学校占地面积大，建筑物一般在6栋以上，包括教学楼、校舍、活动场所等。建筑物既有连栋形式，也有独立分布。对于此种校园面积大、建筑物分布广泛的学校，适合选择多套（3套以上）中央处理管道直饮水设备按楼栋供水，在能满足相邻楼栋饮水供应的情况下，可实现跨楼栋供水。

**3. 学生就读方式**

（1）全走读学校

全走读学校是指学校不提供住宿，只提供与教学相关的场所。一般幼儿园及小学大多数是非寄宿学校，因为学生年龄较小，还无法完全做到生活自理，会增加寄宿学校的管理难度。初、高中由于生源比较多样，学习压力大，学习时间长，一般不会是全走读的学校。

全走读学校需在白天为学生提供饮水，饮水点配备在教学区、文体活动区及食堂。

（2）全寄宿学校

全寄宿学校是指全部学生除在节假日及学校规定可以外出的时间外，学生必须在学校学习、生活。学校提供符合条件的宿舍及食堂供学生学习和生活。

全寄宿学校中，除去学生在学习上课时间所需要的饮水之外，还要满足学生在学校住宿时的饮用水需求，因此在宿舍区也需要配上饮水点。

学生饮水，有两种瞬时高峰饮水量，第一个是课间瞬时高峰饮水量，第二个是晚间下晚自习后9~10点，在宿舍区另有一个饮水高峰期。直饮水设备在供水量上必须能够满足高峰期时的饮用需求，同时在使用低峰期时，能够保证设备内部水保持循环，保证水质新鲜。

（3）混合制学校

混合制学校是指学生既可以选择住宿，也可以选择走读，学生可以根据自身情况、家庭情况进行自由选择。对于混合制学校而言，直饮水设备的数量及安装，要能够满足在校师生的需求。

**4. 校内环境**

（1）学校内部卫生环境。如教学及生活用污水的排放、生化实验室里有毒有害污水及气体的排放、垃圾堆放、厕所位置等，均可对直饮水设备净水造成二次污染，所以直饮水设备在设计安装时，设备均须远离此类污染源。

（2）学校建筑的状态对于直饮水设备的安装有影响。按照学校建筑的状态可以分为在建、新建成和使用中三个状态。对于在建的、新建成的和在使用的建筑物进行校园直饮水的安装要有不同的安装方案。在建建筑，直饮水设备投建方应参与到学校设计方的给排水设计中，并与学校给排水工程同步进行设计施工，输水管道可进行预埋。新建成建筑物要认真审阅其设计施工图，进行现场查勘，充分了解其隐蔽的水电线路，再进行设计，避免敷设管道穿墙打洞损伤到隐蔽的水电线路。已使用建筑物亦要调出图纸，不仅要充分了解其隐蔽的水电线路，还要实地查勘了解各楼栋、各房间的在用功能，再进行设计，一方面避免敷设管道穿墙打洞损伤到隐蔽的水电线路；另一方面要绕过图书室、计算机房等重要资料和设施房间。

（3）设备管理。饮用水在供给过程中，会对管道进行冲击，时间一久，极容易造成管道、设备老化，供水管道一旦出现漏点，会对饮用水造成污染。要定期对供水管道和饮用水设备进行安全排查，发现泄漏老化不能使用的零件应及时启动应急机制，进行停水更换。

为了较为具体地做好校园直饮水设备的配备工作，首先根据我国各校园原水水质选用不同的净水技术，然后根据学校所处的地理位置及其地形特点和气候对设备的影响做出相应的防范措施，最后根据校园具体情况，进行设备供水方式的选择和取水点的配置。

# 第三节　学校直饮水系统配备难点分析

在已经使用了直饮水系统的学校中，发现直饮水设备还有需要改进和运维的难点存在，这些不尽人意的地方，也是造成学校的直饮水设备运维难以推广的原因，需要进行仔细研究并提出适用性的解决方案。这些也是配备直饮水设备服务师生工作中的重点。

## 一、学校直饮水系统配备难点

### 1. 校园直饮水的科普和公信力

一直以来，学生在校期间的饮水安全问题都是学校、家长所关心和关注的焦点，不管是学校传统的开水器、购买的桶装水还是学生自己购买的矿泉水等饮水方式，学生的饮水安全隐患还是存在的。随着经济不断发展，健康、干净、便利的校园直饮水已越来越被学校师生所认可，如今，政府、教育部门也正在积极推进学校直饮水工程，这已成大势所趋。然而，目前不仅是校园直饮水，所有直饮水设备的使用都受到公信力的困扰，公信力能否提高已经关系到直饮水在校园的推广，这需要强化政府指引及监管、学校和家长参与监督、企业技术设备革新等诸多方面因素的配合。

由于技术信息不对称以及各类功能水的过度宣传，使得人们对直饮水的使用心存疑虑。校园直饮水多采用中央处理机房加带饮水终端的管道直饮水方式，虽然多数都是定期发布水质检测报告，但由于传播面不广，且大部分未实现在线水质显示，使得消费者往往不能即时了解到相关的信息，此外，直饮水的耗材是否按期更换，也是家长担心和关心的问题。因此，在学校饮水处公示所安装设备的涉水卫生批件、维护保养人员的卫生健康证，及公布有效的水质检测报告等信息，做到“透明消费”是打消学生家长质疑、提高学校公信力最直接有效的办法，此外还要进行关于膜处理技术的科普工作，拉近师生的距离，提高直饮水设备的使用率，使学校的直饮水设备可以广泛、安全地为师生服务。

**2. 校园直饮水设备维护、维修的难点**

校园直饮水设备主体工艺普遍采用膜处理技术，该工艺设备需要逐级进行水质净化，这导致设备的工艺单元相对较多，处理系统复杂，设备比较紧密；另外，校园直饮水设备具有其独特的运行工况，学生取水比较集中，设备运行具有一定的间歇周期等特点。

实际的校园直饮水设备运维过程中还是会出现一些问题：主机设备一旦发生故障，为不影响使用者饮用，运维人员需及时上门，由于设备零配件量众多，在维修时对故障的判断往往依靠运维人员的经验，而运维人员技术的参差不齐将直接影响维修工作的质量及效率；管道直饮水一般设计有较大容量的净水储水设备，当主机发生故障时储水设备中还有存水量，此时故障往往不会显示出来，而当储水设备的水用尽后使用者才会发现并报修，待运维人员上门维修后再制水，这一过程有时会耽误较长时间，造成饮用者长时间无水喝，如果运维人员对故障判断不准确或带备的配件不对，这一时间还要延长。

目前，国内尚未有针对校园直饮水运维及服务管理的技术规范及标准出台。仅中华人民共和国住房和城乡建设部制定的《建筑与小区管道直饮水系统技术规程》(CJJ/T 110–2017)可作参考依据，但该标准主要侧重于工程项目的设计及实施，缺少项目运维板块。标准的缺失就需要有相关主管部门及时组织和制定，但不了解或不执行标准则问题更为严重。现状就是各企业参与标准制定相对比较积极，但标准制定后的宣传和贯彻就显得尤为不足，有些甚至不了了之，这需要相关部门增大宣传力度，发挥行业协会带头作用，促进行业健康发展。

**3. 有效监督直饮水设备运行状况的难点**

项目组曾对以下四个典型城市学校直饮水的检测结果研究发现：

北京某城区65所学校直饮水的卫生管理状况如下：卫生管理制度专人专管；设备相关证件及设备的日常管理合格率低，尤其是滤芯更换记录的合格率仅为38.5%，设备清洗、消毒记录仅为50.8%；有27所学校未设置直饮水设备专人专管。

在青岛市的学校直饮水卫生管理状况的调查中，学校基本做到了直饮水的卫生管理制度齐全，但有95%的学校直饮水设备的涉水产品许可批件已经过期，未及时更新备案；超过半数的学校饮水间紧邻卫生间，环境卫生状况有待改善；36.3%的学校未进行过水质检测。

上海市长宁区的学校直饮水设备的管理情况显示，该区学校直饮水的卫生管理制度不健全；涉水产品卫生许可批件在有效期的情况、设备清洗、消毒记录情况合格率都较低。

重庆市的44所被调查学校中，建立滤芯或滤料更换登记记录的有31所，占70.5%，合格率最低；持有效卫生许可批件的35所，占79.5%；其余调查项目的合格率均在80%以上。

**4. 线上监控系统不健全**

部分校园直饮水设备在收取水费方面已建立线上监控系统，可满足制造商（代理）对收取水费的需求，但绝大多数直饮水设备未能建立全面的在线监控，尤其是对直饮水设备故障不能做到精准的判断和预警，影响维修的质量和效率，同时也无法完成对故障进行数据采集及分析，不能实现互联互通。

**5. 学校直饮水设备管理的难点**

监管标准缺失。目前我国尚未出台学校直饮水设施卫生监督的规范性文件，2006年修订的《生活饮用水卫生标准》（GB 5749–2006）及现行的《学校卫生综合评价》（GB/T 18205–2012）只对学校饮用水做出规定，没有针对直饮水做出明确要求；监管部门缺少监督依据，水质检测部门难以准确判定水质质量，而学校直饮水作为一种新兴的供水方式普遍应用在我国很多的学校中。因此，直饮水标准的缺失为直饮水的卫生安全埋下隐患。

**6. 管理制度不健全**

由调查可知，无论是校方投资模式还是制造商（代理商）投资模式，许多设备制造商的售后管理与学校监督等环节都存在漏洞。由于直饮水系统专业性很强，校方对直饮水系统缺乏认识，因此无法对其进行有效的监督管理和基本的运行维护，只能委托设备商，而有些设备商又无专业的卫生管理人员，无水质检测能力，不能及时发现问题，设备维护的时间不明确，设备中的前置滤芯和膜组件得不到及时清洗、消毒和更换，其带有的细菌会污染水质，造成二次污染，水质无法得到保障；直饮水企业市场准入门槛低，有的代理商只能安装，但没有管理维护的能力，无法保障给用户提供安全、卫生的饮用水。

## 二、学校配备直饮水设备的工作重点

**1. 设计净水处理流程和处理工艺，对各种资质文件进行公示和公开**

在学校中配备直饮水系统时不仅要解决上述难点问题，还要根据设备的适用性和直饮水设备运维的工作重点，来设计净水处理流程和处理工艺，并对各种资质文件进行公示和公开，对这些设备和处理过程进行科普来打消师生的质疑和顾虑。还可以利用新技术手段来不断提高直饮水设备的可靠性，并引入适用的运维模式来适应师生健康的饮水习惯与需求。

**2. 应加快相应标准的制定工作，出台符合当前学校实际的相应标准和规范，以引导和规范学校的直饮水配备和运维工作**

由中国质量检验协会提出和发布了三项团体标准《管道直饮水系统技术要求》《管道直饮水系统安装验收要求》《管道直饮水系统服务规范》，该标准侧重于直饮水系统的运维及服务，可以作为以后校园直饮水运维的参考依据；标准缺失就需要相关主管部门及时组织和制定，且要对现有标准加强宣传和执行力度。国内目前存在的普遍情况就是各企业参与标准制定相对比较积极，但制定后的宣传和贯彻就缺少积极性了，有些甚至不了了之。这需要相关部门积极宣传，发挥引领带头作用，促进行业健康发展。

**3. 守住安全底线，根据水质条件合理设计膜处理饮水设备，满足师生饮水需要**

产品的安全要求是产品的底线，必须无条件满足。因此校园中安装直饮水供水系统时，这些涉水产品必须有涉水产品卫生许可批件（简称

“水批”），这是设备入校园的首要条件，没有这个批件的设备就不能进入到校园中。同时还要有生产企业营业执照、从业人员的健康证、供水卫生安全协议书、水质检测报告这些基本资质，最终产品设备才能进入校园，安装施工过程还要符合国家出台的相应建筑标准和规范的要求，并取得相应的产品质量认证的资质。以上这些都可以使校园中的直饮水设备从设备生产环节把好关，不会因为设备长期使用而出现水质不达标的现象，甚至是由于设备问题造成水质污染引起群体饮食安全事件发生，这些管理手段和运营要求都是为了保证校园直饮水能长期稳定地为师生提供健康饮水。

**4. 有的放矢节能减排**

直饮水系统方案设计也应该遵循适用、够用、好用的原则。根据学校实际所处的地理环境与供水条件来设计和选用膜处理饮水净化设备。首先要对原水进行水质监测，可以根据不同的原水来源及水质情况设计膜处理的过滤方式及消毒工艺，又根据供水、供电的不同情况，来选择饮水处的设置及加热的方式，针对具体问题找出相对应的解决方案。同时要对学校的教学楼、走廊、教室、图书馆、食堂、宿舍、操场、服务人数、学生情况等数据进行详细的勘察，仔细采集数据存档并绘制施工图纸，提出系统的整体解决方案。本着技术先进、经济可行和安全卫生可靠的设计原则，采用合理、成熟的技术优化工艺；本着为客户减少投资和运行费用的初衷，采用节能技术设备与适当选用自动化技术，监测仪表及物联网智能管理系统，使直饮水系统正常运行，并可以以安全可靠、节能降耗、防止污染、降低运行成本的理念来设计整个学校的直饮水系统。

**5. 建立线上售后与实体维护维修推送及评价闭环体系**

设备的维护保养至关重要。主要涵盖以下几点：依据水质情况定期更换直饮水设备耗材，以保证出水水质及安全性；定期对设备进行消毒清洗（尤其是在学校每学期的开学前），可以延长其使用期限；定期进行水质检测，及时诊断设备运行状况；需要做好学生防烫伤的安全防护工作。传统的售后服务方式是运维人员在完成维护维修任务后与校方管理员沟通确认，校方管理员在维护维修单据上签名确认。今后还要应用互联网的手段，将线上售后与实体维护维修推送及评价形成整套的闭环服务体系。

**6. 直饮水设备的在线监控和物联网新技术手段的应用**

直饮水在线监控可以为双方提供及时而准确的信息，及时掌控设备运行情况，提高维护效率；在线监控下的安全预警，有利于加强设备运行管理，保障设备及饮水水质安全。为了控制水质安全，预防和化解风险，减少损失，必须实施从制水、供水等各个部分环节的全流程监控及预警，尽量能够做到自动控制，联动运行。

**7. 建立紧急状态下（如台风、水灾、地震等）的应急响应机制**

学校人员密集，安全责任重大，这也是校方及学生家长最为关心的问题，不能出现丝毫马虎。尤其是洪涝、台风、地震等自然灾害较频繁的地区，容易出现极端情况而影响校园直饮水系统，产生漏水漏电等安全事故，所以校园直饮水系统应当建立整套的应急响应保障预案，并针对这一问题找出良好的解决措施。

因此，建议在这种情况下，除了做好平时的防范措施，责任到人外，系统远程控制尤为重要。在搭接物联网技术，在线监控系统下，嵌入系统保护、一键关机等功能，可实现在非常情况下的非常控制措施，做到安全无误。

# 第四节　学校直饮水处理系统的适用性

## 一、直饮水工艺适用性分析

研究表明，在学校中使用直饮水系统的条件目前已经成熟，根据学校地理位置和人数等因素，选取一套适用的中央净水设备，通过循环管道输送直饮水至每个饮水点或是集成一体式的直饮水设备。直饮水中央机房的设备可考虑布置在学校的某栋楼宇的地下室或闲置的小房间内，饮水处的布置可考虑在教学楼每层远离卫生间且不妨碍疏散的位置设置一台带有加热功能的集成一体式的饮水终端，而教师办公楼则可考虑每个办公室接一台管线机。另外还可在操场布置室外饮用水点，方便学生运动时及时喝水。综合来看，推动直饮水落地工作可以说是水到渠成，符合多方共赢的局面；目前使用的直饮水系统，可以实现不使用氯化法和加热消毒，就能得到卫生安全健康的可以直接饮用的饮水，这也是一套性价比较高、可靠性好的运营服务系统。

不同水源经常规处理工艺的水厂处理后出水又不相同，所以饮用净水的处理工艺流程的选择，一定要根据原水的水质情况来确定。不同的处理技术有不同的水质适用条件，而且不同处理技术的造价、能耗、水的利用率、运行管理要求等也是不相同的。采用不同的净化处理工艺流程将会影响工程投资和制水成本，所以选择工艺、处理单元和工艺参数一定要有实用性和针对性。

确定工艺流程前，应对原水进行收集和分析，原水水质情况是决定饮用水制备工艺流程的一项重要资料。应视水质情况和用户对水质的要求，有针对性地选择工艺流程，以满足直饮水卫生安全的要求。

选择合理工艺，经济高效地去除不同污染是工艺选择的目的。处理后的直饮水水质应达到健康的要求，所以，优化选择饮水深度净化工艺，是生产安全且有益健康的直饮水的重要保障。技术经济综合评价则是水处理方案实施可行的依据。

以下是以城市自来水为原水进行直饮水集中处理的一种性价比较高的工艺流程，可根据当地原水水质情况和出水水质要求自由增减处理单元以达到水质要求。各种膜净化技术都有明确的适用范围，因此在深度净化工艺设计中，应根据各地直饮水水源的水质特点，并结合用户对直饮水产品水的要求等具体情况有针对性地选用，同时还应考虑膜处理的特殊要求，在工艺设计中设置一定的预处理、后处理单元和膜的清洗设施。

**1. 预处理的目的是为了减轻后续膜的结垢、堵塞和污染，以保证膜工艺系统的长期稳定运行。**

一般而言，过滤（如多介质、活性炭、精密过滤、微滤、KDF等方法）、软化（主要为离子交换器）和化学处理（如pH值调节、阻垢剂投加、氧化等）等是最常见的预处理方法。预处理是将不同的原水处理成符合膜进水要求的水，以免膜在短期内损坏。

**2. 后处理是指在膜处理后的保质或水质调整处理。**

为了保证建筑与小区管道直饮水水质的长期稳定性，通常需要采用一定的方法对水进行保质，常用的方法有：臭氧、紫外线、二氧化氯或氯等。考虑到中小学校场所的安全性和氯化物的消毒特性、饮水口感方面，设备宜采用臭氧和紫外线消毒方式。

**3. 膜污染是造成膜组件运行失常的主要影响因素。**

膜污染可定义为：当截留的污染物质没有从膜表面传质回主体液流（进水）中，膜面上污染物质的沉淀与积累，使水透过膜的阻力增加，从而导致膜产水量和水质的下降。同时，由于沉积物占据了水流通道空间，限制了组件中的水流流动，增加了水的压头损失。

**4. 处理工艺需根据原水水质特点和出水水质要求，有针对性地优化组合与处理、膜处理和后处理。**

具体技术要求包括：

（1）水处理工艺流程的选择应依据原水水质，经技术经济比较确定。处理后的出水应符合现行行业标准《饮用净水水质标准》（CJ 94–2005）的规定。

（2）水处理工艺流程应合理，并应满足处理设备节能、自动化程度高、布置紧凑、管理操作简便、运行安全可靠等要求。

（3）不同的膜处理应配套预处理、后处理和膜的清洗设施，并符合下列规定：

① 预处理可采用多介质过滤器、活性炭过滤器、精密过滤器、钠离子交换器、微滤、KDF处理、化学处理或膜过滤等。

② 后处理可采用消毒灭菌或水质调整处理。

③ 膜的清洗可采用物理清洗或化学清洗，可根据不同的膜组件及膜污染类型进行系统配套设计。

（4）处理出的饮水应该全封闭，与直饮水接触的空气应该经过过滤或杀菌，末端分机必须配有自动杀菌装置。

## 二、学校直饮水设备的设计要素

### 1. 学校现有直饮水设备的设计要素

服务学校师生的范围和直饮水设备在处理生产直饮水过程的技术指标一般包括12个要素。

（1）直饮水处理能力

以医学研究得出的正常人每天大约要消耗2.5L水（主要来源是靠饮水获得，还有一小部分来源于食物）为依据，直饮水的水处理能力一般要达到每人每天1L~2L的要求为宜。同时，应根据各个学校的师生人数、校园面积、布局等来评估直饮水设备的水处理能力，以满足全校师生饮水需要。

（2）终端出水量

学校直饮水设备主要是在课间的时间集中使用。一般情况下，每一个饮水处的所有水嘴同时出水时，水流量应≥1.5L/min。在确保出水水质的同时，还要保证所有水嘴同时出水的单位时间内的实际净水流量和终端出水总净水量，以防止因为打水时间长而喝不上水，或是净水水箱存水和产水流量太大而造成浪费。

（3）直饮水净化程度

直饮水净化中，脱盐率和回收率是采用过滤技术进行净化的重要技术指标，它的高低不仅直接关系到直饮水过滤的净化程度，还关系到滤芯的使用寿命和更换周期、浓水量大小、维护运营成本等。所以要综合考虑脱盐率和回收率等参数。一般情况下纳滤处理方式下有机物去除率

≥80%，脱盐率随当地水质情况可以采用不同等级的纳滤膜，水回收率应≥50%。

（4）终端水质水温

由于处理后的水可以直接饮用，所以，要考虑直饮水水质的卫生状况、矿化后的矿物质含量，即直饮水的出水水质应符合《饮用净水水质标准》的要求。出于安全考虑，直饮水处理终端出水水温一般为40℃~50℃为宜，基本原则是不至于烫伤或是喝凉水引起身体不适。

（5）水嘴位置确定

为方便学生取水，应根据学生的平均身高和肩宽，来设计直饮水机出水水嘴安装的高度、位置和间距。由于集成一体式设备的出水水嘴为并列安装，所以要留出排队取水的空间。一般要求最边上的水嘴距墙应≥200mm，水嘴间距≥350mm，高中学生也可以适当加宽。安装水嘴的数量可以按40~50人设置一个饮水水嘴来计算。

（6）浓水再利用

由于在现有的技术条件下用纳滤膜和反渗透方法将水过滤后或多或少都会产生浓水，这些浓水还是可以回收再利用的，所以加装再利用装置，可以做到节约用水，保护环境。

（7）压力容器工作

为防止管路、水路的密封发生渗漏及安全运行的考虑，一般情况下，工作压力应在正常许可的范围内，即不应超过最高工作压力值的80%。

（8）设备噪声

为防止水处理设备变成学校的噪音源，针对不同的直饮水处理设备应对工作噪声提出不同的要求。通常中央处理机组的噪声要大于集成一体式的机组，因此中央机组被要求放置在单独的机房中。在集成一体式供水模式下，噪声应不大于50dB；在中央处理管道分散式供水模式下，机组噪声应不大于75dB。

（9）新技术应用

随着科技的进步，新技术新装置也不断应用在直饮水设备上。有节水节电以及直饮水自动处理、自动检测出水水质、自动出水温度管理、滤芯产水量等方面功能的设备较为适合。

（10）过水容器材质

由于设备里与水接触的材料及部件直接关系到水质的安全，为了防止这些材料在长时间浸泡的情况下产生二次污染，过水容器和管道的材质应达到《生活饮用水输配水设备及防护材料的安全性评价标准》（GB/T 17219-1998）的要求，其他的材料应达到食品容器、食品包装材料的相应标准要求。

（11）电器安全指标

为了保证电气安全，防止用电事故的发生，直饮水设备所用电器首先应满足《家用和类似用途电器的安全　第1部分：通用需求》（GB 4706.1-2005）的指标。

（12）运行环境

我国地域南北纬度跨越较大，室外的自然温度、湿度相差也较大。直饮水设备是密封的压力容器，在这些配套的设备中还有一些电气控制元件、智能模块等，应防止低温或过度潮湿损坏管路。一般情况下，运行温度不能过高，温度确定在4℃~40℃范围内；湿度不能过大，相对湿度应不大于90%。直饮水饮水处应保持通风良好，确保通电通水和排水。

**2. 直饮水设备的安装施工与运维要素**

直饮水设备的设计与安装施工，是学校饮水工程的第一关，它是保证学校拥有良好的饮水环境及水质安全的第一步。一般应在给排水、输水管线、管道的零件、电气电路、周边环境、中央处理机房等方面提出要求。

（1）给排水的设计与施工应符合《中小学校设计规范》（GB 50099-2011）中的10.2和《建筑给水排水设计规范（2009年版）》（GB 50015-2003）中规定的标准。

（2）直饮水输水管线的预埋施工应单独布管并进行保护，不得固定在暖气、下水、电器、通风管道上，接头部分应设置在暗盒内；户内管线也应固定可靠，并同时设有保护槽或管，防止管线受力破裂渗漏而引起污染。供水管道的零件在施工前应经清洗消毒，除油、除污，不能与其他生活用水的零件混用。在直饮水设备外部引入水处理装置之前，应安装防回水的单向阀，亦可用于清洗、排水和采样。

（3）饮水设备的安装位置应符合《中小学校设计规范》（GB 50099-2011）中6.2.2的要求，距污水池、垃圾设施（桶、站、房）、理化生实验室和有毒有害气体等污染源的距离大于25m为宜。教室内的饮水终端宜安装在教室后方，远离黑板、清扫工具等可能的污染源。直饮水饮水处地面、墙壁、顶部应使用防水、防滑、防腐、防霉、无辐射、易于消毒、清洗的材料，地面应有一定的疏水坡度。

（4）电器电路施工和验收应满足《中小学校设计规范》（GB 50099-2011）中的10.3和《电气装置安装工程 低压电器施工及验收规范》（GB 50254-2014）的要求。接地装置的设计施工应符合《电气装置安装工程 接地装置施工及验收规范》（GB 50169-2016）的规定。安装位置应配有独立专用的断路器及过流保护装置，并使用带有安全门的固定式插座或配电箱等有效可靠的电气连接方式。同时，应配置独立专用的漏电保护器，漏电保护器应每五年报废更新。

（5）中央处理机房应满足《建筑与小区管道直饮水系统技术规程》（CJJ/T 110–2017）中第7章的要求。应在从施工安装验收后开始进行试供水48小时。从试供水后开始计算设备售后服务时间，设备生产厂商提供产品的保质期应在3年以上。

## 三、学校饮水处的设置要素

学校饮水处设计首先应符合《中小学校设计规范》（GB 50099–2011）的要求，直饮水设备设置在饮水处应有如下要求：

### 1. 直饮水设备的设置

中小学校是人员密集的地方，具有饮水量大、饮水时间集中、饮水地点分散等特点。依据学校的饮水需求，结合调研中发现的问题，我们提出了以下直饮水设备设置的要求：

（1）教学楼饮水处按每40人~50人设置一个饮水水嘴来计算水嘴的数量。安装在教室内的直饮水终端应远离黑板、清洁工具、空调出风口等污染源。

（2）直饮水取水处应有排队等候的空间，不应占用走道的疏散空间。

（3）学校的食堂可按楼层每层设置1~2个饮水处，按就餐人数每200~400人最少设置一个饮水处，根据实际计算水嘴的数量。

（4）学校的宿舍可按每个楼层设置一个饮水处，根据实际计算水嘴的数量。

（5）学校的图书馆、功能教室、体育馆、礼堂、心理教室等，可在单独建筑或楼层内设置1个以上饮水处，根据实际计算水嘴的数量。

（6）可在每个办公室或每个楼层同时设置开水和温水水嘴，也可加装制冷功能，根据实际计算水嘴的数量。

（7）直饮水饮水处要列为学校安全防范管理的重要部位，应在饮水处和净水处理机房安装安全监控。配备经培训合格的专（兼）职的卫生管理员，建立学校直饮水卫生管理制度和卫生管理档案。

**2. 学校直饮水设备选型及饮水处设置参数**

中小学校的技术参数可参考表3–1进行设计，幼儿园直饮水设备选型及饮水处设置可参考表3–2进行设计。

表 3-1　学校直饮水设备选型及饮水处设置参数

| 序号 | 学生人数规模（人） | 班级（个） | 校园建筑（栋） | 就读方式 | 供取水方式 | 大小类别 | 主机数量（台） | 主机净水流量（L/s） | 净水储水箱（L） | 终端取水点（个） | 终端取水流量（L/s） | 终端取水温度（℃） | 主机、取水终端安装 |
|---|---|---|---|---|---|---|---|---|---|---|---|---|---|
| 1 | ≤100 | 6 | 1 | 走读 | 单体机 | 小型 | 1 | ≥0.05 | 10 | 1 | ≥0.05 | 10~60 | 单体机取水终端与主机一体，按安装原则确定安装位置：<br>1. 环境要求，与污染源距离平面上相距不低于10米，垂直距离不在同层。<br>2. 满足师生取用方便，且不妨碍办公、学习秩序。 |
| | | | | 寄宿 | 单体机 | 小型 | 2 | ≥0.05 | 10 | 2 | ≥0.05 | 10~60 | |
| 2 | 100~200 | 6 | 1 | 走读 | 单体机 | 小型 | 3~4 | ≥0.05 | 10 | 4 | ≥0.05 | 10~60 | |
| | | | | 寄宿 | 单体机 | 小型 | 4~5 | ≥0.05 | 10 | 5 | ≥0.05 | 10~60 | |
| 3 | 200~300 | 6~7 | 1~2 | 走读 | 网络机 | 小型 | 1 | 0.1~0.2 | 20~30 | 9~12 | 0.058 | 10~60 | 1. 主机（单台主机）：<br>（1）安装于安全独立位置，且远离污染源。<br>（2）主机可实现跨楼栋供水。<br>（3）1台主机可带≤50台分机（或取水龙头）。 |
| | | | | 寄宿 | 网络机 | 小型 | 1 | 0.1~0.2 | 20~30 | 10~14 | 0.058 | 10~60 | |

（续表）

| 序号 | 学生人数规模（人） | 班级（个） | 校园建筑（栋） | 就读方式 | 供取水方式 | 大小类别 | 主机数量（台） | 主机净水流量（L/s） | 净水储水箱（L） | 终端取水点（个） | 终端取水流量（L/s） | 终端取水温度（℃） | 主机、取水终端安装 |
|---|---|---|---|---|---|---|---|---|---|---|---|---|---|
| 4 | 300~500 | 7~12 | 1~2 | 走读 | 网络机 | 中型 | 1 | 0.1~0.2 | 30~50 | 12~16 | 0.058 | 10~60 | 2. 取水终端：<br>（1）教学楼：各班有独立的取水终端安装位置，则可分散安装于各教室；各班没有独立的取水终端安装位置，则于各楼层集中安装，安装数量按每楼层学生数量测算。<br>（2）食堂：按层安装，每层安装1~2个。<br>（3）宿舍：于宿舍各楼层集中安装，每楼层1~2个；<br>（4）图书馆、音乐教室、书法教室、体艺馆、心理教室：在单独建筑或楼层安装1~2个；<br>（5）教职工办公室：分散装于各办公室内（取水温度95℃）。<br>3. 管网：主机与各取水终端串联连接，首尾相连，按敷设原则设计敷设。 |
|  |  |  |  | 寄宿 | 网络机 | 中型 | 1 | 0.1~0.2 | 30~50 | 14~18 | 0.058 | 10~60 |  |
| 5 | 500~1000 | 12~23 | ≥2 | 走读 | 网络机 | 大型 | 1 | 0.1~0.2 | 60~150 | 18~30 | 0.058 | 10~60 |  |
|  |  |  |  | 寄宿 | 网络机 | 大型 | 1 | 0.1~0.2 | 60~150 | 25~38 | 0.058 | 10~60 |  |

（续表）

| 序号 | 学生人数规模（人） | 班级（个） | 校园建筑（栋） | 就读方式 | 供取水方式 | 大小类别 | 主机数量（台） | 主机净水流量（L/s） | 净水储水箱（L） | 终端取水点（个） | 终端取水流量（L/s） | 终端取水温度（℃） | 主机、取水终端安装 |
|---|---|---|---|---|---|---|---|---|---|---|---|---|---|
| 6 | ≥1000 | ≥23 | ≥2 | 寄宿 | 网络机 | 大型 | ≥2 | 0.1~0.2 | ≥150 | ≥38 | 0.058 | 10~60 | 1. 主机（多台主机）:（1）安装于安全独立位置，且远离污染源。（2）1台主机可带≤50台分机（或取水龙头）。（3）主机可实现跨楼栋供水。根据楼栋距离、输水的方便程度及楼栋取水点数量确定是否跨楼栋供水。（4）独立建筑，取水点少，无法跨楼栋供水则采用小型网络供水方式或单体机供水方式。<br>2. 取水终端:（1）教学楼:各班有独立的取水终端安装位置，则可分散安装于各教室；各班没有独立的取水终端安装位置，则于各楼层集中安装，安装数量按每楼层学生数量测算。（2）食堂:按层安装，每层安装1~2个。 |

（续表）

| 序号 | 学生人数规模（人） | 班级（个） | 校园建筑（栋） | 就读方式 | 供取水方式 | 大小类别 | 主机数量（台） | 主机净水流量（L/s） | 净水储水箱（L） | 终端取水点（个） | 终端取水流量（L/s） | 终端取水温度（℃） | 主机、取水终端安装 |
|---|---|---|---|---|---|---|---|---|---|---|---|---|---|
| 6 | ≥ 1000 | ≥ 23 | ≥ 2 | 寄宿 | 网络机 | 大型 | ≥ 2 | 0.1~0.2 | ≥ 150 | ≥ 38 | 0.058 | 10~60 | （3）宿舍：于宿舍各楼层集中安装，每楼层1~2个；（4）图书馆、音乐教室、书法教室、体艺馆、心理教室：在单独建筑或楼层安装1~2个；（5）教职工办公室：分散装于各办公室内（取水温度95℃）。<br>3. 管网：主机与各取水终端串联连接，首尾相连，按敷设原则设计敷设。 |

注：1. 本表网络机指主机处理 — 净水储存塔储水 — 管网供输 — 取水终端取用的净水全循环直饮水设备。

2. 中小学生在校饮水时段分布：（1）上午第一节课前；（2）上午第一、二节课间；（3）上午第二、三节课间；（4）上午第三、四节课间；（5）上午第四节课后；（6）下午第一节课前；（7）下午第一、二节课间；（8）下午第二、三节课间；（9）下午第三节课后。

3. 本网络机最大供水量与学生最大取水量统一的条件：（1）必须满足学生最短课间10分钟内的取水需求（公司按最短课间取水用时8分钟）；（2）学生在最短课间内取用的饮水必须是臭氧已完全分解后的净水；（3）水塔：每次课间水塔内的净水必须满足课间最大饮水量的需求；（4）主机：主机制水流量必须做到每次课间前水塔内存有满足课间最大饮水量的净水。

4. 本表中主机安装数量根据校园建筑布局情况确定，所带分机的净水储水箱容积不宜过大。

5. 饮水终端高度：以地面至出水嘴距离计，小学生以80cm为宜，中学生及老师以120cm为宜。

表 3-2　幼儿园直饮水设备选型及饮水处布置

| 序号 | 学生人数规模（人） | 班级（个） | 建筑（栋） | 就读方式 | 供取水方式 | 大小类别 | 主机数量（台） | 主机净水流量（L/s） | 净水储水箱（L） | 终端取水点（个） | 终端取水流量（L/s） | 终端取水温度（℃） | 主机装机位置 | 取水终端安装位置 |
|---|---|---|---|---|---|---|---|---|---|---|---|---|---|---|
| 1 | ≤50 | 3 | 1 | 走读 | 集成一体设备 | 小型 | 1 | ≥0.05 | 10 | 1 | ≥0.05 | 10~40 | 学习、娱乐区1台 | 与主机一体 |
| | | | | 寄宿 | 集成一体设备 | 小型 | 2 | ≥0.05 | 10 | 2 | ≥0.05 | 10~40 | 学习、娱乐区1台；住宿区1台 | 与主机一体 |
| 2 | 50~100 | 3~4 | 1 | 走读 | 集成一体设备 | 小型 | 2 | ≥0.05 | 10 | 2 | ≥0.05 | 10~40 | 学习、娱乐区2台 | 与主机一体 |
| | | | | 寄宿 | 集成一体设备 | 小型 | 3 | ≥0.05 | 10 | 3 | ≥0.05 | 10~40 | 学习、娱乐区2台；住宿区1台 | 与主机一体 |
| 3 | 100~200 | 4~7 | 1 | 走读 | 集成一体设备 | 小型 | 3~4 | ≥0.05 | 10 | 4 | ≥0.05 | 10~40 | 学习、娱乐区3~4台 | 与主机一体 |
| | | | | 寄宿 | 集成一体设备 | 小型 | 4~5 | ≥0.05 | 10 | 5 | ≥0.05 | 10~40 | 学习、娱乐区3~4台；住宿区1台 | 与主机一体 |

（续表）

| 序号 | 学生人数规模（人） | 班级（个） | 建筑（栋） | 就读方式 | 供取水方式 | 大小类别 | 主机数量（台） | 主机净水流量（L/s） | 净水储水箱（L） | 终端取水点（个） | 终端取水流量（L/s） | 终端取水温度（℃） | 主机装机位置 | 取水终端安装位置 |
|---|---|---|---|---|---|---|---|---|---|---|---|---|---|---|
| 4 | 200~300 | 7~10 | 1~2 | 走读 | 中央处理管道供水设备 | 小型 | 1 | ≥0.3 | 20~30 | 9~12 | ≥0.05 | 10~40 | 远离污染源，安全独立位置 | 1. 各班级1台。<br>2. 有宿舍在宿舍区集中安装1~2台。<br>3. 老师办公室另装分机（取水温度95℃）。 |
| | | | | 寄宿 | 中央处理管道供水设备 | 小型 | 1 | ≥0.3 | 20~30 | 10~14 | ≥0.05 | 10~40 | | |
| 5 | 300~400 | 10~14 | 1~2 | 走读 | 中央处理管道供水设备 | 中型 | 1 | ≥0.3 | 30~40 | 12~16 | ≥0.05 | 10~40 | 远离污染源，安全独立位置 | 1. 各班级1台。<br>2. 宿舍区集中安装2~3台。<br>3. 老师办公室另装分机（取水温度95℃）。 |
| | | | | 寄宿 | 中央处理管道供水设备 | 中型 | 1 | ≥0.3 | 30~40 | 14~18 | ≥0.05 | 10~40 | | |

注：1. 我国幼儿园人数规模在400人以内。

2. 本表中央处理管道供水设备指主机处理 — 净水储存塔储水 — 管网供输 — 取水终端取用的净水全循环直饮水设备。

3. 我国幼儿园都配备看护老师，小、中班幼儿取水都需看护老师帮助取水，大班幼儿可自行取水，从用水、用电及卫生方面考虑，机器安装高度以出水嘴距地60cm~100cm为宜。

4. 出水温度以35℃~50℃为宜，教室用开水应有保护装置和防止烫伤的警示标志。

# 第四章

# 学校直饮水设备的技术要求

# 第一节　直饮水设备的技术指标及分析

直饮水设备进入校园的首要条件是要有涉水产品卫生许可批件（简称“水批”），同时还要具备生产企业营业执照、从业人员的健康证、供水卫生安全协议书、水质检测报告这些基本资质，产品设备才能最终进入校园，安装施工过程还要符合国家出台的相应的建筑标准和规范要求，并取得相应的产品质量认证的资质。校园中的直饮水设备要从设备生产环节把好关，使其不会出现因为长期使用而水质不达标的现象，甚至出现由于设备问题造成污染而引起群体饮食安全发生问题的事件，这些管理制度和运营要求都是为了保证校园直饮水能够长期稳定地为师生服务。

根据学校现有直饮水设备的具体使用情况、服务学校师生的范围和膜处理直饮水设备在净化生产直饮水的过程和基本的工作原理，确定了以下技术内容供大家参考。

## 一、直饮水设备的形式

经过净化消毒处理后的水师生可以直接饮用，属于优质净化水。对于大家最重视的水质问题，国家标准《生活饮用水卫生标准》（GB 5749-2006）只是对生活饮用水提出了106项水质指标的要求，这个标准要求的是自来水出厂的水质要求，由于各种原因大家还是会对管网末端出水进行消毒后才会饮用，所以要对直饮水水质的卫生状况提出要求，通常情况下会选择《饮用净水水质标准》（CJ 94-2005）为水质检测的依据。各个学校的师生人数、校园面积、布局等都不相同，所以直饮水设备的水处理能力应满足全校师生及教工的饮水需要和饮水习惯。还要根据学校建筑的实际情况，来选择适用的设备。

## 二、确定技术指标

1.设备中的主要膜元件、管路、压力桶、热胆及涉水部件应有涉水产品卫生安全许可批件，直饮水设备使用的水处理材料应有卫生安全检验合格证明或卫生安全许可批件，同时对于存在加热的大功率直饮设备，应通过CCC认证，防触电保护应为Ⅰ类。

2.为确保产品的适用性，设备用电应按市电接入标准设计，即额定电压220V，频率50Hz；直饮水设备应为固定式或驻立式，设备的防触电保护应为Ⅰ类、Ⅱ类或Ⅲ类。

3.直饮水设备出水水质应符合经卫生行政许可的相应水质标准和规范要求，符合或优于《饮用净水水质标准》（CJ 94-2005）。

4.直饮水设备须有水质在线监测功能，能够时时对水质进行监控。

5.中央处理管道直饮水系统终端需设置符合要求的电热水器、终端加热设备和集成一体式直饮水设备，加热方式建议使用步进式加热。

6.中央处理管道直饮水系统水泵加压设备应一用一备，并且做到一对一变频。

7.直饮水设备和终端加热设备外壳防护等级至少为IP44，设备应取得相应的国家强制认证或生产许可。必须符合《家用和类似用途电器的安全　第1部分：通用要求》（GB 4706.1-2005）和《家用和类似用途电器的安全　商用电开水器和液体加热器的特殊要求》（GB 4706.36-2014）。

8. 水温调控不得采用原水或经过净化处理的原水与热水直接混合的方式，应通过热交换形式达到温水需求，同时具备智能温控模式，确保水温达到设定温度后出水，温度显示应采用数码显示。

9. 直饮水设备应采用符合《陶瓷片密封水嘴》（GB 18145-2014）或《水嘴通用技术条件》（QB 1334-2004，现已被新标准替代）要求的不锈钢水嘴。所有水嘴同时出水时，每个水嘴流量应不低于1.5L/min。

10. 为确保便捷的管理以及节能的设计，加热型校园机具有定时开关加热功能、防干烧功能、高低压保护功能和温度过高保护功能。

11. 直饮水设备的水嘴间距不小于350mm，水嘴高度应根据使用区域学生的身高设置，且只适用于使用盛器接水。

12. 小学一年级女生的平均身高大约在111.5cm~121.8cm，对出水的水嘴安装高度应照顾到学生的身高。由于集成一体式的出水水嘴并列安装要留出排队取水的空间，所以要求最边上水嘴距墙应≥200mm，水嘴间距≥350mm。

13. 考虑过水容器的材料材质会对水质有直接影响，所以材料的选用应参照《生活饮用水输配水设备及防护材料的安全性评价标准》。其他的材料也引入了食品容器、食品包装材料相应的标准，要求这些零件应获得省级以上的合格检测报告或卫生批件。

14. 为了保证电气安全，防止用电事故的发生，要依据家用电器装置的标准来确定电器指标。

15. 为了保障直饮水设备的正常运行和水质的稳定，滤芯应由专人定期进行更换。由于滤芯的种类较多、过滤的位置与用途，以及使用的材质也各不相同，各地使用原水的情况也有差异，所以必须根据学校使用的原水水质情况、放置周期和净水处理的量等实际情况，并严格按照卫生批件上的额定总净水量和使用时间的要求来进行滤芯的更换。

16. 由于直饮水设备是密封的压力容器，所以要防止低温冻坏管路。在这些配套的设备中还有一些电器控制元件、智能模块等，所以运行温度也不能过高，湿度也不能过大。相对湿度确定在45%~75%的范围内，温度确定在4℃~40℃范围内。

17. 输水管路应满足耐压要求，且为便于日常管理维护，设备应配置能显示原水压力、制水压力以及加热温度的仪表设备。

## 三、中央处理管道分散式供水系统管网技术要求

1. 管道直饮水系统管网，应根据不同楼宇及管道井位置，优化校园直饮水系统循环设计方式，最大力度地减少直饮水在管网，尤其是末端中的二次污染。

2. 目前，室内外直饮水系统多采用“全循环同程系统”，这种循环方式能使室内外管网中各个进出水管的阻力损失之和基本保持相当，便于室内外管网的供水平衡，达到全循环要求。

3. 管道直饮水系统管网主要型式如下表所示。

表 4-1　管道直饮水系统管网主要型式

| 按系统管网布置图示分类 | 下供上回式管道直饮水系统 |
| --- | --- |
| | 上供下回式管道直饮水系统 |
| 按系统管网循环控制分类 | 定时循环管道直饮水系统 |
| | 全日循环管道直饮水系统 |
| 注：1. 按管道直饮水系统管网布置图示分类（下供上回式、上供下回式）是管道直饮水系统的基本型式，设计人员应根据系统规模、建筑高度等因素进行设计。<br>2. 各型式系统管网设计图可参照《建筑管道直饮水工程》设计图集07SS604。 | |

下供上回式管道直饮水系统设计示意图如图4-1和图4-2所示。

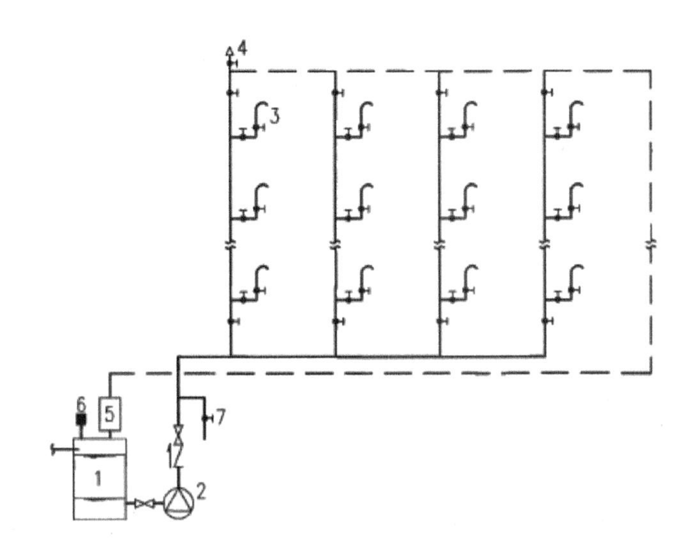


图 4-1　下供上回式管道直饮水系统（一）

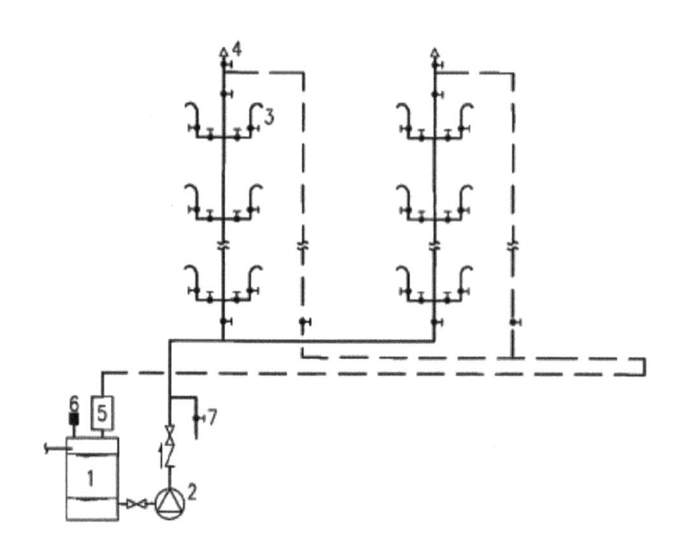


图 4-2　下供上回式管道直饮水系统（二）

两系统的适用条件和优缺点对比如下表所示。

表 4-2　系统的适用条件和优缺点对比

| 名称 | 下供上回式管道直饮水系统（一） | 下供上回式管道直饮水系统（二） |
| --- | --- | --- |
| 适用条件 | 1. 供水横干管有条件布置在底层或地下室，回水横干管布置在顶层的建筑；<br>2. 供水立管较多的建筑。 | 供、回水横管只能布置在有地下室的建筑。 |
| 优缺点 | 1. 供水管略短、管材用量少，工程投资少；<br>2. 供水立管为单立管，布置安装较容易；<br>3. 供水横干管和回水横干管上下分散布置，增加了建筑对管道装饰的要求；<br>4. 系统中需设排气阀。 | 1. 供水横干管和回水横干管集中敷设；<br>2. 回水管路长，管材用量多；<br>3. 系统中需设排气阀。 |

上供下回式管道直饮水系统设计示意图如图4–3和图4–4所示。

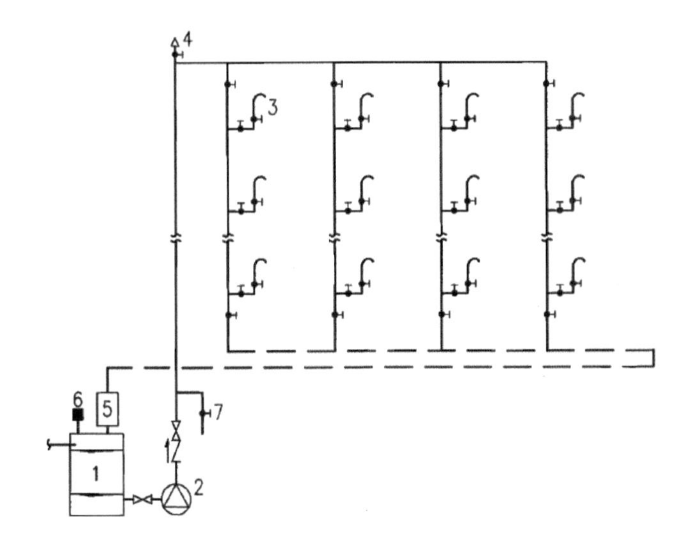


图4–3　上供下回式管道直饮水系统（一）

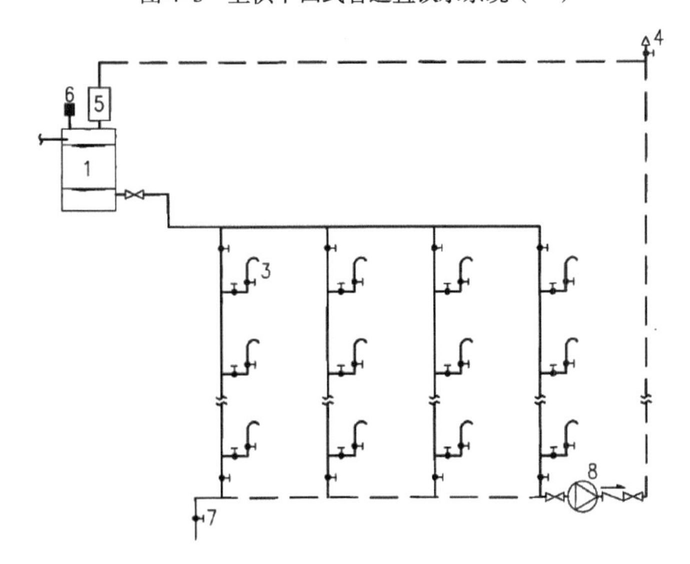


图4–4　上供下回式管道直饮水系统（二）

两系统的适用条件和优缺点对比如下表所示。

表 4-3 系统的适用条件和优缺点对比

| 名称 | 上供下回式管道直饮水系统（一） | 上供下回式管道直饮水系统（二） |
|---|---|---|
| 适用条件 | 1. 供水横干管有条件布置在顶层、回水横干管布置在底层或地下室的建筑；<br>2. 供水立管较多的建筑。 | 1. 屋顶有条件设置净水机房的建筑；<br>2. 供水横干管有条件布置在顶层、回水横干管布置在底层或地下室的建筑。 |
| 优缺点 | 1. 供水立管为单立管，布置安装较容易；<br>2. 供水管略长、管材用量多；<br>3. 供水横干管和回水横干管上下分散布置，增加了建筑对管道装饰的要求；<br>4. 系统中需设排气阀。 | 1. 重力供水，压力稳定，节省加压设备投资；<br>2. 供水立管为单立管，布置安装较容易；<br>3. 供水横干管和回水横干管上下分散布置，增加了建筑对管道装饰的要求；<br>4. 系统中必须设置循环水泵。 |

4. 系统管网设计中的注意事项

（1）管道直饮水系统要单独设置，不得与市政或建筑供水系统直接相连。如果有条件，直饮水立管应尽量单独设计管道井。

（2）直饮水在供、回水系统管网中的停留时间不应超过12小时。

（3）定时循环系统可采用时间控制器控制，循环水泵在系统用水量少时运行，每天至少循环2次。

（4）各用户从立管上接出的支管长度不宜大于6m，此规定非强制性要求。采用臭氧等会产生浓度扩散的消毒方式时，可延长支管长度。当支管长度在15m时，其水质在48小时内不变质。当用户长期未用水时，建议提醒用户使用前应采取放水措施。另，可增设紫外线水龙头，进一步保证龙头出水水质。

（5）在管网最低处应设排水阀，排水阀设置处不得有死水留存现象，排水口应设有间接排水的防污染措施。

（6）管网最高处设自动排气阀，排气阀处应设有滤菌、防尘装置。

（7）管道直饮水重力式供水系统建议采用定时循环，并设置循环水泵；管道直饮水加压式供水系统可采用定时循环，也可采用全日循环，并设置循环流量控制装置。

（8）流水不腐，水质要保持新鲜，最根本的是要保证管网内的水能够循环。但循环不能简单地理解为布置成环状管网就可以。为确保实际的循环效果，使任何一点都不存在滞水现象，建议采用同程布置，确保水力平衡。对于管网复杂、庞大的系统，如因建筑的高差不等、管道的长度不同等原因，难以通过调节阀门平衡的，应进行人为的分区，设置多个供水分区。对这些分区进行分时段单独循环，则可避免水力不均衡带来的不利点水质超标的现象。

（9）为保证循环效果，建议建筑物内高、低区供水管网的回水分别回流至净水机房；因受条件限制，回水管需连接至同一循环回水干管时，高区回水管上应设置减压稳压阀，使高、低区回水管的压力平衡，以保证系统正常循环。直饮水的循环支管几乎没有流量的现象，容易造成细菌的滞留、繁殖。因此，应考虑在循环时每个支管均能获得0.5m/s以上的流速，以破坏细菌的生存环境，把回水干管直径放大。这样虽然带来工程造价的增加，但水质稳定性得到了提高。

（10）学校不同区域内各建筑循环管可接至小区循环管上，此时应采取安装流量平衡阀等限流或保证同阻的措施。系统管网设计其他方面的要求应符合《建筑与小区管道直饮水系统技术规程》（CJJ/T 110-2017）的有关规定。

（11）浓水应设计专用浓水箱或蓄水池时可接入中水系统中，不得有渗漏；水箱应有相应的透气管和罩；入孔位置和大小要满足水箱内部清洗的需要，入孔或水箱入口应有盖（或门），并高出水面5cm以上，并有锁闭装置，大型水箱内外应设有爬梯；浓水箱不得与市政供水或原水管道直接连通，特殊情况下需要连通时必须设置不承压水箱；设施管道不得与直饮水管道连接；可用冲洗水箱或用空气隔断冲洗阀。

## 四、安装技术要求

1. 直饮水饮水处应能满足维护方便、通风良好、确保通电通水和排水的要求，周围不应有污水池、垃圾桶（箱、房）、粉尘和有毒有害气体等污染源。

2. 直饮水饮水处地面、墙壁、顶部应使用防水、防滑、防腐、防霉、无辐射、易于消毒、清洗的材料，地面应有一定的疏水坡度。

3. 直饮水饮水处应设置简明易懂的图文说明，指导正确使用直饮水设备。

4. 进水管道应从市政供水管网单独引入，在引入直饮水设备之前应安装防回水的单向阀，亦可用于排水和采样。

5. 机器50cm以内应设置排水地漏，同时应确保排水管路通畅，确保整机运行时的废水冲洗以及维修废水排放。

6. 机器电压为市电交流电220V，需接不小于4mm$^2$的铜芯电线，由25A空气开关控制，并配有至少一个3孔插口，位置高度1.7m~2.0m，同时应有可靠的接地线。

# 第二节　设备配备及测算方法

## 一、集成一体式设备匹配

1.确定直饮水水处理能力的大小主要是根据医学研究得来的。医学研究表明正常人每天大约要消耗2.5L的水，这些水主要是靠饮水获得，还有一小部分来源于食物，同时也为了保证直饮水的新鲜程度，所以按每人每天1L~2L水来计算。为了方便打水，饮水处通常设置在楼道或是教室内，根据每个水嘴的流量，并按每45~50人设置一个水嘴来计算水嘴的数量。

2.集成一体式直饮水设备前三级过滤配置分别为20寸的PP、UDF、CTO、第四级为纳滤膜，最后为改善口感的20寸后置炭滤芯，其中前三级的通量不低于3.5L/min（标准自来水压），RO膜或者NF膜净水流量不低于1.5L/min。

3.水胆容量2水嘴设备大于或等于15L，3水嘴设备大于或等于24L，4水嘴设备大于或等于35L。

4.这类直饮水设备宜配备压力桶，确保最大用水量。

5.根据热水箱要求配置加热管的加热功率，其中15L热胆配置2kW~2.2kW功率、24L热胆配置2.5kW~3kW功率、35L热胆配置3.2kW~3.5kW

功率，功率不宜过高也不宜过低，确保是加热时间以及电路安全的最优配置。

## 二、中央处理管道分散式供水设备匹配

1. 管材是直饮水系统的重要组成部分之一，对水质卫生、系统安全运行起着重要的作用。在工程设计中应选用优质、耐腐蚀、抑制细菌繁殖、连接牢固可靠的管材。

2. 管材选择注意以下几点：

（1）管材选用应符合其现行国家标准的规定。管道、管件的工作压力不得大于产品标称的允许工作压力。

（2）管材应选用不锈钢管、铜管等符合食品级要求的优质管材。本课题推荐优先选择食品级不锈钢（SUS304或以上）材质的管材。

（3）系统中宜采用与管道同种材料的管件。

（4）当采用反渗透膜工艺时，因出水pH值可能小于6，会对铜管造成腐蚀，因此不宜使用铜管。

3. 管道输水配件要求：

（1）管道直饮水系统的附配件包括：直饮水专用水嘴、直饮水表、自动排气阀、流量平衡阀、限流阀、减压阀、截止阀、闸阀等。上述配件材质宜与管道材质一致，并应达到国家卫生部2001年颁布的《生活饮用水输配水设备防护材料卫生安全评价规范》的要求。

（2）管材及配件其他方面的要求应符合《建筑与小区管道直饮水系统技术规程》（CJJ/T 110–2017）的有关规定。

# 第三节　设备检测及其维护方法

## 一、设备日常检测

1.定期观察设备满水及缺水后是否停机。如果设备一直制水（有轻微嗡嗡的制水声）30分钟以上，或缺水后（可关闭总进水阀查看）没有停机，均为设备异常。

2.定期检查排水是否通畅。查看废水排水接口处是否有外溢现象，及时清除污堵物，防止浸水导致的路面湿滑、电器受损等问题，使用中严禁在水台中倒入饭渣、茶渣等垃圾。

3.定期检查设备管路以及接头是否有漏水以及滴漏现象，停机后，及时更换新部件。

4.定期检查设备工作压力（0.4MPa~0.6MPa）。通过机箱面板上的制水压力观察其是否在正常范围内，压力过高则可能是由于废水冲洗阀堵塞。

5.察看废水排放是否正常。机器制水中，会一直产生一定的废水，如果废水管不排放、排放量过小或者制水压力过高，则应该考虑废水冲洗阀是否堵塞或损坏，用户可停机将冲洗阀拆下，对滤网进行清洗。

6.定期检查设备热胆排气阀排气是否正常。正常工作中，通过查看排气阀连接的透明软管内部水汽是否缓慢移动，或者通过指头轻微接触，感受是否有炙烫的温度。

7.定期检查设备加热是否正常。通过设备上方的电控显示屏获取温度信息，加热时间段内，如果温度长时间不升高，应重点关注加热相关的线路，发现问题部件后及时进行更换，其中加热继电器、加热温控器、加热管等均是易损件。

8.检测设备是否正常出水，检测出水温度、出水流量等是否异常，根据异常再次判断是否是水路或者是电路引起的。

9.日常检查需要解除到电路，尤其是加热线路属于市电，具有一定的操作要求，因此，要配置万用表、电笔等基本工具，同时注意用电安全。

## 二、设备日常维护

1.学校在直饮水设备日常运行维护工作中应做到：

（1）建立健全直饮水卫生管理制度。

（2）建立包括设备验收文档，管理人员信息资料，设备巡查、保洁、维护记录和水质检验报告等的学校直饮水设备卫生管理档案，并由专人负责保管，保存期至少2年。

（3）制订直饮水水质事件应急处置预案。

（4）配备取得健康证明的专（兼）职卫生管理员。

（5）每日对直饮水设备进行安全卫生巡查，做好巡查记录。

（6）每年至少做两次水质监测，并定期公示直饮水水质检验结果，配合设备供应商对直饮水设备进行日常运行维护和及时处置直饮水水质事件。

（7）加强对师生正确饮用直饮水的宣传教育。

2.与直饮水设备供应商签订售后服务协议，明确其在直饮水设备日常运行维护工作中应做到：

（1）配备专职人员负责学校直饮水设备的日常使用维护。

（2）定期对直饮水设备进行运行维护（含电气安全），并做好记录。

（3）对新设的直饮水设备进行全面冲洗和消毒，按规定进行水质检验，合格后方可供水。

（4）每月按规定进行水质检测。

（5）直饮水设备停止使用7天以上（含7天）恢复供水前，对直饮水设备进行全面冲洗和消毒。

（6）在每学期开学前一周，对直饮水设备进行全面冲洗、消毒和更换滤芯，按规定进行水质检验，合格后方可供水。

（7）对学校反映的直饮水设备异常情况立即予以响应，并在4小时内到达现场，24小时内解决问题。

# 第五章

# 直饮水设备现行的政策法规与执行标准

# 第一节　现行的政策法规介绍

校园本身就是公共场所，人员相对密集，校园中的饮水设备使用时间和地点相对固定，服务对象主体又是成长中的青少年，这些均决定了饮水设备在设计时要考虑适用性，且技术要求应该更高、检测应及时准确、运维管理应该更严格。为了保障公共饮水的卫生安全，杜绝因饮用水不卫生引起的重大传染病和中毒，我国不仅制、修订了许多相关的基本法律法规，还将涉及饮用水卫生安全的产品中凡在饮用水生产和供水过程中与饮用水接触的连接止水材料、塑料及有机合成管材、管件、防护涂料、水处理剂、除垢剂、水质处理器及其他材料和化学物质（简称"涉水产品"）做出了详细的卫生安全要求。对于设备整机、所有零配件和辅助材料，还陆续出台了许多有关施工配套、检验检测、运行维护等方面的规范规定和管理办法。

## 一、净水设备与涉水产品相关的政策法规

涉水产品需要遵从的法律法规包括:《中华人民共和国传染病防治法》《中华人民共和国环境保护法》《中华人民共和国水法》《中华人民共和国水污染防治法》。行政法规有《传染病防治法实施办法》《突发公共

卫生事件应急条例》《卫生行政许可管理办法》《水质处理器系列产品卫生行政许可补充规定》《关于涉水产品卫生许可有关问题的通知》《关于调整国产反渗透家用净水器和国产纳滤家用净水器卫生行政许可的通知》《健康相关产品国家卫生监督抽检规定》《健康相关产品卫生行政许可》《健康相关产品企业生产卫生条件审核规范》《城市供水条例》《生活饮用水集中式供水单位卫生规范》《中华人民共和国传染病防治法》《生活饮用水卫生监督管理办法》《生活饮用水水质卫生规范》《二次供水设施卫生规范》等法规。

其中，饮用水卫生监督范围为：集中式供水单位、二次供水单位、分质供水单位和涉及饮用水卫生安全产品。

**1.《中华人民共和国传染病防治法》涉水条款**

第二十九条　用于传染病防治的消毒产品、饮用水供水单位供应的饮用水和涉及饮用水卫生安全的产品，应当符合国家卫生标准和卫生规范。

饮用水供水单位从事生产或者供应活动，应当依法取得卫生许可证。

第五十三条　县级以上人民政府卫生行政部门对传染病防治工作履行下列监督检查职责：（四）对用于传染病防治的消毒产品及其生产单位进行监督检查，并对饮用水供水单位从事生产或者供应活动以及涉及饮用水卫生安全的产品进行监督检查。

第七十三条　违反本法规定，有下列情形之一，导致或者可能导致传染病传播、流行的，由县级以上人民政府卫生行政部门责令限期改正，没收违法所得，可以并处五万元以下的罚款；已取得许可证的，原发证部门可以依法暂扣或者吊销许可证；构成犯罪的，依法追究刑事责任：（一）饮用水供水单位供应的饮用水不符合国家卫生标准和卫生规范的；

（二）涉及饮用水卫生安全的产品不符合国家卫生标准和卫生规范的。

**2.《生活饮用水卫生监督管理办法》部分内容**

第四条　国家对供水单位和涉及饮用水卫生安全的产品实行卫生许可制度。

第六条　供水单位供应的饮用水必须符合国家生活饮用水卫生标准。

第九条　供水单位应建立饮用水卫生管理规章制度，配备专职或兼职人员，负责饮用水卫生管理工作。

第十一条　直接从事供、管水的人员必须取得体检合格证后方可上岗工作，并每年进行一次健康检查。凡患有痢疾、伤寒、甲型病毒性肝炎、戊型病毒性肝炎、活动性肺结核、化脓性或渗出性皮肤病及其他有碍饮用水卫生的疾病的和病原携带者，不得直接从事供、管水工作。直接从事供、管水的人员，未经卫生知识培训不得上岗工作。

第二十五条　集中式供水单位安排未取得体检合格证的人员从事直接供、管水工作或安排患有有碍饮用水卫生疾病的或病原携带者从事直接供、管水工作的，县级以上地方人民政府卫生计生主管部门应当责令限期改进，并可对供水单位处以20元以上1000元以下的罚款。

第二十六条　违反本办法规定，有下列情形之一的，县级以上地方人民政府卫生计生主管部门应当责令限期改进，并可处以20元以上5000元以下的罚款:（一）在饮用水水源保护区修建危害水源水质卫生的设施或进行有碍水源水质卫生的作业的;（二）新建、扩建、改建的饮用水供水项目未经卫生计生主管部门参加选址、设计审查和竣工验收而擅自供水的;（三）供水单位未取得卫生许可证而擅自供水的;（四）供水单位供应的饮用水不符合国家规定的生活饮用水卫生标准的。

### 3.《生活饮用水集中式供水单位卫生规范》部分内容

第十一条　地下水水源卫生防护必须遵守下列规定:（一）生活饮用水地下水水源保护区、构筑物的防护范围及影响半径的范围，应根据生活饮用水水源地所处的地理位置、水文地质条件、供水的数量、开采方式和污染源的分布，由供水单位及其主管部门会同卫生、环保及规划设计、水文地质等部门研究确定;（二）在单井或井群的影响半径范围内，不得使用工业废水或生活污水灌溉和施用难降解或剧毒的农药，不得修建渗水厕所、渗水坑，不得堆放废渣或敷设污水渠道，并不得从事破坏深层土层的活动;（三）工业废水和生活污水严禁排入渗坑或渗井;（四）人工回灌的水质应符合生活饮用水水质要求。

第十三条　集中式供水单位应建立健全生活饮用水卫生管理规章制度。

第二十六条　集中式供水单位应划定生产区的范围。生产区外围30米范围内应保持良好的卫生状况，不得设置生活居住区，不得修建渗水厕所和渗水坑，不得堆放垃圾、粪便、废渣和敷设污水渠道。

## 二、国家对净水设备实行的卫生生产许可制度

校园中的净水设备是一套完整的净化消毒系统，它的每一个生产环节、零部件生产与材料选配都直接影响着出水水质，并直接关系到公共饮食安全和每一个师生的身体健康。为了保障校园饮水的卫生安全，我国对涉及饮用水卫生安全的产品与设备的所有零配件和辅助材料（简称“涉水产品”）实行生产许可制度。它是根据《传染病防治法》及《城市供水条例》等有关规定，建设部与卫生部联合（建设部、卫生部令第53

号）于1996年7月9日颁发了《生活饮用水卫生监督管理办法》，并于1997年1月1日起施行。它主要适用于集中式供水、二次供水单位（以下简称“供水单位”）和涉及饮用水卫生安全产品的卫生监督。同时规定了国家对供水单位和涉及饮用水卫生安全的产品实行卫生许可制度，要求这些供水单位与净水设备生产企业取得批件后，方可生产、销售和使用，并鼓励有益于饮用水卫生安全的新产品、新技术、新工艺的研制开发和推广应用。这个制度主要是依据《中华人民共和国行政许可法》和原卫生部颁布的《卫生行政许可管理办法》来参照保障和执行。这个制度的实施与执行不仅与师生的身体健康和人身安全息息相关，还是公共饮水卫生的基本保障。它严格规范了涉水产品生产企业安全生产的条件，帮助企业建立健全了卫生安全生产规章制度，并能严格执行卫生安全生产法律法规与生产责任制，目的是从源头上保证涉水产品的卫生安全。

## 三、省级涉及饮用水卫生安全产品卫生行政许可规定

新的《省级涉及饮用水卫生安全产品卫生行政许可规定》（以下简称《许可规定》）已经做了几次的修改。现将2018年修改的有关内容解读如下：为落实国务院“放管服”要求，进一步规范各地涉及饮用水卫生安全产品卫生行政许可工作，卫健委在2018年组织对《许可规定》进行了修订。《国家卫生计生委办公厅关于印发省级涉及饮用水卫生安全产品卫生行政许可规定的通知》（国卫办监督发（2014）63号）同时废止。各地可结合实际情况对《省级涉及饮用水卫生安全产品卫生行政许可规定》进一步细化、优化，制定与本地相关的许可程序和规定。

修订后主要有以下变化：一是取消检验机构资质要求，明确规定申

请人可以按照国家卫生标准和卫生规范进行自检，也可以委托有关机构检验；二是取消卫生监督机构对检验样品进行采样和封样的规定，改由申请单位按照相关要求自行采样，统一检验样品采样单格式；三是规定申请人对自行检验的真实性和合规性，负法律责任并做出承诺，纳入信用监管；四是整合生产能力审核内容，将相关工作改为许可申请受理后进行，优化审批流程，规范工作要求；五是缩短审批环节时间，将许可申请受理后组织技术审查的时限由60日缩短至30日，将生产现场审核时限由10日缩短至5日，将技术审查结论做出后20日内做决定改为许可申请受理后20日内做出决定；六是减少审批材料，取消生产能力审核申请表、委托采封样申请表、产品彩色照片、委托加工被委托方同类产品卫生许可批件、生产厂区位置图、生产场地使用证明、检验申请表、检验受理通知书共8项材料及重复提交材料，取消涉及申请变更企业名称和地址的2项证明，压减提供与水接触主要材料的卫生安全性文件范围，不再要求提交首次申请许可材料原件的复印件。同时，规定申请材料可以通过电子政务或其他方式与相关部门信息共享获取或核查相关信息的，不得要求申请单位提交相关材料。通过缩短审批时间、减少提供材料种类等，更加方便群众办事，进一步提升了企业和群众的满意度，从而增进“双创”活力，助力经济发展。

**1. 涉水产品卫生行政许可范围**

为进一步加强涉及饮用水卫生安全产品监督管理，规范涉及饮用水卫生安全产品的分类和产品范围，原卫生部修订出台了目前仍在使用的《涉及饮用水卫生安全产品分类目录（2011年版）》（以下简称《目录》）。其中要求省级以上卫生行政部门要按照《生活饮用水卫生监督管理办法》和卫生部的有关规定，对列入《目录》的产品进行卫生行政许可。对已受理，但未列入《目录》产品的卫生行政许可申请，省级以上卫生行政部门不予发放卫生行政许可批件，并做好相关的解释工作。已获得卫生行政许可批件，但未列入《目录》的产品可继续使用卫生行政许可批件，卫生行政许可批件到期后，原批准机关不再受理该产品的卫生行政许可延续申请，并注销卫生行政许可批件。

纳入涉水产品卫生许可范围的产品有以下六大类：第一大类是输配水设备，也就是与生活饮用水接触的输配水管、蓄水容器、供水设备、机械部件等，具体包括了管材、管件、蓄水容器、无负压供水设备、饮水机、密封止水材料；第二大类是防护材料，指与生活饮用水接触的涂料、内衬，具体包括了环氧树脂涂料、聚酯涂料（含醇酸树脂）、丙烯酸树脂涂料和聚氨酯涂料；第三大类是水处理材料，具体包括了活性炭、活性氧化铝、陶瓷、分子筛（沸石）、锰砂、铜锌合金（KDF）、微滤膜、超滤膜、纳滤膜、反渗透膜、离子交换树脂等及其组件；第四大类是化学处理剂，是指用于混凝、絮凝、助凝、消毒、氧化、pH调节、软化等用途的生活饮用水化学处理剂，具体包括了絮凝剂、助凝剂，如聚合氯化铝、硫酸铁、硫酸亚铁、氯化铁、氮化铝、十二水合硫酸铝钾（明矾）、聚丙烯酰胺、硅酸钠（水玻璃）及其复配产品阻垢剂，还有磷酸盐类、硅酸盐类及其复配产品，以及消毒剂，如次氯酸钠、二氧化氯、高锰酸钾、过氧化氢；第五大类是水质处理器，包括了以市政自来水为原水的水质处理器，如活性炭家用净水器、粗滤家用净水器、微滤家用净水器、超滤家用净水器、软化水器、离子交换装置、蒸馏水器、电渗析水质处理器、反渗透家用净水器、纳滤家用净水器等，以地下水或地表水为水源的水质处理设备（每小时净水流量≤25$m^2$/h），以及饮用水消毒设备，如二氧化氯发生器、臭氧发生器、次氯酸钠发生器、紫外线消毒器等；

第六大类是与饮用水接触的、利用新材料、新工艺和新化学物质生产的涉及饮用水卫生安全的产品。

**2.《省级涉及饮用水卫生安全产品卫生行政许可规定》**

具体内容在《关于印发省级涉及饮用水卫生安全产品卫生行政许可规定的通知》国卫办监督发〔2018〕25号文件的附件中。

第一条　为保证涉及饮用水卫生安全产品（以下简称“涉水产品”）卫生行政许可工作的公开、公平、公正，根据《中华人民共和国行政许可法》等有关法律、法规和《国务院关于取消和下放50项行政审批项目等事项的决定》（国发〔2013〕27号）、《国务院审改办国家标准委关于推进行政许可标准化的通知》（审改办发〔2016〕4号），落实“简政放权、放管结合、优化服务”改革要求，制定本规定。

第二条　省级涉水产品是指《涉及饮用水卫生安全产品分类目录》中所列的除利用新材料、新工艺和新化学物质之外生产的，由省级卫生健康行政部门负责审批的国产或进口涉水产品。

第十二条　省级涉水产品卫生许可批件应当采用统一编号：国产产品的编号格式为（省简称）卫水字（年份）第××××号；进口产品的编号格式为（省简称）卫水进字（年份）第××××号。省级涉水产品卫生许可批件的有效期为4年，卫生许可批件样式见省级涉水产品卫生许可批件样张格式（附件2）。

第十九条　延续、变更和补发的卫生许可批件沿用原卫生许可批件号。延续的卫生许可批件有效期为原批件有效期顺延4年，批准日期为准予延续日期。变更、补发的卫生许可批件有效期限不变，批准日期分别为准予变更、补发日期。延续、变更、补发的卫生许可批件应当分别在批准日期后打印“延续”“变更”“补发”字样。第十二条和第十九条是对批件的格式和有效期做出了规定。直饮水企业生产的产品，只有通过了检验和审批，才可以拿到省级涉水产品卫生许可批件，只有拿到这个批件，企业设备才有生产资质，才能进入市场销售，所以学校采购或是使用的直饮水处理设备应该首先看有没有正规的符合要求的批件。

**3. 涉水产品卫生行政审批、审查和检验程序**

对于学校中的直饮水设备的审批许可详见上文《许可规定》。按照规定，涉水企业只有办理了“卫生许可批件”后才能生产和销售。“卫生许可批件”的样式在水批的第十二条；延续、变更和补发的卫生许可批件沿用原卫生许可批件号，变更和补发的卫生许可批件有效期限不变。由于各省可以细化该程序，具体步骤和要求各地可能不完全一致，具体需咨询当地省级卫生计生部门或卫生监督机构。

# 第二节 学校直饮水工程涉及的相关标准

标准化活动是众多人的一种社会实践，而且是有目的、有组织、有计划的实践，伴随着这种实践的是理性的思维。标准化活动应遵循“简化原理、统一原理、协调原理和优化原理”的原则。它包括标准的制定、标准的实施和标准的实施监督。标准是标准化领域中用来规范和统一人类社会各项生产工作和管理活动的技术性规定。人们普遍认为，标准是人们对重复性事物，如产品、生产技术、技术语言、试验方法、工作程序和要求等，通过对实践经验的科学总结，结合最新科研成果，依规定的程序和要求，通过有关各方协商一致，用专门文件格式编写，经相应标准机构或组织批准、发布，用来指导、规范、监督、评价人们各项生产工作、管理活动的，以建立广泛的、相互协调的社会生产和工作秩序，提高整体的经济效益和社会效益。

标准可根据其使用范围、约束程度、内容和对象进行分类。按标准发生作用的范围或审批权限可分为国际标准、区域标准、国家标准、团体标准、行业标准、地方标准和企业标准。目前，中国标准分为国家标准、行业标准、地方标准和企业标准4级。

根据《中华人民共和国标准化法》（以下简称《标准化法》）的规定，我国的标准按约束性分为强制性标准和推荐性标准。

强制性标准，是指保障人体健康、人身财产安全的标准和法律法规行政规章规定强制执行的标准。强制性标准的内容应限制在下列范围：有关国家安全的技术要求；保护人体健康和人身财产安全的要求；产品及产品生产、储运和使用中的安全、卫生、环境保护等技术要求；工程建设的质量、安全、卫生、环境保护要求及国家需要控制的工程建设的其他要求；污染物排放限值和环境质量要求；保护动植物生命安全和健康的要求；防止欺骗，保护消费者利益的要求；维护国家经济秩序的重要产品的技术要求。《标准化法》规定，强制性标准必须执行。不符合强制性标准的产品，禁止生产、销售和进口。

推荐性标准，又称自愿性标准。根据《标准化法》的规定，除强制性标准外，其余均为推荐性标准。推荐性标准是指国家鼓励自愿采用的具有指导作用而又不宜强制执行的标准。推荐性标准在下列情况下必须执行：(1)法律法规引用的推荐性标准，在法律法规规定的范围内必须执行；(2)强制性标准引用的推荐性标准，在强制性标准适用的范围内必须执行；(3)企业使用的推荐性标准，在企业范围内必须执行；(4)经济合同中使用的推荐性标准，在合同约定的范围内必须执行；(5)在产品或其包装上标注的推荐性标准，产品必须符合；(6)获得认证并标注认证标志销售的产品，必须符合认证标准。

## 一、膜处理直饮水设备相关的标准和规范

学校的直饮水设备的设计首先应符合《中小学校设计规范》(GB 50099-2011)的要求，对于膜处理工艺设备的技术要求标准提出的就比较多了，主要有《膜分离技术　术语》(GB/T 20103-2006)、《家用

和类似用途饮用水处理装置》(GB/T 30307-2013)、《反渗透水处理设备》(GB/T 19249-2017)、《城市给排水紫外线消毒设备》(GB/T 19837-2005)、《臭氧发生器安全与卫生标准》(GB 28232-2011)、《建筑与小区管道直饮水系统技术规程》(CJJ/T 110-2017)、《消毒产品卫生安全评价技术要求》(WS 628-2018)等标准。其他的还有一些行业标准、地方标准、企业标准、技术规范等从各个角度对净水设备也提出了相应的要求。其中像净水流量、膜、脱盐率、管道直饮水系统等关于膜处理技术的术语,在上述标准中可以查到其具体解释和标准定义。

由于在学校中直饮水处理设备的核心技术还是应该以膜处理技术为主,所以对于《反渗透水处理设备》和《家用和类似用途饮用水处理装置》标准中,不仅要参考术语和定义部分,还要引用技术要求、检测方法和试验方法等规定。由于学校所处的地理位置不同,所以技术要求还要参考一些具体的地方标准和行业标准。

在《中小学校设计规范》中提出了对学校饮水处及管道直饮水的设置要求,它包括:① 中小学校的饮用水管线与室外公厕、垃圾站等污染源间的距离应大于 25m。② 教学用建筑内应在每层设饮水处,每处应按每 40 ~ 45 人设置一个饮水水嘴计算水嘴的数量。③ 教学用建筑每层的饮水处前应设置等候空间,等候空间不得挤占走道等疏散空间。④ 在寒冷及严寒地区的中小学校中,教学用房的给水引入管上应设泄水装置,有可能产生冰冻部位的给水管道应有防冻措施。⑤ 中小学校建筑应根据所在地区的生活习惯,供应开水或饮用净水。当采用管道直饮水时,应符合现行行业标准《建筑与小区管道直饮水系统技术规程》的有关规定。在标准的说明部分还对④和⑤条进行了如下说明:在寒冷及严寒地区,给水管上应设泄水装置以防止在寒假期间由于停止使用导致管道冻裂,并可防止暑假及寒假期间管内存水变质。饮用水供应是学校建筑的重要课题之一，学校必须为学生提供安全卫生、充足的饮用水以及相关设施。应根据地区差异及生活习惯合理设置饮用水的供应设施，传统的开水炉已不能满足现代学校多元化建设的需要。需要强调的是，学校建筑的饮用水供应必须安全卫生，符合国家相关卫生标准的有关规定。以上条目只是《中小学校设计规范》（GB 50099-2011）的部分条款，它们是适用于学校中使用的直饮水设备的。

《建筑与小区管道直饮水系统技术规程》中有关设备和技术要求的规定，是从建筑的给排水角度对管道直饮水的工程方面做出了详细要求和规范。学校的直饮水设备可以引用和参考的部分如下：

（1）总则部分：① 为规范建筑与小区管道直饮水系统工程的设计、施工、验收、运行维护和管理，确保系统安全卫生、技术先进、经济合理，制定此规程。② 此规程适用于民用建筑与小区管道直饮水系统设计、施工、验收、运行维护和管理。③ 建筑与小区管道直饮水系统采用的管材、管件、设备、辅助材料等应符合国家现行标准的规定，卫生性能应符合现行国家标准《生活饮用水输配水设备及防护材料的安全性评价标准》（GB/T 17219-1998）的规定。④ 建筑与小区管道直饮水系统的设计、施工、验收、运行、维护和管理，除应符合本规程外，尚应符合国家现行有关标准的规定。

（2）水质、水量和水压部分：规定了建筑与小区管道直饮水需符合的水质标准。随着生活环境的不断改善，生活水平的不断提高，人们对饮用净水提出了更高的要求。为此，中华人民共和国建设部（现为中华人民共和国住房和城乡建设部）在1999年颁布了行业标准《饮用净水水质标准》（CJ 94），并于2005年对其进行了修订。该标准适用于以城市自来水或符合生活饮用水卫生标准的其他水源水为原水，在建筑或小区内经再净化后可供给用户直接饮用的管道直饮水。

（3）净水机房部分：① 净水机房应保证通风良好。通风换气次数不应小于8次/h，进风口应远离污染源。② 净水机房应有良好的采光或照明，工作面混合照度不应小于200lx，检验工作场所照度不应小于540lx，其他场所照度不应小于100lx。③ 净水设备宜按工艺流程进行布置，同类设备应相对集中布置。机房上方不应设置卫生间、浴室、盥洗室、厨房、污水处理间等。除生活饮用水以外的其他管道不得进入净水机房。④ 净水机房的隔震防噪设计应符合现行国家标准《民用建筑隔声设计规范》（GB 50118-2010）的规定。⑤ 净水机房应满足生产工艺的卫生要求，并应符合下列规定：应有更换材料的清洗、消毒设施和场所；地面、墙壁、吊顶应采用防水、防腐、防霉、易消毒、易清洗的材料铺设；地面应设间接排水设施；门窗应采用不变形、耐腐蚀材料制成，应有锁闭装置，并应设有防蚊蝇、防尘、防鼠等措施。⑥ 净水机房应配备空气消毒装置。当采用紫外线空气消毒时，紫外线灯应按1.5W/$m^3$的吊装设置，距地面宜为2m。⑦ 净水机房宜设置更衣室，室内宜设有衣帽柜、鞋柜等更衣设施及洗手盆。⑧ 净水机房应配备主要检测项目的检测设备，宜设置化验室；宜安装水质在线监测系统，设置水质监测点。⑨ 净水箱（罐）的设置应符合下列规定：不应设置溢流管；应设置空气呼吸阀。⑩ 饮用净水化学处理剂应符合现行国家标准《饮用水化学处理剂卫生安全性评价》（GB/T 17218-1998）的规定。⑪ 净水处理设备的启停应由水箱中的水位自动控制。⑫ 净水机房内消毒设备采用臭氧消毒时，应设置臭氧尾气处理装置。

由于此标准明确了符合《饮用净水水质标准》要求的产品水就可以

直饮，因此目前在许多学校中通过膜处理方式的直饮水水质检测也是采用的这个标准，它还针对建筑小区管道直饮水系统工程提出了技术要求，对于学校中使用的中央处理的管道直饮水系统的相同之处可以用来参考。但是对于小型的集成一体式直饮水设备就不适用了，而且由于社区的取水方式和学校的用水方式有着本质的区别，不仅是取水量的不同，还有取水时间、使用频率，寒暑假停止供水、供水对象等因素也不同，所以在技术要求上还要考虑引用其他标准，在学校中还要考虑集成一体式直饮水设备与中央处理的管道直饮水系统并存的情况。

由于学校的公共饮水还涉及到后面的净水杀菌消毒过程，所以要参考《城市给排水紫外线消毒设备》和《臭氧发生器安全与卫生标准》对紫外线消毒设备和臭氧发生器的安全与卫生要求。尤其是臭氧的残留和处理环境的臭氧浓度不能超标。

## 二、饮水水质相关标准

在校的饮水水质检测标准通常使用的是《生活饮用水卫生标准》（GB 5749-2006）、《食品安全国家标准 包装饮用水》（GB 19298-2014）和《饮用净水水质标准》（CJ 94-2005）这三项标准。这三个标准对应的是不同的饮水设备的出水水质，无膜过滤方式使用的是《生活饮用水卫生标准》；桶装水等饮水方式使用的是《食品安全国家标准　包装饮用水》标准；而采用反渗透膜和纳滤膜处理的设备则使用的是《饮用净水水质标准》。

### 1.《生活饮用水卫生标准》（GB 5749-2006）

《生活饮用水卫生标准》是一项强制标准，它规定了生活饮用水水质卫生要求、生活饮用水水源水质卫生要求、集中式供水单位卫生要求、二次供水卫生要求、涉及生活饮用水卫生安全产品卫生要求、水质监测和水质检验方法。这个标准统一了城镇和乡饮用水的卫生标准，它不仅适用于城乡的各类集中式供水的生活饮用水，同时也适用于分散式供水的生活饮用水。它不仅参考了发达国家的标准，还参考了世界卫生组织的《饮用水水质准则》，使指标限值与发达国家的饮用水标准具有可比性，基本实现了饮用水标准与国际接轨。它加强了对水质中有机物、微生物和水质消毒等方面的要求，2006年的标准中的饮用水水质指标由原标准的35项增至106项，增加了71项，还对原标准的8项指标进行了修订，它代替了1985年版的《生活饮用水卫生标准》。

标准中对于生活饮用水的水源，即供水水厂的水源提出了水质卫生达标的要求，分为两种情况：一是采用地表水为生活饮用水水源时应符合《地表水环境质量标准》（GB 3838–2002）要求；二是采用地下水为生活饮用水水源时应符合《地下水质量标准》（GB/T 14848–2017）要求。对涉及生活饮用水卫生安全产品提出的要求是，在采用絮凝、助凝、消毒、氧化、吸附、pH调节、防锈、阻垢等化学处理剂处理生活饮用水时，不应污染生活饮用水，应符合《饮用水化学处理剂卫生安全性评价》的要求。生活饮用水的输配水设备、防护材料和水处理材料也不应污染生活饮用水，应符合《生活饮用水输配水设备及防护材料卫生安全评价规范》对于水质监测和供水单位的水质检测要求。供水单位的水质非常规指标选择由当地县级以上供水行政主管部门和卫生行政部门协商确定。

满足这个标准的生活饮用水通常被作为膜处理设备的原水水质标准，也就是使用膜处理技术的净水设备的原水要符合《生活饮用水卫生标准》中列出的106项水质指标，在不使用膜处理技术的饮水设备上要满足《生活饮用水卫生标准》的要求，水需要烧开才可以饮用。这个标准只是生活用水和普通饮水的水质标准，曾经有学校在直饮水设备产品水的水质检测报告上也使用这个标准来进行水质检测，用这个标准的参数来要求反渗透膜和纳滤膜方式处理的净水是比较宽的。

**2.《食品安全国家标准 包装饮用水》(GB 19298-2014)与《饮用天然矿泉水标准》(GB 8537-2008，现已废止)**

在调研和征求意见时，有专家建议膜处理饮水设备的产品水质要参照《生活饮用水卫生标准》(GB 5749-2006)，也有要求参照《食品安全国家标准 包装饮用水》(GB 19298-2014)(2015年5月24日实施)和《饮用天然矿泉水标准》(GB 8537-2008，现已废止)这两个标准的。[注：《食品安全国家标准 包装饮用水》(GB 19298-2014)是在《瓶(桶)装饮用水卫生标准》(GB 19298-2003)及《瓶(桶)装饮用纯净水卫生标准》(GB 17324-2003)的基础上，整合修订形成的。同时GB 19298-2003和GB 17324-2003这两个标准已停止使用。]

《食品安全国家标准 包装饮用水》适用于直接饮用的包装饮用水，不适用于饮用天然矿泉水，如校园中使用的是桶装水，应该符合这个标准。标准中给包装饮用水下了如下定义：密封于符合食品安全标准和相关规定的包装容器中，可供直接饮用的水。其中对于包装饮用水原料的要求是：① 以来自公共供水系统的水为生产用原水，其水质应符合《生活饮用水卫生标准》的规定。② 以来自非公共供水系统的地表水或地下水为生产用原水，其水质应符合《生活饮用水卫生标准》中生活饮用水水源的卫生要求。原水经处理后，食品加工用水水质应符合《生活饮用水卫生标准》的规定。③ 水源卫生防护：在易污染的范围内应采取防护措施，以避免对水源的化学、微生物和物理品质造成任何污染或外部影响。标准中主要对感官要求、理化指标、污染物限量、微生物限量、食品添加剂等大类做出了规定。污染限量还应符合《食品安全国家标准 食品中污染物限量》(GB 2762-2017)标准的要求。

对于包装饮用水的要求，首先名称应当真实、科学，不得以水以外的一种或若干种成分来命名包装饮用水。包装饮用水的标签标识应符合《食品安全国家标准 预包装食品标签通则》(GB 7718-2011)的规定，标签应清晰、醒目、持久，使消费者购买时易于辨认和识读。包装饮用水的产品名称不得标注“活化水”“小分子团水”“功能水”“能量水”以及其他不科学的内容。根据《食品安全国家标准 食品添加剂使用标准》(GB 2760-2014)的规定，当使用硫酸镁、硫酸锌、氯化钙、氯化钾等食品添加剂用于调节口味时，需在产品名称的邻近位置标示“添加食品添加剂用于调节口味”等类似字样。对仅使用加工助剂(如氮气)的，按照《食品安全国家标准 预包装食品标签通则》(GB 7718-2011)规定，可不标示加工助剂，也不需标示“添加食品添加剂用于调节口味”等类似字样。

**3.《饮用净水水质标准》(CJ 94-2005)**

随着工业化的快速发展以及各种人为运维因素影响，管网的老化及卫生条件、生活品质要求的不断提高，即使是符合《生活饮用水卫生标准》水质的出厂水目前也少有人直饮，特别是学校中还要求经过再次的过滤或消毒后才可饮用。所以用膜处理技术的设备还应使用《饮用净水水质标准》，这个标准中提出了优质饮用净水的概念。《饮用净水水质标准》是建设部发布的行业标准，它是在1999年版的基础上进行了修订，在修订中主要引用并参考了《城市供水水质标准》(CJ/T 206-2005)、《生活饮用水标准检验方法 总则》(GB/T 5750.1-2006)等相关的国家标准。

这是一个针对于优质饮用净水水质的行业标准。

这个标准规定了饮用净水的水质标准。它适用于以符合生活饮用水水质标准的自来水或水源水为原水，经再净化后可供给用户直接饮用的管道直饮水。在上文提到的膜处理方式的中央处理管道分散式供水和集成一体的直饮水设备，出水水质应该符合这个标准。

《饮用净水水质标准》的要求高于《生活饮用水卫生标准》的指标要求，由于它规定的是原水指标在满足《生活饮用水卫生标准》的106项指标前提下，进一步加工净化处理后的水，它又对感官性状4项、一般化学指标13项、毒理学指标15项、细菌学指标6项共38项指标着重提出了要求，所以它适用于膜处理技术的直饮水设备，这个出水水质符合直饮的要求。

《建筑与小区管道直饮水系统技术规程》（CJJ/T 110–2017）中有一些对于净水水质的要求，并引用了《饮用净水水质标准》。所以课题组也希望国家的卫生、住建等部门联合，尽快出台关于“优质直饮净水水质标准”的国家标准，它非但不是对《生活饮用水卫生标准》的否定，而且还发展和提升了《生活饮用水卫生标准》的要求，为分质供水做了准备。这符合人们对饮水健康安全进步的需要，符合合理利用水资源的需要，它还可以规范净水行业经营，推动和促进行业的巨大发展。

## 三、直饮水设备原材料及零部件标准

学校中使用的直饮水设备是一整套系统，它使用的原材料、装配的零部件种类繁多而复杂。饮用水处理的内芯材料及与水接触的材料和零件应符合《食品安全国家标准 食品接触材料及制品通用安全要求》（GB

4806.1-2016），也就是通常所说的“食品级”材料。特别是企业自己加工的特殊形状和用途的零部件，由于长时间要浸泡在水中，它们还应符合《生活饮用水输配水设备及防护材料卫生安全评价规范》这个国家标准的要求，避免其成为直饮水新的污染源。

**1.《家用和类似用途饮用水处理内芯》（GB/T 30306-2013）标准**

直饮水设备的处理工艺过程主要是层层过滤，所以对于这些过滤滤芯的技术要求应符合《家用和类似用途饮用水处理内芯》标准：（1）卫生安全要求是用水处理内芯中使用的化学处理剂应符合《饮用水化学处理剂卫生安全性评价》的要求；饮用水处理内芯与水接触材料及零件应符合《生活饮用水输配水设备及防护材料卫生安全评价规范》的要求。（2）粗滤内芯要求是粗滤内芯所用的石英砂、无烟煤滤料应符合《水处理用滤料》（CJ/T 43-2005）的要求。天然锰砂滤料应符合《水处理用天然锰砂滤料》（CJ/T 3041-1995）的要求。（3）膜内芯要求纳滤内芯的最低通量应不低于制造商的标称值，二价离子的去除率不小于90%；反渗透内芯的最低通量应不低于制造商的标称值，脱盐率应不低于90%。（4）活性炭吸附内芯应符合《活性炭净水器》（CJ 3023-1993，现已废止）的要求。

**2.《城市给排水紫外线消毒设备》（GB/T 19837-2005）和《臭氧发生器安全与卫生标准》（GB 28232-2011）**

以上两个标准是对紫外线消毒设备和臭氧发生器的技术要求。

**3. 有关学校直饮水设备标准的分析**

目前直饮水设备的标准体系已初步形成。因为早期对涉水产品的管理部门较多，各个部门各分管一部分，相关各行各业各部门都制订了与净水器有关的标准，所以就产生了五花八门的标准，标准和标准间不但不统一，有的还有互相矛盾的地方。现2010~2016年的标准已基本上进行了统一，国家标准也不断出台和完善。另外由于2017年国家放开团体标准，提倡和鼓励协会搞标准，各个行业的净水行业协会也比较多，其中已有多个已经或准备涉足净水器的标准，因此可以预见，今后还将出台越来越多的净水器标准，其中不乏重复或相似的标准。其实，产品一般都是制订推荐性标准，只有涉及安全（如电气安全等）、节能、环保等方面才能制订强制性标准。但是，质检部门对产品的考核和检测，也可以按推荐性的国家标准或行业标准来进行实施。

从已有的标准适用性来看，有些标准对于学校直饮水设备规定的还不够全面，在参考和适用上只能引用繁多复杂的其他标准和规范。例如，有卫生部门的规范、建设部门的标准、技术监督部门关于产品质量与计量的规范和标准等。但有一点可以肯定，凡申领到卫生许可批件进行合法生产合法销售的净水设备，在水质卫生安全方面肯定是做了检测，所以在学校中使用的这些直饮水设备一定要有卫生许可批件。

目前，对各标准存在的一个问题是：重制订，轻宣贯。各行业、各协会对制订标准都很重视，组织企业进行起草、讨论、反复修改、网上征求意见、专家评审、申报审批（国标、行标有的还得各相关部门进行会签）等。但标准制订以后，对标准的宣传、贯彻、落实、实施却不够重视，因此相当一部分标准并没有落地，甚至鲜为人知。

## 四、学校用净水设备的质量监督和检测

产品质量监督抽查是产品质量监督部门按照产品质量监督计划，定期在流通领域抽取样品进行监督检查，了解被抽查企业及其产品的质量状况，并按期发布产品质量监督抽查公报，对抽查样品不合格的企业采

取相应处理措施的一种国家监督活动。

产品质量监督抽查是国家对产品质量实行的一项主要的监督检查制度。国务院产品质量监督部门依法组织对可能危及人体健康和人身、财产安全的产品，影响国计民生的重要工业产品以及消费者、有关组织反映的有质量问题的产品进行抽查。自产品质量监督抽查制度实施以来，在保障质量安全、促进产业发展、服务国民经济和社会发展方面发挥了重要作用。

监督抽查的实施。承担抽样监督抽查工作的部门或者检验机构的工作人员作为抽样人员，负责抽样工作。抽样人员从市场上或者企业成品仓库内待销的产品中随机抽取监督抽查的样品，并使用规定的抽样文书，详细记录抽样信息。监督抽查的样品应当是有产品质量检验合格证明或者以其他形式表明合格的产品，由被抽查企业无偿提供。检验机构出具抽查检验报告，检验报告应当内容真实齐全、数据准确、结论明确。检验工作结束后，检验机构将检验结果和被抽查企业的法定权利书面告知被抽查企业，并在规定的时间内将检验报告及有关情况报送质检总局，同时抄送生产企业所在地的省级质量技术监督部门。检验结果为合格的样品在检验结果异议期满后及时退还被抽查企业；检验结果为不合格的样品在检验结果异议期满三个月后退还被抽查企业。监督抽查结果处理的质量技术监督部门向抽查不合格产品生产企业下达责令整改通知书限期改正。监督抽查不合格产品生产企业必须进行整改，并自收到检验报告之日起停止生产、销售不合格产品，对库存的和已出厂、销售的不合格产品进行全面清理和处理。

质量检测是指质量检测机构接受产品生产商或产品用户的委托，综合运用科学方法及专业技术对某种产品的质量、安全、性能、环保等方面进行质量检测，出具质量检测报告，从而评定该种产品是否达到政府、行业和用户要求的质量、安全、性能及法规等方面的标准。质量检测机构根据检测工作量向委托者收取检测费用。学校直饮水设备的水质检测不仅要依靠自己的检测设备，还要请有CMA和CNAS认证资质的第三方检测机构来进行检测。

CMA认证是China Metrology Accreditation（中国计量认证）的英文缩写，是根据《中华人民共和国计量法》的规定，由省级以上人民政府计量行政部门对检测机构的检测能力及可靠性进行的一种全面的认证及评价。这种认证的对象是所有对社会出具公正数据的产品质量监督检验机构及其他各类实验室，如各种产品质量监督检验站、环境检测站、疾病预防控制中心等。取得计量认证合格证书的检测机构，允许其在检验报告上使用CMA标记，有CMA标记的检验报告可用于产品质量评价、成果及司法鉴定，具有法律效力。

CNAS认证是China National Accreditation Service for Conformity Assessment（中国合格评定国家认可委员会）的英文缩写，是在原中国认证机构国家认可委员会（CNAB）和中国实验室国家认可委员会（CNACL）的基础上合并重组而成的。检测实验室根据直饮水设备使用膜的不同，采用的国家标准也不同，主要有:《卷式聚酰胺复合反渗透膜元件》（GB/T 34241-2017）、《纳滤膜测试方法》（GB/T 34242-2017）、《超滤膜测试方法》（GB/T 32360-2015）。对于使用能耗的标准是:《饮水机能效限定值及能效等级》（GB 30978-2014）、《反渗透净水机水效限定值及水效等级》（GB 34914-2017）、《家用和类似用途饮用水处理装置性能测试方法》（GB/T 35937-2018）等。

这些现行的法律法规和技术标准及规范的实施保护了校园饮水的基本安全，保障了师生的身体健康，但是随着我国社会经济的发展和水处理技术的不断进步，有些政策规范和技术标准已经不能满足人民群众日益增长的物质文化和更高的健康需求，且存在多部门多地多种标准的问题。现国家已经开始梳理相关标准，逐渐形成国家标准，来统一执行，所以标准制、修订工作还有待进一步研究和完善。

# 学校直饮水设备采购与运维模式分析

由于直饮水有着不可替代的优势，如卫生安全可控、饮用健康方便、运行节能环保等，因此倡导师生健康安全饮水，推广优质健康的校园直饮水工程十分有必要。但学校在引入直饮水系统的同时，不仅要关注直饮水设备采购，还应重视运营与维护问题，前期采购设备时的技术适用性设计和后期运维有着紧密的联系，即不同设备的采购模式也有不同的运维模式相对应。

## 第一节　学校直饮水设备采购模式分析

### 一、学校直饮水设备采购模式

学校中使用的直饮水设备通常被归类为商用净水市场的范畴，学校配备直饮水设备可根据采买主体分为区域整体统一采购与学校自行采购两种方式，采购模式可以分为买断式、共享式、BOT模式、PPP模式几大类。采购时应从用户实际适用的角度出发，但是还有诸多因素影响着学校引入直饮水设备，包括学校的性质、规模、经营方针、学生主体、当地相关教育部门的政策，其中最具有影响力的还是当地相关部门的政策，此外还有当地的经济条件等。

近年来随着净水意识的快速普及以及政府和社会对中小学学生安全饮用水问题的重视，学校直接购买直饮水设备为师生服务的情况呈现快速增长的趋势。采购一般由当地政府或教育局等相关部门主导，为规范和解决学生饮水安全问题，在区域范围内对所有学校采取统一招标采买设备的模式，这种模式适用于区域内学校分散、规模不大、学校人数相对较少的情况，后期的运维服务也由主管部门统一安排。而一些规模较大、资金充足的学校，由于设备服务人数较多，使用固定而且集中，宜以学校为单位进行采买，由学校自己直接引入直饮水处理系统，并由学校进行后期的运维与管理。

## 二、学校直饮水设备采购条件

学校在采购设备时多采用公开招标的方式，由于直饮水系统较为复杂，系统正常运转还要有施工和运维过程，所以采购方式也可以灵活掌握。这样主要是为了缩短直饮水项目准备期，使直饮水设备能够更快发挥作用；尽量减少采购工作环节，节省开标、评标工作量，提高工作效率，减少采购成本。

引入直饮水设备之前，应做好市场调研，了解直饮水设备的各种技术参数和施工流程，不仅要在众多的直饮水设备中选出适用于自己学校的饮水系统，还要了解这些系统处理工艺原理、设备的产水量、师生的喝水需求、运行维护的费用、检测的费用、企业入围的技术资质条件、技术条件等要素。

学校原水的供水情况有市政供水、二次供水、自备井供水等，水质情况各有不同，这些对于直饮水系统的设计来说非常重要。学校最好对现有原水的水质做系统的检测，从而得出正规的数据检测报告。直饮水设备的核心技术就是膜技术，要根据原水实测数据和学校的供水情况来设计学校直饮水设备选择哪种膜和哪种系统才能够适用。如果原水水质良好且优于《生活饮用水卫生标准》的各项指标，在供水稳定、管网状态良好、没使用二次供水设施的条件下就可以采购超滤膜的直饮水设备。其优点在于膜处理过程基本不产生浓水，初期投资也相对较少，运行时具有使用压力低、产水量大、维护成本相对便宜等优点。如原水水质符合《生活饮用水卫生标准》的要求，需要分离的一价离子较少，要去除的二价离子较多；管网状态良好、使用了二次供水设施；也可以是自备井水质稳定达标的用户，为保证产品水的安全，可以选用纳滤膜过滤的产品，其优点在于膜处理过程产生的浓水比反渗透膜要少，运行时系统压力低、产水量比反渗透膜大，但是膜的更换成本相对较高。如果是原水的硬度较高，水质不稳定，要去除的一价离子纳滤膜很难分离；管网条件差，有二次水箱供水；自备井的供水水质不稳定，有一定污染风险的条件下就需要使用反渗透膜的设备。其优点在于处理技术较为成熟，产品水为纯水、过滤净化精细、安全性最好；膜的维护成本相对纳滤膜便宜，但膜分离过程要产生浓水，还要设计浓水收集装置；运行时需要的渗透压高、产水量较小。这三种膜处理后的产品水都需要增加二次消毒系统以保证水质安全，水质应达到《饮用净水水质标准》的要求。其次直饮水设备采购时要仔细查证企业的资质，主要是水批、运维人员的健康证明和企业营业执照等资质文件。设备类型和消毒方式还要根据适用性原则选用，详见第三章第一节内容。

在采购环节供求双方宜进行灵活的谈判，激励生产企业将自己的高技术不断应用到直饮水系统中，使整体技术不断进步。在采购过程中还要公开透明，既能充分竞争，又能灵活协商，保证直饮水工程设计的适用性。交付使用之前还要检验和存档产品水的水质检测报告，只有这样层层把关才能做到设备运维阶段产品水的绝对安全。

## 三、设备采购与运维的联系

围绕不同方式的直饮设备采购模式，还要根据各学校和区域的实际需求来选择不同的运营方式。目前在学校中出现的直饮水设备运营方式有如下几种：① 学校买断式采购设备，学校与企业一起运维，免费为学生供应直饮水；② 学校买断式采购设备，学校或企业运维，配取水卡机，按量计费为学生提供直饮水；③ 学校共享设备，由企业设专人管理，学校出运维经费，免费为学生供应直饮水；④ 学校共享设备，跟企业共享终端水费，由商家提供刷卡技术和设备，按量计费为学生提供直饮水；⑤ 学校采用BOT模式，企业免费提供设备，学校出运维经费，免费为学生提供直饮水；⑥ 学校采用BOT模式，企业免费提供设备，配取水卡机，按量计费为学生提供直饮水；⑦ 学校采用PPP模式，由企业免费提供设备和负责后期运维管理，政府出运维经费，免费为学生供应直饮水；⑧ 学校采用PPP模式，由企业运维管理，配取水卡机，按量计费为学生提供直饮水；⑨ 其他运维模式。

# 第二节　学校直饮水设备运维模式分析

在学校中配备的直饮水系统通常会长期使用，为了可持续地提供质量稳定的饮水，运维模式选择也是重要因素之一，它直接影响着师生的饮水安全。通过创新来解决校园直饮水项目投入运营后的运行、维护等管理办法和经费保障机制。应进一步研究政府、学校、家长分担制，给地方和学校提供健康饮水的方法和途径，使直饮水项目持续推进，健康、稳步发展。研究校园直饮水运行模式，解决重采购轻运维管理的问题，解决直饮水的运行技术瓶颈，这也是教育部门在不断努力实践和探索的方向。学校的直饮水设备使用频率相对其他公共直饮水的应用等更为频繁，耗材更换及水质问题更易造成巨大不良影响，且考虑部分学生在使用水机时相对动作及用力较大，故学校对售后服务的响应速度和服务质量均应有更高要求。

## 一、买断设备的运维模式分析

对于学校来说，买断直饮水设备后，运维方面就有了较大优势。由于这些设备已经变成学校所有，学校成为主体责任人，所以会对设备的运维更关心，对辅助的设备保养也更及时有效。但是保证饮水安全是校方首要考虑的问题，后期的设备运营与维护就显得更为重要和突出，而对于直饮水设备来说，后期校方的运维工作不只是平时的清洁保养等，还要了解一些基本的技术要求与运维知识，特别是与净水和给排水相关的知识。了解净水的简单基本运行原理对于学校在后面的运维管理也可以做到有的放矢，从而节省人力物力财力，还可以在和供货企业进行竞争性谈判中掌握主动，使设备既可以安全运行，又能降低服务与运行成本。这对不断提高饮水设备技术水平，降低设备的故障率和保证校园饮水卫生安全会有更大的保障作用。

学校在直饮水系统施工验收后即可以交付使用后，运行维护的费用就相对固定下来，只有每学期的水电费再加上更换滤料和小修保养及清洗检测的成本。与其他租赁为基础的运维模式相比，后期的费用会便宜很多，降低了后面运维时的举债风险，不会因为资金问题而产生断供的纠纷和风险。甚至可以不完全依赖某一个设备生产企业，只有在设备大修和更新换代时，才依靠设备生产商，平时的小修保养，学校都可以自己解决。这样的模式可以使设备维护运行完全在校方的管理之下，应急响应也更及时；在采购时还可以储备适量的耗材和易损零部件，用来运行时及时更换；还可以利用物联网等高科技手段，来时时检测系统运行状态，为设备维护提供基本数据，减轻运维的技术难度，还可以通过检测的数据分析来预判直饮水系统的运行情况。这些都为系统维护打下了良好的基础。

买断模式下企业还应建有24小时客服中心，随时接听用户的来电（配备专属的客服人员），同时定期回访，确保用户正常饮水和安全。不同的滤芯应按照设计使用寿命定期强制更换，确保用户正常的安全饮水。在学校寒暑假期间应减少供水量或停机，这段时间是厂家维护设备的最佳时期。开学前直饮水设备重启后，首先应进行水质检测，每学期进行一次原厂实验室采样并出具水质报告，至少每年一份第三方检测报告（配备专属的检测人员及上门服务）。原水水质不稳定的地区和使用年限较长的设备，还应在正常使用过程中进行水质抽检，并留存检测报告。厂家拥有直营售后服务，配备原厂服务团队，以获得标准化售后服务质量体验，提升服务质量和时效性。

## 二、学校直饮水设备的共享运维模式

### 1. 学校直饮水设备的共享运维模式分析

由于“互联网+”与直饮净水设备的快速普及，在学校直饮水服务的运维模式也与新经济接轨产生了新型运维的共享模式。它是指学校从净水厂家租赁直饮设备，不用投入初期的全部设备投资和设计安装费用，只要投入部分押金和签订一个长时间的使用合同，按规定周期定期支付服务费，如买水计费的方式。而商家要提供设备的运维服务、水质检测等费用。另一种BOT（Build-Operate-Transfer）模式，即建设—经营—转让，与共享模式还是有区别的，它是指学校既不花钱租赁，也不采购直饮水设备，而是通过直饮水供水协议，免费为学校提供直饮设备和运维服务，学校或是学生花钱买供水服务。

共享净水设备是物联网+净水器所产生出的一种全新业态模式，也是目前为止，物联网领域中较为典型、规模较大的一个应用场景。其本质是通过在传统的净水器上加装智能装置，通过物联网和大数据的办法，实现传统净水器运维智能化的服务模式。

**2. 设备的共享运维模式优劣对比**

共享运维模式的优势在于其区域性租赁模式的建立，这种模式很像目前共享经济的运维模型，它具有标准化物理接口和标准的数据接口，净水机缴付一定的押金或是教育部门来提供押金担保，签署一个长期经营合同，每年收取固定的服务费即可。这种模式下，企业和经销商都有稳定且持续性的收入。对经销商来说，门槛低（运营成本低）、零库存经营、仅负责销售是非常适合其发展的。同时对于用户来说，可以获得更好的使用体验，不用为后期水质检测、滤芯更换和定期维护操心。

设备共享模式运维的优点是，在共享设备模式下，平台只是扮演着协商和监管的角色，虽然会占用校方的部分资金，但不用承担后期的维护费用，这种资产模式是一种轻资产模式。与共享模式相比，BOT运维模式则需要企业前期投入、中期运营、后期维护，其中的投入是巨大的，前期需要高投入才能有对应的收入，这是重资产的租赁模式。

共享运维模式的网络效应是关键，基于互联网的平台能够发挥网络优势，需求和供给能依托平台沟通，经过网络放大需求预期，供给增加，需求和供给相互促进，呈现滚雪球般成长。租赁经济网络效应则没那么明显。企业投入越多的标准直饮水设备，学校用户的成本会减少，用户的贴合度会增大，从而降低了换厂商的可能。而使用直饮水设备的学校越多，也会加大企业的市场投放力度和运维负担。但这是一个边际效用递减的过程，同时也是降低资源利用率的过程，如果运维费用超过了设备前期的采购制造费用，社会问题就会随之产生。

市场趋势是未来，共享经济因有网络效应，虽然现在发展艰难，但具有发展的潜力。共享经济的主要矛盾是对押金的资金监管，这需要有成熟的市场机制来规范企业和用户的进入退出。同时后期运维、饮水的安全等监管检验问题也是需要不断探索和研究的重要课题。尽管共享经济的许多问题有待解决，但是仍然希望通过不断创新和改造这种运维模式，来造福更多的学校师生。

## 三、学校直饮水设备的BOT运维模式

### 1. 学校直饮水设备的BOT运维模式

BOT（Build-Operate-Transfer）运维模式是私营企业参与教育部门基础设施建设，向社会提供公共服务的一种方式。教育部门一般称之为“特许经营权”，是教育部门就某些学校的直饮水基础设施项目与企业（项目公司）签订特许经营权协议，授予签约方的企业来承担该学校直饮水项目的投资、融资、建设、运行和维护，在协议规定的特许期限内，许可其融资建设和经营特定的学校公用直饮水的项目设施，并准许其通过向用户收取费用或以收直饮水费的形式得以清偿贷款，回收投资并赚取利润。教育部门及学校对学校的直饮水项目设施有监督权、调控权，特许期满，签约方的企业将直饮水设施无偿或有偿移交给学校，并进行运维技术人员的培训。

学校直饮水设备的BOT运维模式也是市场经济逐渐演变成市场和计划相结合的混合经济模式，它恰恰符合这种市场机制和主管部门干预相结合的混合经济的特色。一方面，BOT运维模式能够保持市场机制发挥作用。BOT项目的大部分经济行为都在市场上进行，政府以招标方式确定项目公司的做法本身也包含了竞争机制。作为可靠的市场主体企业是BOT模式的行为主体，在特许期内对所建工程项目具有完备的产权。这样，承担BOT项目的企业在BOT项目的实施过程中的行为也就完全符合

市场经济的需要。另一方面，BOT运维模式为管理部门干预提供了有效的途径，这就是和企业达成的有关BOT的协议。尽管BOT协议的执行全部由项目企业负责，但管理部门自始至终都拥有对该项目的控制权。在立项、招标、谈判三个阶段，管理部门的意愿起着决定性的作用。在履约阶段，管理部门又具有监督检查的权力，项目经营中价格的制定也受到管理部门的约束，还可以通过通用的BOT法规来约束BOT项目公司的行为。

### 2. 直饮水设备 BOT 运维模式比较

BOT运维模式优势有：① 节省投资。学校使用BOT模式供应直饮水模式对教育部门而言，最大的好处是节省直饮水设备的初期投资，可以降低教育支出的财政负担，减轻设备招标、安装、施工的压力，实现系统、设备的最优化配置，只要前期的调研充分，并找出适用的设备形式，即可以实现为学校提供安全的直饮水的目标。② 便于管理。对于学校的管理方，BOT服务模式可以形成建造、运营的延续性，避免由于技术层面的失误产生的负面影响，把设备管理费用、折旧费用、运维费用等，所产生盈亏的可能性结果转化为预定量化指标；组织机构简单，学校和企业之间协调容易，还可以避免大量项目集中投资的风险。③ 师生直饮水体验。师生在刷卡付费或是一次性付费的同时，就可随时保质保量地得到直饮水供水服务，而不用再支付设备的初装费、维护费、检测费等。设备生产企业在特许经营期限合同到期后，将全套设备无偿或是按合同协议有偿转让给校方，如果校方认为这家企业服务的水平和质量有问题，可以提出协商性整改意见进行整改。④ 社会效益。最大化地完善系统节约能源，避免能源浪费。项目回报率明确，严格按照中标价实施；政府和私人企业之间的利益纠纷少，有利于提高项目的运作效率。直饮水BOT项目还可以促进整体行业的技术升级，由于技术条件的不断发展，企业会将先进的技术和管理经验投入到项目运营中，来不断提高产品水的水质，或是引入新的保障手段来降低管理风险，确保饮食安全，提高运维效率，从而也可以减少运维成本。

BOT运维模式劣势有：教育部门和企业往往都需要经过一个长期的调查了解、谈判和磋商过程，以致项目前期时间过长，使投标费用相对提高。投资方和企业也有一定的风险，直饮水设备的运营周期普遍较长，如果合同周期规定得过短就体现不出BOT服务模式的优势，反而增加了企业的投资风险，使融资和投资产生困难。由于项目运行周期较长，如果参与项目各方协调不好就会产生利益冲突，对融资造成障碍。如果是主管部门投资，这也将加大预期投资风险。合同管理也存在一定的限制，有时会使设备运维机制灵活性下降，降低了企业引进先进技术和运维经营的积极性。在特许期内，学校会由于项目运维管理的减弱甚至失去控制权，这样容易造成监管风险。所以在BOT服务模式合同中必须把后期运维的各种风险考虑周全，包括水质检测周期、更换滤料周期、突发紧急事件的响应预案等都应详细规定。

**3. 选择直饮水设备 BOT 服务模式要点**

直饮水设备的供应商应负责供应学校项目所需的设备、辅料、管材、施工服务等。由于在特许期限内，对于设备后期运维的需求是长期的和稳定的，所以供应商必须具有良好的信誉和较强而稳定的盈利能力，能提供不少于3~5年的运维服务所需的零配件和辅料，同时后期的供应价格应在供应协议中明确注明，可由金融机构对供应商进行担保。

设备运营商负责项目建成后的运营管理，为保持项目运营管理的连续性，项目公司与运营商应签订长期合同，期限至少应等于还款期。运营商必须是BOT项目的专长者，既要有较强的管理技术和管理水平，也要有此类项目较丰富的管理经验。在运营过程中，项目公司每年都应对项目的运营成本进行预算，列出成本计划，限制运营商的总成本支出。针对成本超支或效益提高，应有相应的奖惩制度。

水质监测机构是学校直饮水BOT项目成功与否的关键角色之一，水质监测机构应该是有CMA和CNAS认证的第三方检测机构，能够出具法律认可的检测报告；教育主管部门对于学校直饮水BOT服务的态度以及在BOT项目实施过程中给予的支持也将直接影响项目的成败。

学校的直饮水系统项目建设中引入BOT服务运维模式，将大大加快后勤服务改革，可以使学校以零成本完成建设完美的校园后勤服务系统的目标，并将学校从繁杂的后勤管理工作中脱身出来，把优势资源投入到教学及其他装备等学校的核心项目中，从而提高学校整体水平。

通常在学校的直饮水BOT项目中，企业会为学校投资建设各种形式的直饮水解决方案的供水系统，包括机组的建设、管道的建设、管理软件的建设等；对设备折旧、耗材更换、维护、检测等成本计算后，可以采用教育部门付款师生畅饮的模式，也可以采用通过IC卡收费的模式，企业逐渐收回成本并实现盈利。终端收取水费的直饮水方案一般是基于学校的经营性质而定，一般是在以中学以上的教育单位采用的方案，但同时因为成本和水机硬性招标条件方面的考虑，在项目之前需要弄清楚装机单位的预算标准和招标要求。如果重心是放在成本和直饮水硬性需求上，那么学校在终端的水费共享上面的利润考虑则不占主要地位，采取商家免费提供设备，配取水卡机，按量计费为学生提供直饮水的方案。这种运营方案主要迎合了学校成本需求，以及学校在水机管理方面的预算和技术欠缺问题，低成本地为学校提供直饮水解决方案，同时通过长期的运营模式给企业带来盈利。

## 四、政府购买服务的PPP模式

### 1. 学校直饮水PPP运维模式

学校直饮水PPP（Public-Private-Partnership）运维模式，是指教育部门与企业之间，为了整个区域的学校提供直饮水服务，以特许权协议为基础，彼此之间形成一种伙伴式的合作关系，并通过签署合同来明确双方的权利和义务，以确保项目合作的顺利完成，最终使合作各方达到比预期单独行动更为有利的结果。

学校直饮水PPP运维模式，由于政府要参与项目经营全过程，这就受到了市场各方的广泛关注。PPP运维模式是将部分由教育部门为师生提供合格健康饮水的事务以特许经营权方式转移给社会主体（企业），政府与企业建立起“利益共享、风险共担、全程合作”的共同体关系，从而减轻政府的财政负担，也将企业的投资风险减到最小。PPP模式比较适用于公共事业及公益性较强的服务型事务或其中的某一环节，如学校的公共饮水、物业服务、污水处理、校园绿化等服务项目。这种模式需要合理选择合作项目和考虑政府参与的形式、程序、渠道、范围与程度，这也是政府通过PPP项目购买服务时值得探讨和令人困扰的问题。

### 2. 学校直饮水PPP运维模式的优劣分析

政府为了解决中小学生的健康饮水问题，需要调整整个区域关于教育的方针政策、学校的经营方向、当地的水质条件等方面，来设计饮水运维模式的整体解决方案。随着项目论证和融资的发展，大家公认直饮水PPP运维模式有着不可替代的优势。由政府来倡导师生健康安全饮水，推广优质健康的校园直饮水工程，这本身就是对膜处理净水技术的认可，提高了直饮水的公信力；采用直饮水的PPP运维模式更能符合学校、师生、家长的饮水需求，可以解决政府融资和学校对于饮水卫生与健康要求日益提高之间的矛盾；因为是由政府作为学校的信用担保，由企业免费给学校提供直饮水的项目服务，所以可以使企业在提供运维服务的过程中更加有保证，减少了资金或是其他市场竞争中的风险。广大师生免费饮水，政府每年以年费的形式支付给企业运维的费用。

教育部门通常采用招标谈判方式引入几家企业入围，在这几家企业中发放特许经营权，也就是政府和这些企业达成合作伙伴关系。由中标企业负责学校直饮水设备的安装、施工、运营、维护、保养、清洗、消毒、更换滤料。在每个学期开学前一周由企业出资在学校的监督下由卫生部门统一采样，监测直饮水的水质。而水质检测机构须是政府和学校共同认可的第三方检测机构，这样可以做到区域内每一所学校的水质都经过正规检测机构的检测并统一提供检测报告数据，使得整体检测的成本降低。特别是原水的检测数据可以直接从水务部门获得，这也将降低运维的成本，节约政府的资金。学校负责提供直饮水设备机组的安装场地、直饮水设备日常的水电费用等。这种服务模式下学校便于管理，学生、家长、教师、学校都满意，既解决了日常的饮水问题，也不会出现饮水的安全事故。同时还解决了均衡问题，由于有些学校和教学点师生人数较少，资金本就不足，引入直饮水设备时，企业由于利润比较低反而不愿意提供服务，采用PPP运维模式后，企业和教育部门成为一个服务主体，使得企业是对整个区域的学校进行服务，这样就有规模效应，采用标准的设备和标准化的维护方式，就可以降低整个运维的成本。

只有供水达标、运维合格、师生满意后，企业才能拿到每年的服务费，所以企业会自觉地按照疾控部门的要求更换滤料，对设备进行消毒、清洗和维护。企业通过长期运营逐渐收回投资并实现盈利。但在引入学校直饮水系统的同时，应更加关注对企业的运营与维护过程的监管，对于饮水安全风险不能因为是政府的信用担保就放松要求，特别是规模较小的学校就更应该注意直饮水设备的出水水质检测。这些学校往往由于地处偏远，本来原水的水质就不稳定，直饮水设备新安装的情况下可能运维情况良好，但是运行一段时间后，由于企业的维护保养不到位，校方对直饮水处理过程了解不清，或是没有及时检测而造成出水水质不达标，这不仅影响各方面的声誉，还会造成师生对膜处理技术的误解，影响直饮水技术的推广。由于项目是政府担保企业投资，企业的日常生产过程也应受政府和质量部门的监管，防止企业盲目投资扩大生产，而降低和影响服务品质。另外企业也存在风险，虽然是和政府合作，但是这种运维模式也存在长期的政策引导问题，如由于某种原因（如原辅材料大幅涨价）出现了项目资金的缺口与不足，企业会面临亏损，是否设计有应急变通机制来保证学校饮水设备的正常运行。

如果由学校负责维修维护，则存在与供应商或维修商讨价还价的麻烦，不仅影响饮水的及时供应，甚至还会影响校园饮水安全，所以教育部门与专业企业的紧密合作是解决校园饮水运维最有效的方式。这就需要不断创新，以解决校园直饮水项目投入及后期运行、维护等管理和经费保障机制。应进一步研究政府、学校、家长分担机制，以及给地方和学校提供健康饮水的方法和途径，使直饮水项目持续推进，健康、稳步发展。

# 第三节 学校直饮水设备管理制度与饮水安全教育

## 一、健全学校直饮水设备管理制度的意义

建立良好的学校直饮水设备管理制度是为了守住学校饮水安全底线，把好设备运维最后的安全关。直饮水设备管理制度是设备安全运行的保障，必须无条件满足。因此在学校直饮水设备运营供水时，首先要明确强化卫生知识和法律意识，要按照法律法规的要求办事，要按照规范和标准运维；其次要明确管理人和日常维护人员的管理责任和具体职责，建立良好的管理制度，可以围绕卫生知识培训，建立起包括索证、定期清洗、更换组件、日常维护记录、水质检验等卫生管理制度，制订有关突发性饮水疾病和产品水不合格的应急预案和保障措施。学校应与直饮水设备供应商签订饮用水卫生安全保障协议，与维护商签订维护合同，并督促其履行职责。在进行日常维护时，学校应检查检修人员的健康证明，核对每次更换组件的外标识、卫生批件、卫生检验报告等。学校应定期送检直饮水，取得合格的水质检验报告并存档。还要对这些涉水产品的审批文件和设备运行的监测数据进行公示。这不仅是对设备运行的动态质量管理办法，还是对学校直饮水的科普，不仅可以打消师生对于

直饮水的顾虑，还可以对设备运维进行监督。

学校还可以通过日常的管理得出维护数据和在校学生饮水情况数据及设备适用性的结论，便于在运维中发现问题并调整参数及时解决。学校直饮水系统管理制度也应该遵循适用和够用原则，根据学校实际情况和条件来制订。首先可以根据不同的原水来源、设备使用年限、供电情况、教学楼、走廊、教室、图书馆、食堂、宿舍、操场、服务人数、学生身体情况等数据调整系统的管理方案。本着经济可行和安全卫生可靠的原则，本着节能减排、厉行节约的初衷，适用于新型的自动化技术及物联网监测仪表与智能管理的制度，使学校直饮水系统成为安全可靠、节能降耗、经济节约、绿色环保的饮水系统。

## 二、学校直饮水运维管理制度建设

教育部门应重视和规范学校直饮水卫生管理制度建设，加强在校直饮水卫生管理工作。全面掌握辖区内各学校学生的饮水情况，把学校饮水卫生管理制度建设工作放在首要位置，通过建立学校直饮水设备档案和申报机制，为使用饮水设备的学校建立饮用水卫生档案，把学校饮水列入重点监督内容。及时根据学校饮用水供应情况进行调整，发现问题及时纠正。直饮水设备投入使用后，设备的运行管理与维护是学校管理的重要任务，它是保证水质达标、安全饮水的一个重要环节。学校应高度重视学生生活饮用水卫生安全工作，建立和完善饮用水卫生管理制度；开展爱国卫生和卫生知识宣传教育活动，使广大学生养成良好的卫生习惯；学校应保证卫生安全足量的饮水供应，严禁学生直接饮用生水。

**1. 学校基本直饮水管理制度**

（1）根据《传染病防治法》《生活用水卫生监督管理办法》和《学校卫生工作条例》，应加强学校饮水设施卫生管理，确保水质安全，保护师生身体健康。学校应采取措施保障充足卫生安全的饮用水，饮水设备的水质处理器必须具备国家卫生部门的批件，零配件也必须具备省级卫生部门的批件。

（2）直饮水设备的运营由学校领导专人负责管理，总务部门按照法律法规和本单位规定，制订并落实饮用水设施卫生管理工作计划措施，确保饮水符合标准的要求。直饮水管理人员必须具备良好的卫生素质，熟悉食品卫生、公共卫生知识和饮水卫生相关的法律知识。学校要加强对师生饮食安全和节能降耗的教育及管理，定期开展直饮水机的安全使用知识培训，明确相关注意事项，确保师生饮水安全，杜绝浪费水资源的现象出现。

（3）加强学校生活饮用水监督检查，对于直饮水的原水的自备水水源、供水设施、清洗消毒、管理等情况定期开展专项检查工作，在检查中发现的饮用水卫生安全隐患，必须及时落实整改措施，确保直饮水原水的水质符合设备设计要求。

（4）建立涉水产品以及消毒产品的索证台帐并做好登记。涉水产品、消毒产品应建立索证制度，学校应留存直饮水设备的产品说明书及竣工验收资料、水质检验记录、卫生许可批件、制造商售后服务承诺合同等资料。直饮水设备必须每年向供水方索取具有权威机构出具的水质检验报告，并公示在学校醒目的位置或饮水处旁。

（5）为了保障直饮水设备的正常运行和水质的稳定，直饮水设备的过滤滤芯应由专人严格按照滤芯设计的额定总净水量和使用时间的要求进行定期更换，做好直饮机滤芯的更换登记工作，并依据当地原水的情况与学校的使用经验和企业的测试数据进行调整，滤芯更换后饮水须检验合格后方可投入使用；所用的净水剂和消毒剂必须符合卫生要求和有关规定，保证出水水质合格。

（6）对学校直饮水设施进行必要的保养，以确保饮水机的正常使用，每日观察饮水设施内外部的卫生和水质情况，对直饮水设备出水的色度、浑浊度、嗅味、肉眼可见物等进行安全卫生巡查；检查水嘴或电磁阀的开关是否有效；每日由卫生管理员对直饮水设备进行清洁，及时清除污垢，对每个水嘴表面进行消毒，并做好巡查记录，保证师生饮水的干净和卫生。

（7）学校饮水处应满足师生取水的空间要求，取水等候区域应不挤占安全疏散空间。应保持饮水处及配套设施周围的环境卫生，干燥通风；保持其外围25米范围内不得有污染源；设施与饮水接触表面必须保证外观良好，光滑平整，不应对饮水水质造成影响。

（8）从事饮用水卫生管理和清洁维修的人员必须进行健康检查，取得健康证明后方可上岗工作，并每年进行一次健康检查。从事饮水卫生管理和清洁维修的人员未经卫生知识培训不得上岗工作。学校应检查检修人员的健康证明，核对每次更换组件的外标识、卫生批件、卫生检验报告等。

（9）直饮水机房和饮水处宜安装摄像监控，如发现有饮水水质异常和直饮水设备损坏等情况，以及水源性疾病暴发事件时，应立即报告学校领导。学校必须立即启动应急响应预案，采取应急措施及时处置，立即停止供水、检查并报告。停水期间，学校应采取措施，保障充足的、卫生安全的替代饮用水，待事件排除，检测直饮水设备出水水质达标后方可恢复供水，同时应及时报告卫生监督及教育主管部门。

（10）学校应在放寒暑假期间安排值班人员，并做好设备的日常运行监督检查工作，发现问题及时报修。寒暑假期间运行的设备，可根据用水量减少的数量和净化水存放时间的长短，适当排水，保证水质安全。每逢冬季应对水管系统进行检查，做好必要的防冻防护措施，尤其是室外、屋顶的管路必须包扎防冻保温层。每学期开学前必须进行排污、清洗，并将产品水水样送到疾控中心检验合格后方可使用。

**2. 幼儿园饮水管理制度**

为适应幼儿园饮水卫生保障和幼儿的饮水安全，依据幼儿的身体条件和特点增加如下管理制度：

（1）幼儿园应设立饮用水卫生管理员，饮用水卫生管理员必须持有健康证，每天为幼儿检查温水的出水温度，冬季可适当调高出水温度，夏季可适当调低出水温度。

（2）幼儿园直饮水设备出水温度不能高于50℃，提供给教师饮用的开水须保证达到92℃，但必须有防止幼儿打开和接触的安全装置。

（3）管理员每天要巡查直饮水设备，以保证设备良好，保障各班准备足量的开水，并放水检查一下出水温度及其他参数，检查教师用开水水嘴的安全装置是否有效可靠，防止烫伤幼儿。

（4）幼儿喝水的水杯一人一杯，每次喝水后水杯应洗净，宜有专用水杯消毒柜放置水杯，工作人员不得使用幼儿水杯。

（5）提供幼儿打水与饮水的空间，留出排队打水与保证幼儿自由饮水的活动区域，地面应干燥清洁，防止湿滑跌倒，指导幼儿科学饮水方法，养成幼儿良好的饮水习惯。

（6）幼儿园对饮水设施定时进行维护，保证饮水设施的正确使用，密切关注教师、幼儿饮用水安全。

**3. 中小学直饮水供水管理制度**

根据中小学生特点和学校使用设备的情况，需要增加的管理制度如下：

（1）建立和落实学校卫生管理制度，指定专人负责管理，饮水处前应设置等候空间，并设置排队打水的宣传标志，防止拥挤和踩踏。

（2）中小学直饮水设备温水出水温度不能高于60℃。提供的开水应达到92℃，小学用设备必须有防止打开的安全装置，中学用设备应有明确的防止烫伤的警示标志。

（3）直饮水设备每日使用前，专（兼）职人员须做好直饮水设备的水嘴卫生清洁工作，并同时打开各温水嘴排放积水（打开各温水嘴放水10秒左右，水温约达到设定温度）。

（4）每日巡查饮水设施内外部的卫生和水质情况，放水观察有无异常，及时清除污垢，保证师生饮用水的干净和卫生。

（5）课间后应做好饮水处的巡查工作，保持饮水处地面的清洁干燥，防止湿滑跌倒。

（6）应做到一人一杯，防止交叉使用，可设置防止嘴与龙头直接接触的装置，在食堂和运动场馆可设置接水台和向上喷水直饮龙头。

（7）加强饮用水安全卫生知识的宣传，让师生及学生家长了解和掌握饮水安全卫生的基本知识。加强与专业监督机构的沟通，积极接受当地生活饮用水卫生监督机构的监督检查和业务指导，采取切实措施加强饮用水卫生管理工作，预防饮用水引发的群体性传染病事件的发生，确保师生的饮水安全。

### 4. 大型学校直饮水设备管理制度

（1）根据有关法规要求，学校要为学生提供饮水供应，并成立管理小组，确定管理人员和巡视安防人员。保证提供相应的运维经费，加强饮水管理。

（2）学校应制订饮水突发污染事故应急处理预案。指派饮水卫生管理员（卫生教师兼管）负责监督饮水工作。

（3）饮水设备、设施（饮水机、电热水器）应完好有效，并能及时修理和调换。电热水器箱必须加盖，饮水机须进行加框防护，防止恶意投毒破坏、灰尘杂物等进入箱内污染水质。

（4）学校平时供水做到足量、安全、卫生、有效。做好日常管道、泵房、饮水终端等设备的维护，保证设备完好，无跑冒滴漏现象发生。

## 三、直饮水卫生安全常识科普

### 1. 直饮水处理技术常识教育

学校在配备了直饮水设备后，应对师生进行有关饮水知识的科普，了解水对人生命的重要性，了解饮水的生产过程。要进行膜处理净水技术科普，来打消用膜处理的水是否能够直饮的顾虑。还要让师生了解设备基本运维和水质检测过程，起到对设备运维的日常监督作用，更好地保护师生的饮水安全。同时进行节约饮水的环保教育，让师生知道饮用净水的加工生产消毒的工艺复杂，净水来之不易，需要珍惜，不能浪费一点一滴。同时还可以对学生进行劳动教育，让学生参与完成设备及周围环境的清洁工作。

**2. 直饮水安全与卫生教育**

直饮水安全与卫生应从源头管理，加强对校方工作人员卫生知识的培训。通过培训使工作人员掌握有关饮用水的卫生知识，了解饮用水预防性卫生监督的重要性，做到防患于未然。学校的饮水是与社会公众密切相关的一项长期工作任务。做好学生日常饮水的管理工作，加强饮水环境与饮水安全宣传，可以通过校园广播、视频、校园网络等媒体普及饮水知识，利用校刊、班刊、手抄报等传播饮水卫生安全要求。可以在校内醒目位置安排饮用水安全知识专栏、板报，在学生供水处设置警示牌，教育学生不能直接饮用河湖水、井水、自来水等，提倡喝凉开水、饮用直饮水、喝绿色健康水。

还可以让同学们成为日常饮水安全宣传员、水质监测员。如果发现校园直饮水中有浑浊、异色、异味等现象，或是出水流量有明显变化、机房有异常噪音，管网有破裂、泄露、漏水、跑水时，可以立刻上报并进行饮水系统应急响应处置。这对于提高学校对膜处理饮水设备日常运行的维护保养水平、完善日常水质监测的管理手段也有很大的促进作用。

**3. 饮水与健康教育**

让健康饮水知识的科普真正走进校园，对引导同学们从小养成良好的生活习惯，提高保护环境、珍爱生命的意识显得更有意义。《学校卫生工作条例》的第十三条要求学校应当把健康教育纳入教学计划。普通中小学必须开设健康教育课，普通高等学校、中等专业学校、技工学校、农业中学、职业中学应当开设健康教育选修课或者讲座。特别是要对小学和初中生进行饮水与健康教育，正确引导喝水方式和方法，同时还要从乡村与民族地区起步，重点搞好乡村及民族学校饮水与健康教育。

**4. 饮水与节水环保教育**

饮水与节水环保主题在校园里应是常态化教育，引导同学们从小养成爱护环境的习惯，提高环保意识。节水环保教育可以围绕水的特性、水与环境、水与自然等方面，向同学们介绍水对于人类生存环境影响的重要性。饮水消费理念也逐渐从“喝水”向“喝好水”“喝健康水”转变。倡导人与自然和谐相处的理念，宣传保护环境对人类健康的意义，提高国民保护环境的意识，增强大家投身节能环保事业的力量和信心。

还应大力开展宣传“饮水思源”“环保节水与青山绿水”等形式的主题环保教育，使其更符合中小学的特点，鼓励同学们在生活学习中，节约用水，科学用水，使校园饮水工程真正成为节能环保、健康舒适、安全现代、符合国家卫生标准的绿色安全可循环的饮水工程。

# 第七章

# 学校直饮水设备的新技术应用

# 第一节　学校直饮水设备新技术的应用与展望

## 一、新型供水方式与新型保安过滤装置

前置过滤器是对设备原水的第一道粗过滤设备，新型的前置过滤器增加有自动的换向多路阀，目的是通过自动控制将原水和“净水”的方向互换来开启反冲洗程序。过滤网的内部还增加了有自动清洗功能的滚刷，并且使用特殊的防爆透明材料来制作桶形过滤网的外壳，便于观察滤网的工作状态，使排污效果更直观。工作时是“内压式”的工作状态，即原水从内部过滤后，净水从桶形过滤网的外部流出。这种结构相比其他形式的过滤器有着结构简单、过流量大、过滤网清洗更换简单、可以实现自动清洗和排污、可人工监视和干预反冲洗过程的优点。

前置过滤器应用物联网技术的智能部件也越来越多，通过添加可监控进出水压力差的自控仪表，可以容易得知前置过滤器是否应该进行反冲洗操作。当杂质积累到一定量后，出水流量就偏小，使得进出水的压力差变大，这时就需要对滤网进行反冲洗。清洗时这种过滤器会自动开启清洗程序来冲洗截留物，通过调节过滤器本身自带的换向多路阀和底部阀门实现水流的自动换向逆转，使原水水流从滤网（芯）的净水侧换

向到原水侧，并依靠顶部电机带动圆形滚刷往复旋转，此时刷子和自来水的压力共同作用，将附着在滤芯表面和嵌在滤芯网孔里的杂质冲走，从而达到自动清洗干净和恢复水通量的目的。内压反冲洗前置过滤器相比以前的产品在技术上有了很大的提高，冲洗设计合理，“正冲、反冲随心所欲”，将杂质冲洗得彻底干净，不用人工操作就可以自动完成。还可以设计成定期和自适应操作，杜绝因杂质积累而造成清洗困难的情况发生。

## 二、净水消毒设备的技术与发展

水消毒技术主要包括物理消毒和化学消毒两种，其中物理消毒有加热法、紫外线法、超声波法等；化学消毒有氯消毒、臭氧消毒及其他氧化剂法等。目前，在学校直饮水设备净水中使用的消毒方法主要是臭氧消毒法和紫外线消毒法，也有两种方法同时使用的，来保证产品水菌落总数达标。这两种消毒技术也在不断地进步，新方法也在不断地研究中，使它更能适用于学校的直饮水系统。

随着臭氧发生器技术的发展，学校直饮水系统中消毒用的臭氧发生器越来越多地使用低压电解法，且它还在不断地进步和创新中。新型臭氧发生器采用的是PEM（质子交换膜）电解法臭氧发生技术，这是一种以水为原料，贵金属聚合物为催化剂，采用阳离子交换原理，通过低压直流电解而获取高浓度臭氧的技术。其工作原理是用低压直流导通固态膜电极的正负两极电解去离子水，水在特殊的阳极溶液界面上以质子交换的形式被分离为氢氧分子，氢分子从阴极溶液界面上直接被排放，氧分子在阳极介面上因高密度电流产生的电子激发而获得能量，并聚合成臭氧分子。

相比常规的电晕法臭氧发生器，低压电解法臭氧发生器有以下优点：产生的臭氧纯度好、浓度高，浓度重量比高于高压电晕法数倍（因为产生的臭氧浓度高，投入水中同等值的臭氧量即可达到较高的臭氧浓度，对饮用水灭菌与消毒的效果也更高，同时对机房的环境影响还较少）；低压法生产出的臭氧气体中不含氮氧化合物（NOx），伴随物多为氧气，二次污染较少，也无其他致癌副产物，最终都会转化为氧气；低压法电解电压仅为3V~5V，生产和应用过程中减少了触电危险；不会产生电磁波和噪声，与其他精密仪器和仪表共同工作时，不会给其他设备带来干扰；低压法臭氧生产源为纯水，工作时无须使用氧气源及其他空气预处理设备及配套仪器，操作方便，占地面积小；该设备工作时受工作环境和温湿度影响小，工作时抗环境湿度影响高达85%，即使在潮湿的环境下工作，也能稳定地保持臭氧产量，特别适合于环境潮湿的制水机房；安装维修简单，适应性强，节约了使用成本；安全可靠，电极损耗低，可连续工作，有超长的使用寿命，并且可以连续24小时开机工作，膜电极使用寿命超过1万小时，纯水自循环冷却，无因设备连续工作而产生的高温事故隐患。依托该技术研制的臭氧发生器系列产品已被广泛应用于高纯水及学校的直饮水等净化消毒领域。

对于紫外线消毒法也在不断发展和进步，汞灯杀菌是目前广泛使用的方法，但由于其含汞、耗电量大、寿命短及《水俣公约》将正式生效等原因，紫外汞灯将加速淘汰进程，并逐渐被深紫外LED光源取代。深紫外LED（发光二极管）打破了汞灯的诸多限制，可以与传统汞灯一样能释放出具有杀菌作用的深紫外线（深紫外线是指波长较短的紫外线），并且这种深紫外LED可以发出净水消毒过程中所需要的最佳波长，而汞灯产生的光线波长是固定不变的。在紫外LED领域，现在开发出的主要是大功率可以释放“UV-C”，即波长为100nm~280nm（纳米，$10^{-9}$米）光线类型的芯片，这种深紫外线的杀菌效果在使用汞灯时期就已经得到了证实。

目前已经成功研制出1W级别的超大输出功率275nm UV-C深紫外LED，这是在量产100mW杀菌模块基础上再一次取得的重大突破。经过积分球测试，该275nm UV-C深紫外LED灯的光输出功率在1.35A直流电下达到1036mW，这是目前首次公布的光输出功率达到1瓦级别的UV-C LEDs深紫外光源。该光源采用了最先进的芯片、封装以及散热技术，成功地解决了超大功率的UV-C LED光源的散热问题，预计此1W级别的UV-C LEDs灯的工作寿命可以达到5000小时以上。这意味着在不久的将来，宽禁带半导体材料（禁带宽度在3.0eV及以上的半导体材料）的深紫外LED光源将很快从实验室走到量产的消毒产品中，从而替代传统的消毒汞灯。

由于应用深紫外LED的杀菌产品具有尺寸小、重量轻、能耗低和使用寿命长等优点而被更多用户所关注。有些生产企业已经设计和使用深紫外LED光源的净水杀菌设备，这种过流式的深紫外LED净水杀菌器，外部为食品级不锈钢材质，核心部件为深紫外发光芯片，它具有广普杀菌、时间短、安全环保、无汞、节能长效、维护成本低等特点。由于体积小，可以很好地与膜处理的过滤组件、加热组件等集成在一起，隐藏的安装在集成一体式直饮水设备中；深紫外LED还可以设计成模块式，具有良好的互换性，可以轻松方便地更换维修；由于工作电压只有5V~7V，所以具有良好的电器安全性；开关性更好，预热时间仅为零点几秒就会瞬间启动和关闭，也不会减少使用寿命，使用更安全方便；寿命长，并且耐冲击性强；对环境和用户无害，且无气味，使得在学校的直饮水设备上有很大的发展空间和应用前景，甚至有些厂家推出了深紫外LED的水龙头。通常龙头和净水厂家都是独立生产的，杀菌过程是在直饮水设备里进行的。而杀菌水龙头则很好地把两者结合起来，作为净水龙头，其末端一定会有细菌，因为残留的水在与空气和龙头本身接触时会产生污染，所以在水龙头下端设计了深紫外LED杀菌部件，保证直饮水出水安全。

## 三、智能信息化的运维系统

智能信息化的重要作用就是数据保存、分析及提取，实现大数据应用，为决策提供数据依据。通过分析可实现：(1)客户分布图；(2)故障分类统计及分析；(3)维护量统计分析；(4)校园健康饮水统计分析；(5)原水水质统计分析。校园直饮水智能信息化系统原理如图7-1所示。

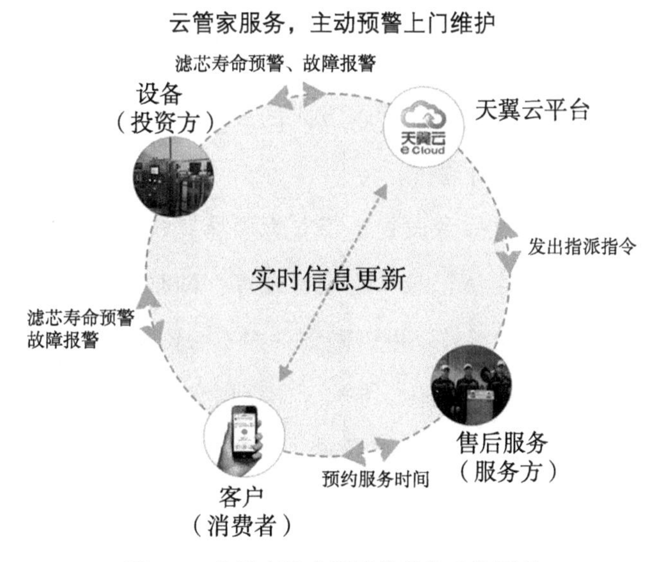


图7-1 校园直饮水智能信息化系统原理

直饮水的运维可以通过物联技术对设备参数进行全面在线实时监测，将数据通过4G或NBIOT等传输技术发至云服务器处理后，将相应的信息及时发送到后台及使用者手机上，实现设备、维修员、校方管理员、使用者以设备为中心的闭环系统，并搭配“大数据”，能够帮助企业针对消费者诉求进行产品研发和宣传推广，在需求明确的前提下，研发和销售也将更精确，可减少企业不必要的资源浪费，有效降低产品的研发、品控和运维成本，同时能够更好实现产品的价值；对消费者而言，智能产品可以让消费者清晰地掌控净水产品的状态和饮用水的情况，使用会更安全更放心，进而做到“消费者放心、投资方放心、服务方放心”。

饮用者放心。将设备监测中的在线水质监测、滤材更换时间等数据提取出来，除在设备终端上显示外，还通过物联方式使用户可方便地在手机上查询到即时的在线数据，使学生家长也能随时了解水质及滤芯更换状况；第三方检测报告实时更新并即时公布。使用者可通过手机查询看到最新及过往的水质检测报告；采取在校园内进行各种方式的技术宣传，让使用者对膜技术处理饮用水方式的安全性有所了解，如在饮水台处采用宣传栏的方式进行宣传。

学校方放心。通过后台设置，校方管理员有权限查看所有校内直饮水设备的详情、维护维修记录、巡检计划等，即时了解设备状况，对设备及维护维修工作了如指掌。可以做到“四不一预案”：不担心断水、不担心漏水、不担心水质、不担心维护，应急预案掌控一键关机。

服务方放心。通过在线监控预警，故障判断系统准确率大于95%，信息推送反馈双重保障。通过后台绑定维护人员手机的形式，可实现滤材更换及时提醒，当设备出现故障时维修员即时收到报障信息，并通过监测信息可精准判断故障原因，带对配件杜绝二次上门维修，使维护维修工作可轻松完成。

## 四、浓水回收与校园中MBR技术的应用

在使用反渗透或纳滤技术进行学校直饮水的净化处理过程中，都不可避免地产生浓水，有些学校要求在直饮水系统中设计浓水回收箱，对生产净水时的副产物进行收集并用增压泵加压，把这些浓水用于楼道和厕所的冲洗。为解决市政对排污限制越来越严格的难题，可以在学校中引入以MBR（Membrane Bio-Reactor）技术为核心技术的小型浓水处理系统。

MBR技术是将膜分离装置直接置于生化池中，构成膜分离技术与生物处理技术有机结合的新型污水处理系统。膜材料是实现膜分离作用的核心部件，是MBR工艺的关键设备。随着近几十年膜材料技术以及MBR工艺技术的长足发展，应用MBR技术的投资成本及运营费用已大幅度下降。它是目前最高效的浓水回收利用技术，可以直接生产高品质的再生水，这也是国内学校实施节能减排、促进水资源再生利用的最佳技术之一。

针对学校直饮水的浓水有来源分散、流量较小、管网收集系统不全、专业技术人员少等特点，在设计浓水处理系统时可以把新型智能的模块化产品应用到学校中，它具有适应性强、运输便利、安装快捷、高效节能、无须专人值守等特点。同时采用物联网和云平台，实现区域站点的集约化管理，提高效率，降低管理成本；可根据进水负荷，智能启停，节能降耗；就地补充学校环境用水、改善水生态等，它是集成式的浓水处理设备，是高效解决学校直饮水设备浓水排放和海绵学校应用的一体化水处理设备。

# 第二节 新型水质检测设备与数据信息化

定期对直饮水设备出水的水质关键指标进行检测是确保直饮水设备持续提供安全饮用水的最有效的技术手段。通过水质检测，可实时掌握水质情况和直饮水设备运行情况，及时发现安全隐患并采取相应措施，确保学校直饮水设备能持续提供安全的饮用水。

建立直饮水水质数据管理平台对直饮水设备管理工作的有效开展具有至关重要的作用，校方、管理部门和直饮水设备厂商等可通过管理平台获取水质数据，了解直饮水设备的运行状态，发现水质问题，及时采取有效措施，确保校园的饮水安全。

通过直饮水水质数据管理平台中的权限管理功能，设定校方、各个层级的管理部门、直饮水设备厂商、检测仪器厂商等平台使用者的使用级别和可查询范围，可按级别登录直饮水水质数据管理平台，方便管理者了解相关信息，包括设备运行状况、水质状况及其变化趋势等；方便设备厂商和检测仪器厂商依据在平台上获取的数据了解设备的运行情况或检测仪器的使用情况，并及时提供相关的技术服务。直饮水水质数据管理平台的建立可以使管理更高效、服务更及时。

企业搭建全国范围内的校园直饮水水质数据管理平台，不仅可以全面了解直饮水设备在校园内的普及情况，及时掌握不同厂家直饮水设备的分布状况以及直饮水设备的运行情况，同时还可以了解到各个地区饮用水的水质情况和动态变化趋势，及时发现水质风险，为及时采取有效措施提供科学依据。

## 一、适用校园的直饮水水质检测方法

校园直饮水设备分布在不同的地方，水质检测需要在直饮水设备出口处取样并立即检测，检测数据上传到数据管理平台。为便于开展现场快速检测，且获得准确可靠的检测结果，检测方法的原理应符合《生活饮用水标准检验方法》（GB/T 5750.1-2006~GB/T 5750.13-2006）或AOAC标准方法的要求。

**1. 对检测仪器的具体要求**

（1）方便性：便携式，易于携带移动，有直流供电。

（2）准确性：为保证数据准确可靠，检测仪器的检测方法应符合国标或AOAC标准方法的要求。

（3）智能化：具有数据记录和传输功能，能向平台传输数据。

（4）仪器检出限：检出限应低于《生活饮用水卫生标准》（GB 5749-2006）中的限值要求。

**2. 水质检测项目和检测频率**

（1）基本检测项目：浑浊度、色度、游离性余氯（余氯）、pH值、铁、菌落总数、总大肠菌群等指标，如采用反渗透净水组件，还应增加总硬度。检测频率：每月一次。

（2）高砷高氟地区的检测项目：砷、氟化物等指标。检测频率：每月一次。

（3）重金属超标地区，建议检测铅、汞等指标。检测频率：按需要确定。

**3. 检测方法要求**

（1）浑浊度：散射法（以福尔马林为试剂）；

（2）色度：铂钴比色法；

（3）游离性余氯（余氯）、pH值、铁、总硬度：光度法（比色法）；

（4）菌落总数：平板计数法；

（5）总大肠菌群：平板计数法；

（6）砷：砷斑法；

（7）氟化物：离子选择电极法。

## 二、针对不同水质的监测仪器设备

**1. 净水伴侣：直饮水设备的可靠伴侣**

净水伴侣是保证直饮水设备有效运行的必配产品，它能从根本上保证直饮水机能持续提供健康的饮用水。

滤芯该换不该换，用数字式净水伴侣，只需1分钟，一测数据就知道。

滤芯该换不该换，用纸条式净水伴侣，只需2秒钟，一沾一看就知道。

（1）数字式净水伴侣（转盘式水质检测仪）

使用Water Link Spin TOUCH型数字式净水伴侣，可检测游离性余氯（余氯）、pH值、铁、总硬度指标。仪器采用触摸屏操作，检测试剂已经预置在试剂盘中，一个试剂盘包含了全部指标，几乎消除了用户操作误差；仪器自动存储检测日期、时间、结果，可以通过蓝牙或USB进行数据传输，仪器内置可充电电池，适合现场检测。

数字式净水伴侣是检测直饮水设备滤芯是否失效的有效工具，用数字式净水伴侣检测到的数据可直接告知滤芯是否有效，告知净水效果，还能直接得到自来水和直饮水的水质检测数据。

具体方法如下：

① 滤芯失效的检测方法

分别检测自来水和直饮水水样，直饮水的检测数值降低，说明净水滤芯有效。直饮水的检测数值没有降低，说明滤芯失效，应及时采取措施。

检测步骤如图7–2所示。

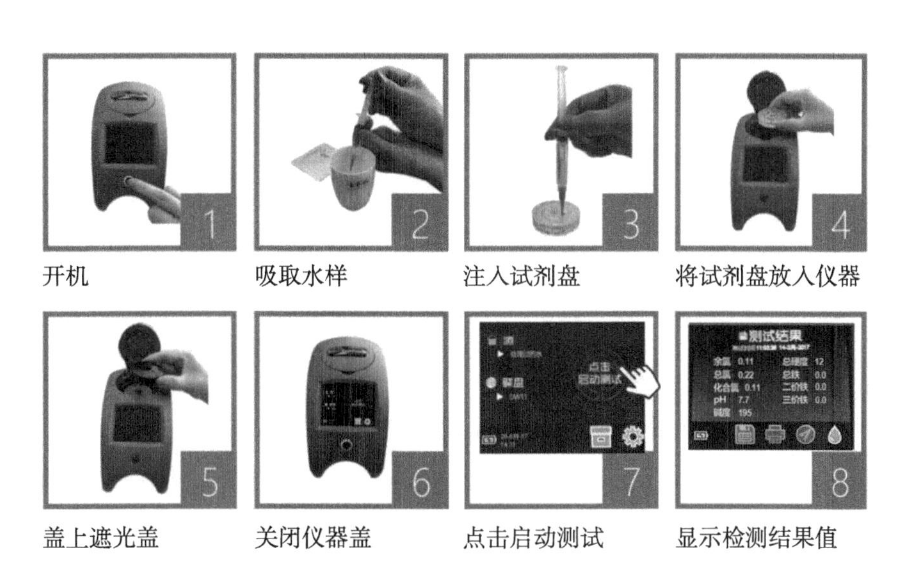


图7–2　数字式净水伴侣滤芯失效检测步骤

② 净水效果的检测方法

直饮水的检测数值降低，且符合《生活饮用水卫生标准》（GB 5749-2006）要求，说明净水效果良好。

③ 得到水质数据的方法

仪器分别检测直饮水设备进水（自来水）和出水（直饮水）水样，分别检测一分钟就能显示检测结果。

检测数据可以直接上传到直饮水水质数据管理平台。数据管理平台根据检测到的数据会给出滤芯的状态和需要采取的措施，还会发出报警信号。

建议检测周期：一个月检测一次。

（2）纸条式净水伴侣

例如FILTER型纸条式净水伴侣，是检测直饮水设备滤芯是否失效的简单工具，一条纸条包含的检测项目有：总硬度、碱度、pH值和游离性余氯（余氯），他们分别对应不同颜色的色块。

用纸条式净水伴侣简单操作就能立即知道滤芯是否有效以及净水效果，还能得到自来水和直饮水的检测数据。

① 滤芯失效的检测方法

如图7-3所示，取出2条纸条，分别浸入直饮水和自来水水样中，2秒钟后取出，立即将两条纸条相同的色块进行比对，若浸入直饮水水样的纸条色块颜色明显变浅，说明滤芯有效；若颜色相近，说明滤芯失效，请及时采取措施。

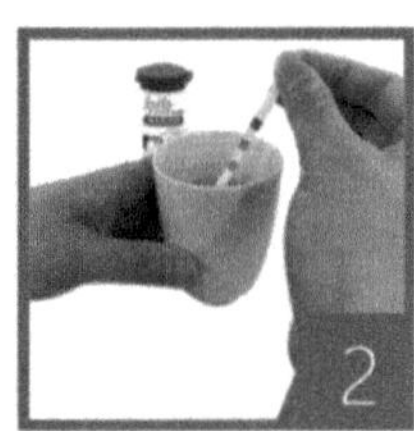


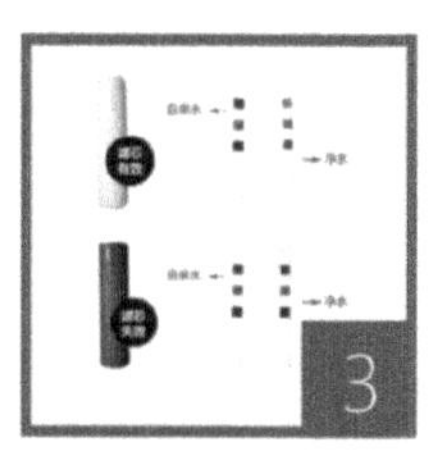


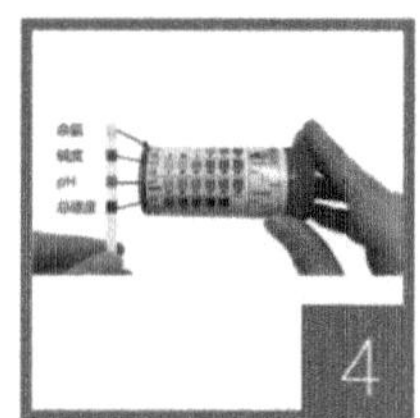


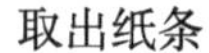

取出纸条

浸入水样约 2 秒

色块明显变浅，则说明滤芯有效；若颜色相近，说明滤芯失效

将纸条色块与瓶身上的标准色标比对，可直接得到水质检测结果值

图 7-3　纸条式净水伴侣滤芯失效检测步骤

② 净水效果的检测方法：

若浸入直饮水水样的纸条色块颜色明显变浅，且与瓶身的色标比对符合《生活饮用水卫生标准》（GB 5749-2006）要求，说明净水效果良好。

③ 得到水质数据的方法：

将浸过水样的两条纸条与瓶身的色标比对，就能分别得到自来水和直饮水总硬度、pH 值和游离性余氯（余氯）的水质检测结果。

建议检测周期：一个月检测一次。

**2. 常规指标的检测仪器**

浑浊度、色度、游离性余氯（余氯）、pH 值、铁、总硬度、菌落总数是反映饮用水质量的基本指标，这些指标反映了饮用水的基本性状和细菌是否存在，是饮用水是否安全的必要指标。

（1）浊度色度检测仪

例如BY-ZSD3型浊度色度检测仪可检测浊度、色度指标，浊度量程：0.001~1000.00NTU，检测精度：0.001NTU；色度量程：0.1~500.0度，检测精度0.1度，仪器内置大容量充电锂聚合物充电电池，适合现场检测，可存储数据2000组。如图7–4中的检测结果可以直接上传到数据管理平台。

操作步骤如图7–4所示。

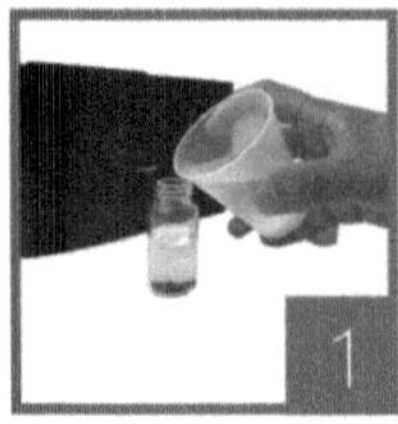


比色瓶中加满水样

将比色瓶放入仪器比色池，盖上仪器遮光盖

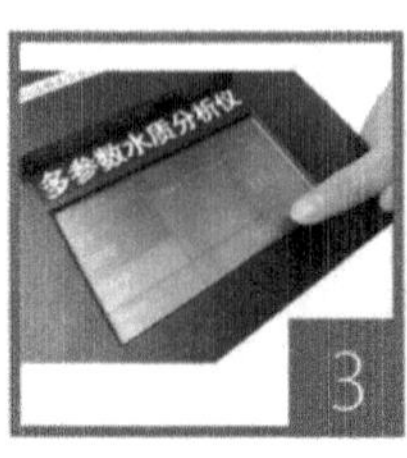


选择浊度或色度测试，点击读数

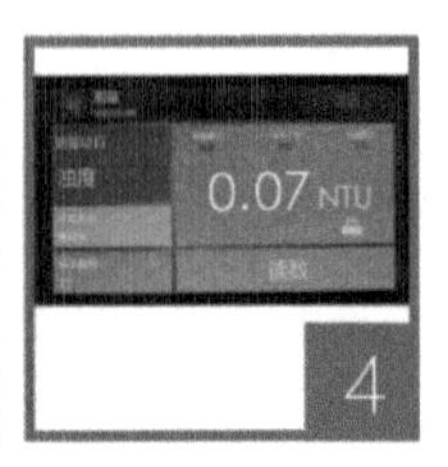


显示检测结果

图7–4　浊度色度检测操作步骤

（2）微生物检测套件

使用11001&26001型微生物检测套件可检测菌落总数和总大肠菌群，检测时无须无菌条件，无须洁净室，具有成品培养液和特制涂层的培养皿，自然凝固，操作简单，适合现场接种。

操作步骤如图7–5所示：

① 使用无菌滴管加样1ml直饮水水样至培养液中，混匀。② 迅速倒入培养皿内。③ 将注入样品的培养皿水平放置在桌面或台面上，约40分钟后混合液凝固。④ 翻转培养皿，底面朝上，室温培养，环境温度20℃~30℃，培养48小时可生成菌落。菌落总数在平皿中的菌落颜色：红色或深红色菌落，进行菌落计数；总大肠菌群在平皿中的菌落颜色：深蓝色，蓝或蓝灰色菌落，进行菌落计数。

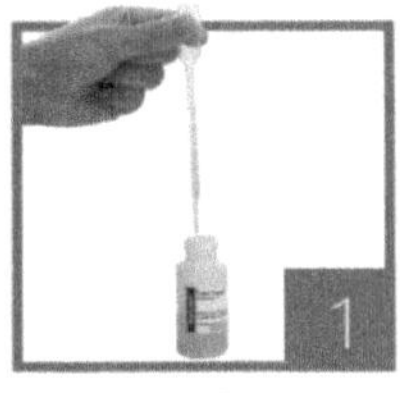

使用无菌滴管加样1ml

迅速倒入培养皿内

培养皿水平放置在桌面或台面上

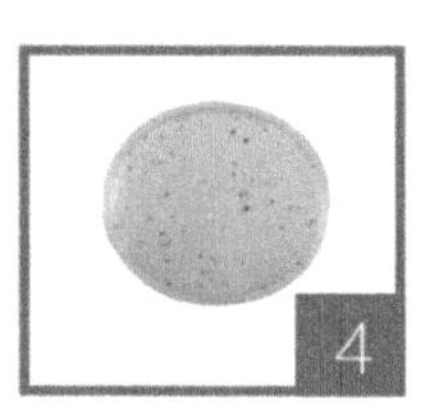

混合液凝固后翻转培养皿，室温培养

图 7–5　微生物检测操作步骤

**3. 高砷高氟地区的检测仪器**

在我国高砷高氟地区需要检测直饮水的砷化物和氟化物指标，可使用1756型氟化物检测仪和QUICK型砷扫描仪分别对氟化物和砷化物进行检测，记录检测结果，连续监测净水效果，确保饮用水安全。

（1）氟化物检测仪

例如1756型氟化物检测仪是采用离子选择电极法检测水中氟化物，量程：0.00~10.00mg/L，有成品缓冲试剂，操作简单快速，可立即给出检测结果。

操作步骤如图7–6所示。

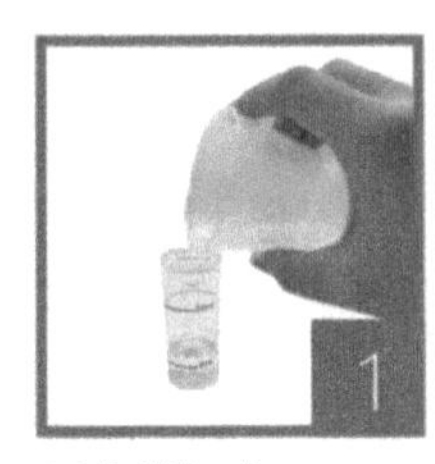

用水样杯取 20ml 水样

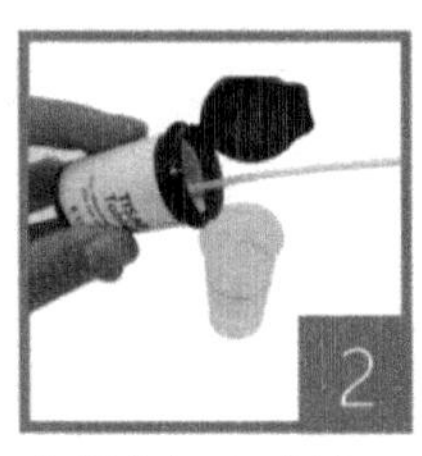

水样中加入试剂片并捣碎

将电极头插入溶液，开机检测

数据稳定后读取数据

图 7–6　氟化物检测操作步骤

（2）砷扫描仪

例如QUICK型砷扫描仪的检测方法为砷斑法，用于检测水中砷的含量。测量范围：0~200μg/L，检出限：3μg/L。

操作步骤如图7-7所示。

取100ml水样加入测试瓶中

分别使用相应的量勺加入3种试剂，并混匀

用特质盖子盖好，插入纸条

静置10分钟

测试条与色标比色，得到砷浓度的半定量结果

用砷扫描仪扫描测试条

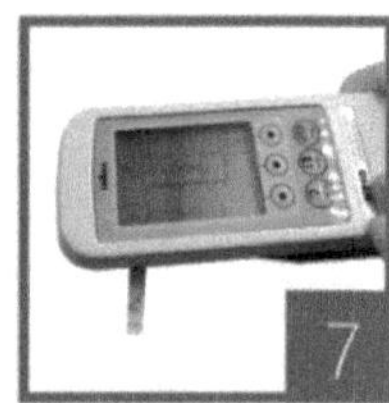

将仪器向下按，等待结果值

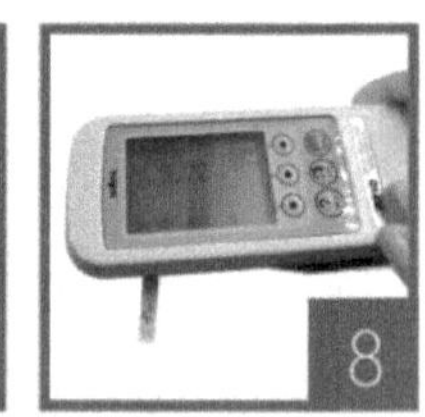

得到砷浓度的定量结果

图7-7 砷化物检测操作步骤

**4. 重金属污染地区的检测仪器**

在已知重金属铅、汞超标的地区，要求检测直饮水中的铅、汞等指标。

（1）水中金属检测仪

可使用LEAD QUICK型水中金属检测仪，现场完成铅、汞等项目的检测，数字显示检测结果。

操作步骤如图7–8所示。

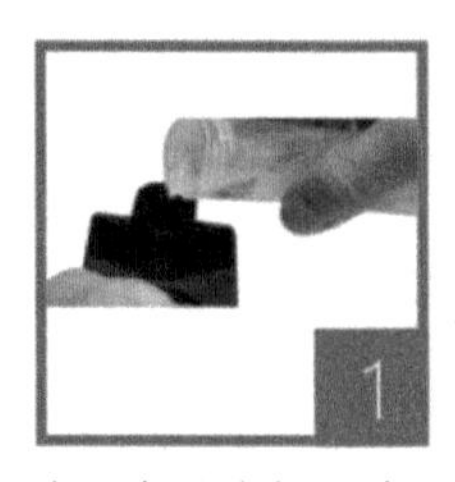


向比色池内加入待测水样

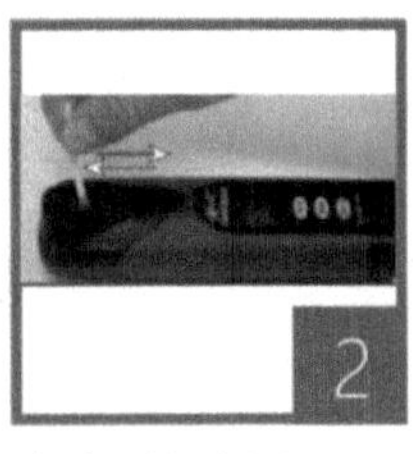


将检测纸条浸入比色池内

按READ键，数字显示检测结果

图7–8　水中金属检测操作步骤

## 三、校园饮水水质检测数据信息化

为保障校园饮水水质的持续安全，已安装直饮水设备的校园，需对直饮水设备出水的检测数据集中监管，建立数据信息监测平台。通过网络平台及APP实现对直饮水设备出水水质检测结果和直饮水设备相关信息的集中监管。如图7–9所示，平台可实现的主要功能如下：

（1）监测直饮水设备的工作状态，设备运行情况，滤芯是否失效；

（2）实现对直饮水设备出水水质的监测，提供报警查询；

（3）对直饮水设备信息进行管理，实现登录权限分配管理，通过远程管理模块，实现远程指令或控制；

（4）实现对直饮水水质

图7–9　净水质量数据信息监测平台

数据采集和历史数据查询；

（5）具有对直饮水水质的数据分析功能，包括曲线图表、实时报表、历史报表（周报表、月报表、数据时间点对比报表）等；

（6）生成各种数据统计报表、历史曲线报表，同时支持文件导出和打印功能；

（7）系统支持多种设备通讯协议，加装通讯板实现通讯功能；

（8）提供多种输出接口，方便与其他系统软件对接；

（9）数据上报体制采用自报、遥测、报警相结合的体制；

（10）在平台或APP上可查看具有各个直饮水设备安装点信息的在线地图，若出现报警提示，可直接查看问题设备位置；

（11）具有短信提示功能，将一些信息以短信的方式通知相关人员，例如将报警信息通知到设备维护人员或负责人员。

# 第八章

# 学校直饮水应用案例及分析

# 第一节　学校直饮水设备技术适用性设计案例

## 一、技术适用性案例（1）：幼儿园所适用的直饮水处理系统

### 1. 某幼儿园的直饮水系统工程案例概述

随着对校园饮水关注度的不断提高，沈阳市某幼儿园发现幼儿在园期间没有养成喝白开水的习惯；大多数幼儿不知道口渴了要喝水，喜欢喝甜性饮料，还喜欢边喝水边玩；自己接水还会有一定困难，不会使用饮水机；少数幼儿有拒绝喝白开水、不会用杯子喝水、边喝边漏等现象。儿童是祖国的花朵，是民族的希望和未来，关注儿童身心健康成长，是全社会的责任。如何帮助孩子们实现愉快饮水、饮足量的水呢？为了让孩子喝上安全健康水，从而保障身体健康成长，园方将原来的桶装水饮水机改造成幼儿适用的直饮水系统。园方还把喝水与健康的科学知识放到了日常教学中，把排队打水也融入到独立生活、遵守纪律的能力培养中。

这所幼儿园创建于1995年，位于沈阳市沈河区南运河的北侧，隶属于沈阳市教育局，2015年被评为辽宁省五星级幼儿园。现已发展为一园四址的优质学前教育集团，分别为总园、万科新榆分园、明廉分园、川

江分园，目前四个园一共30多个班级，900余名幼儿。其中总园如图8-1所示，建筑面积有1835平方米，现设有8个教学班，50余名教职工。

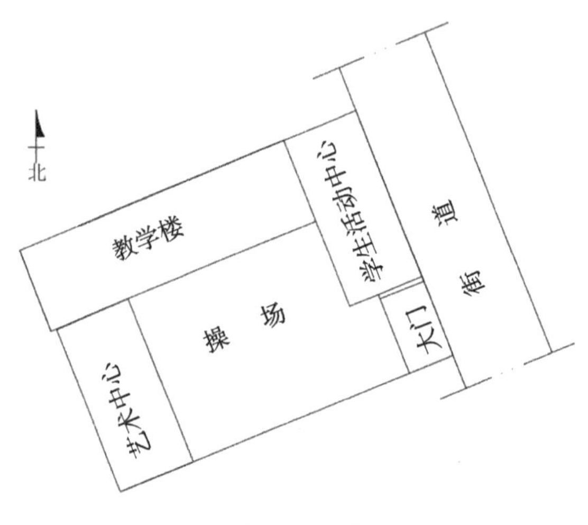


图8-1 幼儿园总园平面示意图

一直以来，幼儿园从细节入手，注重孩子身心健康发展和饮食安全。考虑中心园所处的地理位置处在浑河水系附近，原水供水是沈阳市的南塔水源，抽取地下井水处理后成为供给沈阳市民的生活饮用水，管网已经有50多年的历史，后期还有过一些修补和更新工程。但是在集中式生活饮用水地下水源中，曾发现供水的水源地有超标项，其中锰含量超标主要是因为沈阳市的地质结构中铁、锰含量较高，易造成地下水中锰含量超标。政府也花了大量的人力和物力进行水源地保护和水质处理，使自来水出厂水必须达到《生活饮用水卫生标准》的要求。但水流经自来水管道时，由于管道老化或者材质较差，还会给自来水造成一定程度的污染。在这种情况下，自来水是不能直接饮用的，尤其是幼儿和婴儿以及青少年的胃肠道更敏感、免疫力比较差。原有的桶装水饮水方式也存在如下问题：水站送来的桶装水水质无法保证；贮藏搬运比较麻烦；饮水机的卫生条件无法保证，清洗费时费力；饮水机还容易倾倒砸伤儿童，造成安全风险；开水有烫伤儿童的风险；水桶摆放杂乱也影响教室美观。

为了提升日常饮水品质，响应共创食品安全城市的号召，保障小朋友的饮水健康和安全，助力孩子们健康成长，培养幼儿良好的饮水习惯。园方特此为每个教学班安装了D392N-A型纳滤直饮机，这个设备属于集成一体式学校净饮机，它是将市政自来水接入饮水机中，经过饮水机的净化处理和逐级加温烧开消毒，再通过热交换的办法降低温度，使最终的饮水出水温度控制在40℃~50℃之间可调，这样就能杜绝孩子们被烫伤，并且饮用方便及时快捷，有助于孩子们养成良好的饮水习惯。

**2. 设备适用性选用分析**

经过园方调查研究和适用性分析，采用了纳滤技术的产品作为幼儿园饮用水设备，原因有以下几点：① 企业资质与设备批件完整有效，如图8-2所示，专业水处理设备生产企业的所有设备经过严格检验，出水水质检测合格，品质有保障；② 纳滤技术可以降低原水的总硬度，针对原水中锰离子的截留率可达90%左右，还可以保留一些一价离子，做到了既保证饮水安全又保证健康，这对于幼儿园的儿童尤为重要；③ 设备高度不超过1米，出水口、接水平台非常适合儿童高度；④ 使用热交换技术，确保出水温度适宜，不造成烫伤，并可以直接饮用；⑤ 全不锈钢全密封设计，不容易倾倒和移动，保证安全无隐患；⑥ 蜂窝式双层水台设计，可以防止杂物堵塞出水道。

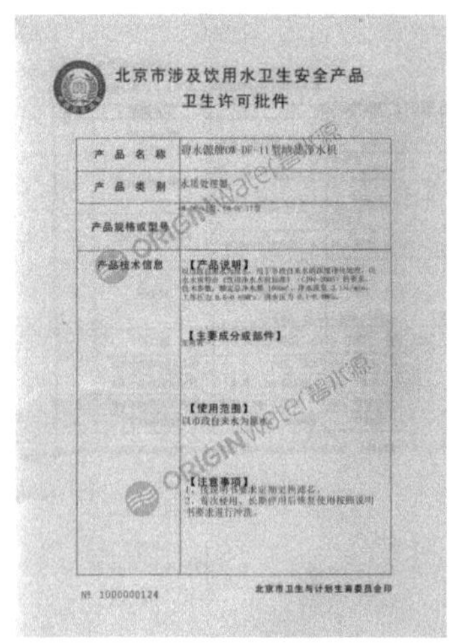

北京市涉及饮用水卫生安全产品
卫生许可批件

| 产品名称 | 碧水源牌OB-DF-11型纳滤净水机 |
| --- | --- |
| 产品类别 | 水质处理器 |
| 产品规格或型号 | |
| 产品技术信息 | 【产品说明】<br>【主要成分或部件】<br>【使用范围】<br>以市政自来水为原水。<br>【注意事项】 |

№ 1000000124　　北京市卫生与计划生育委员会印

| 申请单位 | 北京碧水源净水科技有限公司 |
| --- | --- |
| 申请单位地址 | 北京市怀柔区雁栖经济开发区乐园南二街4号2层 |
| 实际生产企业 | 北京碧水源净水科技有限公司 |
| 实际生产企业地址 | 北京市怀柔区雁栖经济开发区乐园南二街4号2层 |
| 审批结论 | 经审核，该产品符合《生活饮用水卫生监督管理办法》的有关规定，现予批准。 |
| 批准文号 | 京卫水字(2015)第2316号 |
| 批准日期 | 2015年11月20日 |
| 批件有效期 | 截至 2019年11月20日 |
| 备注 | |

批准单位
2015年11月20日

图 8–2　涉水卫生许可批件

全园的师生加后勤保障人员共有人数约300人，有教学楼一栋，学生活动中心一栋，艺术中心一栋，全部需求根据楼层情况和学前儿童的身体特征安装设计直饮水设备。

根据正常生理需要，3~6岁幼儿每天需水总量约为1500ml，主要通过食物和饮水来获得。根据幼儿每天正常的进食量，经过周密称量、计算，得出了一天食物中水的含量约900ml，体内新陈代谢可获得水量很少，可忽略不计。最后得出每个幼儿每天至少要直接饮水600ml才可满足正常生理需要。

由于幼儿的身高在60厘米左右，再加上手臂的长度，就需要接水台的高度很矮，设备高度不能超过1米，这个设备的出水口和接水平台都是针对幼儿设计的，非常适合儿童高度。

教学楼每个教室设立专有饮水处，直接安装直饮水系统，不再使用桶装水，保证教工的饮水安全和健康。该系统既有开水保湿装置还有打开水保护装置；外观美观大方，与幼儿园的整体装修风格协调一致；设备设计合理，经久耐用，节能省电，与现有供电匹配，不增加改电成本。

**3. 技术核心特点与设备介绍**

（1）五级过滤净水工艺设计

第一级是5μm孔径的PP棉滤芯：PP棉是一种用来过滤水中大颗粒物质的滤料，可以过滤掉老旧管网的泥沙、胶体和锈蚀等杂质。它就相当于是一个纱布，缠在管道上面来帮助过滤杂物，因为它过滤的东西都是体积比较大的，所以使用寿命相对来说也会比较短，这与学校中的使用情况相吻合，寒假和暑假中可以进行保养更换。第二级是UDF前置活性炭滤芯：可去除水中的小分子有机物、余氯，吸附水中异色、异味等，改善饮用水口感。第三级是PP棉滤芯精密过滤器：精密过滤器采用微孔精密过滤芯，其滤芯材质为1μm PP棉滤芯，用于过滤经过活性炭的水中微小的悬浮颗粒，保护纳滤膜系统。第四级是DF膜（超低压选择性纳滤膜）处理装置：DF膜处理装置是整个中置处理系统的核心部分，它包含DF膜系统和膜清洗系统。它对水有脱盐的作用，能脱出水中对人体有害的重金属、有机物及其他阴阳离子和细菌、病毒等微生物，具体技术参数如下：水质条件为市政自来水；适用水压为0.1MPa~0.4MPa；水温为5℃~40℃；产水流量为0.25L/min（25℃）。第五级是T33压缩活性炭滤芯：可进一步吸附水中的异色、异味，改善净水出水口感。

（2）选择性低压纳滤技术

这种饮水机净水产水量适中，采用的选择性纳滤技术，可以有效截留二价的有害物质，保留一价离子；相比于超滤，纳滤（NF）截留分子量界限更低，对许多中等分子量的溶质，如消毒副产物的前驱物、农药等微量有机物、致突变物等杂质，纳滤膜均可有效去除；而对于疏水型胶体、油、蛋白质和其他有机物，又有较强的抗污染性；相比于反渗透，纳滤具有操作压力低、水通量大的特点，纳滤膜的操作压力一般低于1MPa，操作压力低使得分离过程动力消耗低，有利于降低设备的投资费用和日常运行费。如图8–3所示。

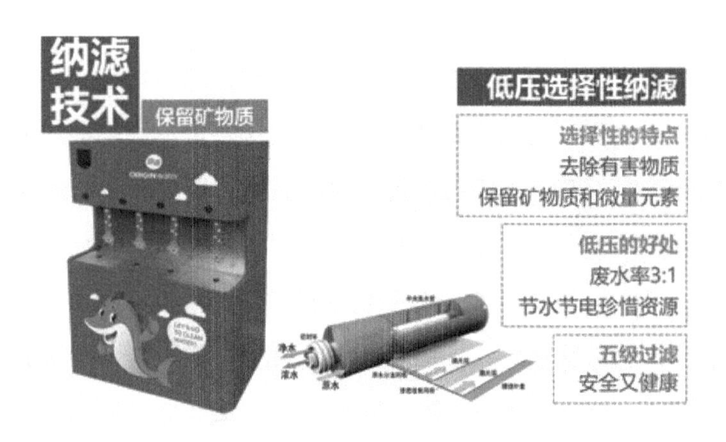


图8–3　碧水源净水器纳滤技术优势

（3）逐级升温烧开加热交换技术

该技术采用逐级升温的办法将净水烧开消毒，保证菌落总数不超标，温开水出水，杜绝烫伤隐患，专为幼儿园设计，取水方式贴合幼儿使用需求；净水流量较大，3加仑储水桶，8升热胆，正好满足20~40人用水需求；使用热交换技术回收热能源节能环保省电，与现有供电匹配，不增加改电成本，同时确保出水温度适宜，可以直接饮用。该技术的工作原理如图8–4所示。

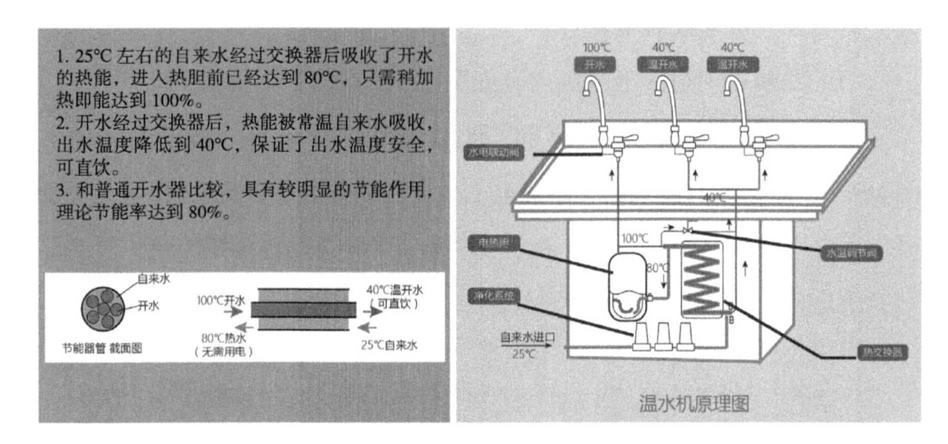


图8-4　加热交换技术工作原理

（4）设备参数

饮水设备的具体参数如表8-1所示。

表8-1　设备参数

| 产品货号: | D392N-A |
| --- | --- |
| 适用电源 | AC220V，50Hz |
| 额定功率 | 1600W |
| 加热功率 | 1500W |
| 制热水能力 | 15L/h（≥90℃） |
| 适用水压 | 0.1MPa~0.4MPa |
| 净水工艺 | PP+UDF+PP+DF+T33 |
| 净水流量 | 0.25L/min |
| 压力桶规格 | 3G |
| 热胆容量 | 8L |
| 产品尺寸 | 520mm×420mm×910mm |
| 适合人数 | 30~50人 |

**4. 园所中设备安装条件**

（1）安装点周边一米范围内有如图 8-5 所示的水电接口：

上水水源留标准4分八字阀；水源为市政自来水，水压为0.2MPa~0.4MPa；下水排水口离地面不超过40cm；安装设备接口如图8-5所示，分别是上水口、下水口和220V 16A的三项插座，带开关功能插座为优，且需要放在幼儿够不到的高度，并有机械保护装置。安装位置如图8-6所示。

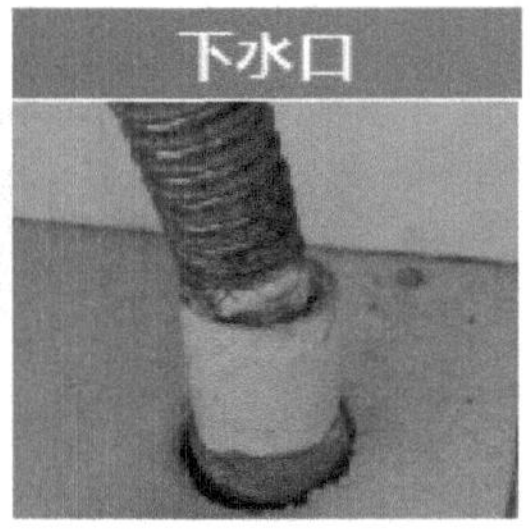

图 8-5　水电安装接口

图 8-6　设备安装位置

（2）水质标准：

① 原水水质：符合市政自来水卫生要求的原水。

② 出水水质：符合《中华人民共和国生活饮用水卫生标准》，通过烧开消毒后可以直接饮用。

**5. 净水机冬季防寒防冻的注意事项**

因冬季气温很低，因此要做好净水机的防冻防裂工作。尤其是沈阳市更容易出现冰冻，如果净水机不注意防冻，则很容易出现净水机爆裂漏水或者冰冻堵塞的情况。

（1）冬季应注意事项

由于气温过低，自来水管道容易出现爆裂，如果自来水供水管道发生冻裂、停水期间，请关闭净水机进水球阀。来水后先打开自来水龙头，排出供水管道中的泥沙等，然后再打开进水球阀，让净水机工作，避免由于施工过程中混入的泥沙、铁锈等杂物进入净水机，导致净水机滤芯在短时间内污堵，产水流量下降。

（2）冬季容易出现的现象

① 产水量下降。温度越低产水流量下降的幅度越大，由于水的粘度受温度影响，通常水温每下降1℃，膜的产水量下降3%，冬天的产水量约为夏天产水量的50%，甚至更多，不必过多担心机器损坏，气温回升后，产水量自然会恢复到正常制水量的水平；② 浓水增加。由于产水量降低，浓水的流量会相应增加，浓产水比增大是正常现象，待温度回升后，浓水会减少，产水流量会增加。

（3）整机防冻（如果安装在室内或户外）

当环境温度低于4℃时，则必须停止使用净水机。如果净水机安装在室内，关闭电源，关闭进水球阀，且将滤瓶里的水放干净，有水箱、压力桶、热胆的将内部的水全部排出，把膜取出放置在水中，并定期更换浸泡膜的水。

如果净水机安装在室外请停止使用，并需做保温处理（≥5℃），或将净水机拆下来，并且将滤瓶里的水放干净，把膜取出放置在水中，并定期更换浸泡膜的水。当环境温度低于0℃时，由于水在凝固过程中体积会膨胀，如果结冰，将直接导致净水机所有的管路、滤瓶、膜壳等爆裂，从而发生漏水现象。

如果长时间不使用净水机或者学校放寒假，必须关闭进水球阀，将水箱、压力桶、热胆中的水全部排出，再次使用前先检查机器外观是否正常，确认正常后才能接通水源电源，制取的第一桶水也建议排放掉。

（4）遇到结冰情况的处理

必须把净水机整体放置在室温高于8℃的室内（切勿磕碰），自然解冻36小时后才可以继续开机使用，在此期间不可强制开机制水，否则会造成机器损坏，开机后检查是否有漏水现象，如果有漏水现象发生，请重新拧紧相应的部件或联系客服报修。

（5）停机再次使用前的处理

再次使用前先检查机器外观是否正常，确认正常后才能接通水源电源，制取的第一桶水也建议排放掉，如出现漏水或其他不正常现象，应联系客服上门服务。

**6. 其他分园的设计建议**

对于规模较大，师生较多的分园可以设计成中央处理管道分散供水的形式。如图8-7所示。

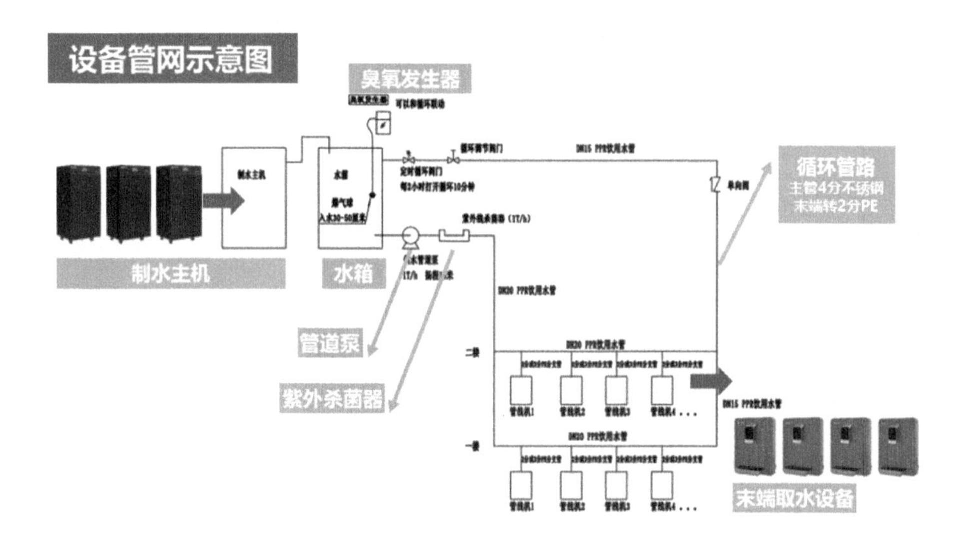


图 8-7　碧水源设备管网示意图

幼儿园的教学楼、宿舍、食堂、室内体育馆等建筑都可以设置直饮水饮水处，设备按要求提供安全健康的直饮水，水质应达到饮用净水水质标准。

技术设计有如下依据：

（1）《生活饮用水卫生标准》（GB 5749–2006）；

（2）《建筑给水排水设计规范（2009年版）》（GB 50015–2003）；

（3）《室外给水设计规范》（GB 50013–2006，现已废止）

（4）《生活饮用水管道分质直饮净水卫生规范》（卫生部文件）；

（5）《建筑与小区管道直饮水系统技术规程》（CJJ/T 110–2017）。

根据用户需求，选用中央处理主机通过不锈钢管道连接到各个终端机的方案。

管道分质供水成套设备与分质供水管网优化设计相结合，形成独特的技术风格，整套系统经多项工程验证，对水中病菌、有毒重金属、放射性核素、有机微污染物去除率分别高达99%、95%、99%及95%，水质甘甜可口，可直接生饮。其工程技术特点如下：

（1）根除了原水中有毒有害物质，多项毒理性指标，如三卤甲烷、四氯化碳、苯系物、多环芳烃、农药、酚类，以及铅、汞、铍、铬、隔、铀、钝等其他放射性核素均在正常范围以内。检测的毒理性指标达到《中华人民共和国生活饮用水卫生标准》。

（2）针对管道直饮水的特点，采用最新科研成果高级氧化杀菌，根除了饮用水中消毒副产物，改善了水的口感；

（3）该系统与管网设计有效的配合，能有效循环，无死水端，用户末梢水可永久保持新鲜。

（4）系统的整体性方面已做到了系统的控制集成；实行生产、杀菌、循环、供水的全自动控制，无须专人管理。同时设计了多套安全保障体系，保障了系统的安全性。

设备选配说明如下：

（1）净化工艺流程选择

① 处理水质达到《中华人民共和国生活饮用水卫生标准》。

② 选择具体工艺流程如下：

净水处理设备按组合模块分为4个单元：

前置系统：主要由PP棉、活性炭组成。其功效是将水源中的杂质、部分重金属有机物、余氯去除，保护后端工艺中的DF膜。

中置系统：主要由DF膜组成，其功效是将原水中的有机物和重金属离子去除，保留水中自有的矿物质和微量元素，将TDS值控制在合理范围内。

后置系统：由无菌水罐、臭氧发生器组成，存储一定量的净水以确保峰值用水使用，臭氧可以将罐中微生物消除，保证罐内不滋生细菌。

循环泵组：主要由循环泵、供水泵和过流式紫外杀菌器等构成。其作用是将净水通过供水泵输送到用水点，供水泵通过变频器控制恒压供水，供水时段管网不循环；在固定时段通过循环泵将净水管网中的存水输送回净水站的后置系统再处理，并在出水端通过紫外杀菌设备进一步保证出水安全。

设计最大时的用水量可以根据用水人数进行设备数量调整，配置0.25~1吨的净水箱。直饮水设备如图8-8所示。

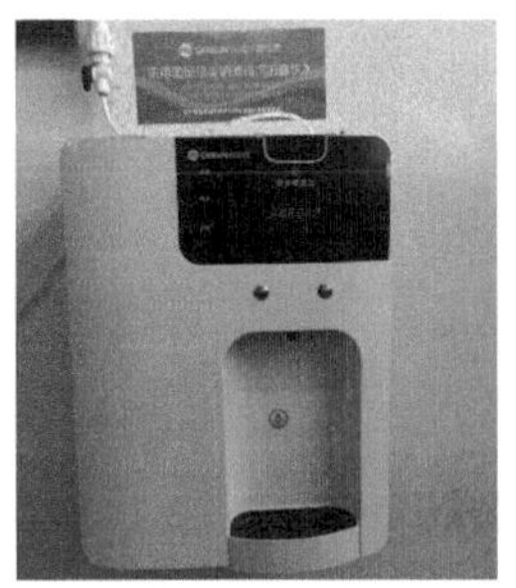

图8-8 直饮水设备

## 二、技术适用性案例（2）：完全小学的学校直饮水设备配备

### 1. 完全小学直饮水项目简介

湖南省长沙县的某小学是长沙县人民政府兴办的完全小学，2017年11月，经长沙县教育局批准，确定采用企业投资建设、运维，学生免费饮水、政府购买服务的PPP模式解决师生健康饮水问题，市教育局通过公开招标确定了两家企业，经学校考察研究后选择了适用的一套方案，

为学校建设直饮水工程，并负责运行维护，再由财政按学生人数向企业支付饮水服务费，饮水服务费标准按照招标采购合同执行。

这套中央水处理校园直饮水设备（以下简称“校园直饮水设备”）是这家公司根据多年经验升级改造后的设计方案，并根据这所小学的实际情况打造的符合小学生特点的直饮水设备，在设备施工前技术人员已经对学校的基本建筑情况、周边环境、原水水质和服务人数等参数做了充分的研究，使设计的产品可以完全满足该校学生对饮水品质的需求。对于选材和运维消毒方案使用了独有自主知识产权的专利技术，后期经过严格的制造与施工过程质量控制，使校园直饮水设备的产品水完全满足第三方的水质检验要求，完全达到《饮用净水水质标准》（CJ 94–2005）。保障了出水水质的安全和健康，通过一段时间运行受到了学校老师和学生的一致好评。

**2. 项目实施适用性情况分析**

这所小学创办于2010年，是一所高标准、现代化公办完全小学，学校环境优美，设施齐全，有高标准校舍、篮球场、田径场、羽毛球馆、多功能会议室、演播室等。校园由八栋单、多层建筑物构成，总建筑面积4万多平方米，分别是食堂（逸勤楼）、办公楼（致远楼）、综合楼（惟真楼）、东教学楼（博思楼、博学楼）、西教学楼（博美楼、博雅楼）、多功能体育馆（敏行楼），构成校园东西建筑群。惟真楼、博思楼、博学楼由南向北，整齐排列于东区，各楼栋西边有走廊南北相连，另有逸勤楼独立于东区西南角，形成东区建筑群；博美楼、博雅楼、致远楼由南向北，整齐排列于西区，各楼西边亦有走廊南北相连，敏行楼相对独立，未安装直饮水设备，东、西区建筑群之间被操场隔开，如图8–9所示。办学规模为84个班，可容纳学生4000余人，教职工200余人。

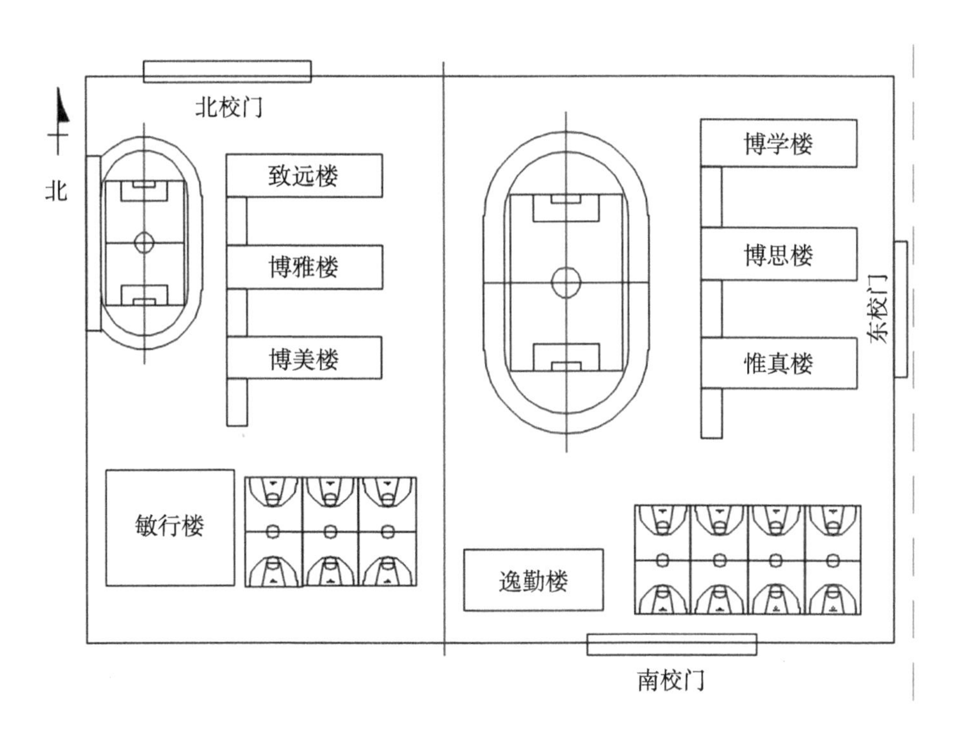


图 8-9　长沙县某小学平面示意图

地理位置：学校坐落于长沙县星沙经济技术开发区开元西路与雷公岭路交汇处，紧邻捞刀河与浏阳河，地理坐标北纬28° 15′ 8.72″，东经113° 03′ 29.54″，占地100余亩。

地形与地貌：这所小学所在区域多为山地丘陵，地形微波起伏，区域地貌属浏阳河河谷阶地，海拔高度40~90米，坡度一般为10° ~ 15°。

气候特征：这所小学所在区域属亚热带季风性湿润气候区，春季湿润多雨、夏季高温多晴天，秋季干燥、冬季寒冷，严冬期短，暑热期长，阳光充足，雨量充沛，四季分明。基本气象参数如表8-2所示。

表 8-2 本区域基本气象参数

| 历年最高气温 | 43℃ |
|---|---|
| 历年最低气温 | -8.6℃ |
| 历年平均气温 | 17.6℃ |
| 年平均气压 | 101216.7Pa |
| 年平均降雨量 | 1394.6mm |
| 年最大降雨量 | 1751.2mm |
| 年最小降雨量 | 1018.2mm |
| 年降雨天数 | 149.5 天 |
| 年平均相对湿度 | 80% |
| 年平均有霜天数 | 84.5 天 |
| 年平均无霜天数 | 280.3 天 |
| 常年主导风向 | 西北 |

本区域地处北亚热带，受季风环流影响明显，夏季被低纬海洋暖湿气团所盘踞，湿度大，盛夏天气酷热，历年极端气温达43℃；冬季常为西伯利亚冷气团所控制，寒流频频南下，造成雨雪冰霜天气；春夏之交，正处在冷暖气流交替的过渡地带，锋面活动频繁，造成阴湿梅雨天气；秋季干燥。

校园水源水种类及水质：此学校的自来水由星沙水厂提供，捞刀河水为星沙水厂水源水，属于城镇江河水源水。根据历年水质监测情况，水厂断面水质符合Ⅱ、Ⅲ类标准，水源水合格率在91%以上。星沙水厂出厂水在湘江的枯水期和丰水期会偶尔出现管网末端不合格，不合格指标体现在锰和氨氮上，水中锰可能来自自然环境和工业废水污染；水中氨氮超标说明水源水被有机物污染较严重。出厂水微生物指标均合格，水厂消毒处理环节已达到要求，但正因为如此，星沙自来水管网末梢余氯含量极高，出水不能直接饮用，无论品质还是供水模式上，均属典型的市政自来水。

（1）中央水处理机校园直饮水设备出水水质及净水保质原理

中央水处理机校园直饮水设备根据不同原水水质，科学选择不同的净水组件，模块式组合，将原水净化成优质趋同的饮水，即采取选择式处理（净化）模式，最大程度地去除原水中对人身体有害的物质，以适合正处在生长发育旺盛期的小学生饮用；同时，模拟自然环境，采用智能控制技术，使净水始终处于循环流动状态（众所周知，流水不腐）；利用公认的紫外线加臭氧杀菌消毒技术，对净水进行杀菌消毒，杜绝了污染及二次污染，使净水中的致病菌及病毒总是为零；利用智能控制及高效水气混合技术，对净化后的水进行补氧、增氧，不仅补充了因净化而损失的氧气，而且还因充分增氧使之变成了富氧水，对于老师和学生这类用脑人群尤为有益。

（2）中央水处理机校园直饮水设备制供取水模式及构造

本直饮水设备为网络制供取水模式，由主机、净水储水箱（罐）、首尾相连接的管道及分机构成。主机负责净化饮水，净水储水箱（罐）负责存储净化后的净水，管道负责将净水输送至饮水终端机处（饮水终端机也可是龙头、开水炉等其他净水取用装置）用于取用净水，构成一个无缝衔接的中央处理管道分散供水系统。

（3）中央水处理机校园直饮水设备主要参数及出水水质标准

中央水处理机校园直饮水设备适配220V电源，每分钟净水量为6L~10L，总净水量大于1000吨，每分钟供水量在25L~40L，最多能带50台分机，取水终端同时可允许20台分机满负荷取用水，原水进水水压0.05MPa~0.6MPa，无工作水压要求。净水储水容器0.3~1吨，变频供水泵功率大于1kW，供水扬程20米（约六层楼高），净水供水设置压力最佳范围为0.1MPa ~ 0.3MPa。设备以市政自来水或以市政自来水方式供应的水为水源水，设备卫生许可批件出水水质执行《生活饮用水卫生标准》（GB 5749-2006），企业标准执行《饮用净水水质标准》（CJ 94-2005），其中“游离余氯”指标企业标准设定为≤0.003mg/L。

**3. 针对这所小学的中央水处理机校园直饮水设备适用方案设计**

配备方案的设计是确保学校直饮水设备配备科学合理的重要环节。公司安排设计部门组织专家认真阅读了学校提供的图纸，并到实地进行了详细的勘测，经前期研讨，确定了如下配备方案应遵循的原则：

所配直饮水设备确保其出水水质完全符合卫生、安全、健康直饮的标准；直饮水供应量充足，能满足全校学生及教职员工的需要；全天24小时不间断供应；取水点设点布局遵循师生取用方便，且不妨碍办公、学习秩序的原则；饮水终端机安装位置合理，取用水方便；主机安装须有独立的空间或单独的带锁的装机房，与卫生间、垃圾场、生化实验室等有可能污染净水的场所尽最大可能保持距离，平面纵、横向相距最好不低于25米，或垂直距离不在同层，且彼此没有空气交换，通风条件好；取水终端（龙头或分机）安装与可能污染净水的场所平面上纵、横向相距5米以上，或不在同层；净水供水供输管道尽可能隐蔽，裸露敷设则需与环境协调，还须做到整齐美观，室外管道须加防冰冻套管。根据以上配备方案设计原则，重点考虑了设备的供水方式、设备类型、装机选址、装机数量、取水点数量、取用水龙头数量、管网敷设方式等方面，最后，优化设计了如下配备方案。

（1）基于学校的地理位置、地形、地貌所形成的气候条件及内外环境、水源水情况，我们选择由ZCSJ-GW-1000A型主机，配上不锈钢净水储水塔，PPR净水输送管和过流式无水箱取水分机，构成的网络制供、取水设备，该设备正常工作所需条件与这所小学的情况高度适配，如气温、空气质量、水源水、气压等。

（2）根据学校功能建筑数量及其分布，师生人数规模及各功能建筑的分布情况、师生饮水习惯、取用饮水时点、日饮水量，遵照饮水供应充足、略有富余的原则，共设计安装了5台主机，139台分机。

（3）这所小学为已建成投入使用的学校，为了做到与校园环境、各功能建筑协调美观，不损坏建筑物结构，师生取用水方便舒适，既要确保设备及其构件的工作条件和环境，又要确保设备不妨碍师生生活、学校办公秩序和环境，科学地确定了主机、净水储水塔、取水分机布点装机位置，管网的敷设方案。

（4）学校直饮水设备配备情况见表8–3所示。

表8–3　直饮水设备配备情况表

| 技术参数 | | 惟真楼+博思楼 | 博学楼 | 博雅楼+致远楼 | 博美楼 | 逸勤楼 |
|---|---|---|---|---|---|---|
| 设备配备 | 主机系统（套） | 1 | 1 | 1 | 1 | 1 |
| | 饮水终端数量（台） | 40 | 26 | 39 | 32 | 2 |
| | 水箱有效容积（L） | 170 | 160 | 165 | 160 | 420 |
| 设备系统供水情况 | 师生人数（人） | 1300 | 1200 | 1300 | 1200 | — |
| | 最高日饮水定额（L/人·日） | 1 | 1 | 1 | 1 | — |
| | 最高日饮水量（L） | 1300 | 1300 | 1300 | 1300 | — |

（续表）

| 技术参数 | | 惟真楼+博思楼 | 博学楼 | 博雅楼+致远楼 | 博美楼 | 逸勤楼 |
|---|---|---|---|---|---|---|
| 设备系统供水情况 | 饮水分机额定流量（L/s） | 0.058 | 0.058 | 0.058 | 0.058 | 0.058 |
| | 饮水分机同时使用概率（%） | 14 | 20 | 15 | 17 | 100 |
| | 课间供水时间（min） | 8 | 8 | 8 | 8 | 60（午餐1h） |
| | 课间8分钟供水量（L） | 156 | 145 | 163 | 151 | 418（午餐1h供水量） |
| | 全天课间（9次）供水量（L） | 1404 | 1305 | 1467 | 1359 | 836（午餐、晚餐共2h供水量） |
| | 可供饮水人数（人） | 1400 | 1300 | 1450 | 1350 | — |
| | 备　注 | 完全满足2楼栋人员饮水需求。 | 完全满足楼栋人员饮水需求。 | 完全满足2楼栋人员饮水需求。 | 完全满足楼栋人员饮水需求。 | 餐厅饮水人员属流动饮水人员，完全可满足就餐时的饮水需求。 |

表8-3中饮水分机同时使用概率按下式计算：

$$P_0 = \frac{aq_d}{1800\ n_0 q_0}$$

式中 $a$ 为经验系数，教学楼取0.45［《建筑给排水设计规范（2009年版）》（GB 50015-2003）］；$q_d$ 为系统最高日直饮水量（L/d）；$n_0$ 为饮水分机数量（水嘴数量）；$q_0$ 为饮水分机额定取水流量（L/s），饮水终端额定取水流量3.5L/min（即0.058L/s）；最高日直饮水定额为1.0L~2.0L［《建筑给排水设计规范（2009年版）》（GB 50015-2003）］。

（5）主机及分机数量配备设计依据

① 中小学生在校饮水时段分布

中小学生在校饮水时段分布如下：（a）上午第一节课前；（b）上午第一、二节课间；（c）上午第二、三节课间；（d）上午第三、四节课间；（e）上午第四节课后；（f）下午第一节课前；（g）下午第一、二节课间；（h）下午第二、三节课间；（i）下午第三节课后。

② 中央水处理机校园直饮水设备最大供水量与学生最大取水量统一的条件

（a）必须满足学生最短课间10分钟内的取水需求（公司按最短课间取水用时8分钟）。

（b）学生在最短课间内取用的饮水必须是臭氧已完全分解后的净水。

（c）每次课间水塔内净水必须满足课间最大饮水量的需求。

（d）主机制水流量必须做到每次课间前水塔内存有满足课间最大饮水量的净水。

**4. 小学直饮水设备配备详细情况说明**

（第1套）中央处理管道分散式直饮水设备：惟真楼、博思楼

（1）管线安装示意如图8-10所示

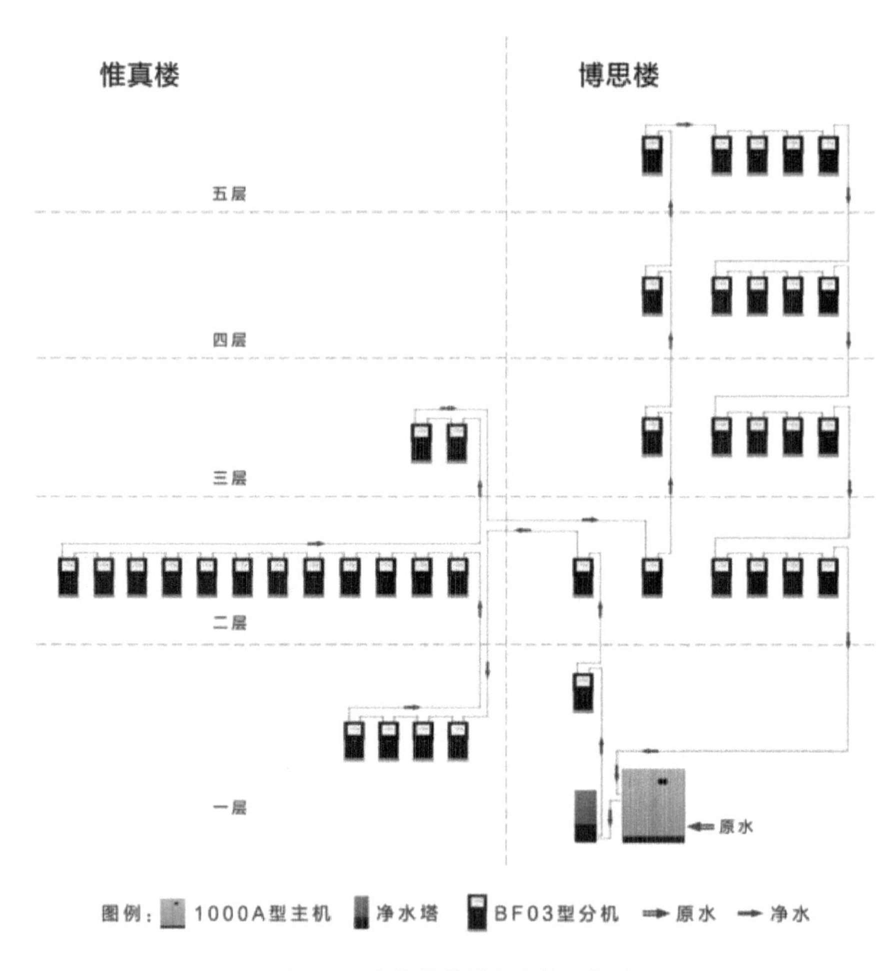


图 8–10 长翔管线设备安装示意图

（2）主机安装地点及情况说明

① 主机位置：在博思楼一楼西侧楼梯间，用防护栏隔离，形成独立的主机房。

② 主机可带分机数量50台，实际40台，其中学生集中饮水分机16台，教师、学生分散饮水分机24台。

③ 可供应饮水人数：1400余人（见表8-3：直饮水设备配备情况表）。

④ 主机跨楼栋供水，因学校起初不想对惟真楼供水，设备安装后又提出供水要求，公司考虑到惟真楼为综合楼，饮水人员主要是教师，饮水人数少，饮水量不大，而直饮水设备主机能带终端机数量不超过50台，且具有跨楼栋供水的能力，所以由邻近的博思楼主机实行跨楼栋供水。

（3）饮水分机布局说明

惟真楼为综合楼，共五层（包括第五层阁楼），设有行政办公室、实验室、多媒体室、活动室、会议室、计算机房、阅览室等，其中第四、五层无饮水需求，只有一、二、三层有饮水需求，共装饮水分机18台。

第一层中教师办公室、多媒体教室与阳光服务中心有饮水需求，根据饮水取用方便原则，饮水分机安装进教师办公室与阳光服务中心。而多媒体室因为有电脑设备，从设备安全角度考虑，饮水分机安装于多媒体室外走廊，既方便取水，又安全。同时，因饮水人员较多，故集中安装2台取水分机，以保障饮水随时可取。

第二层有12个不同功能办公室存在饮水需求，根据饮水取用方便原则，取水分机安装进各功能办公室。

第三层为电子阅览室、图书室、计算机室以及美术室、书法室、棋艺室等，有饮水需求，但饮水需求多为流动性人员，为保证设备设施安全及保证饮水需求，在公共活动空间集中安装2台饮水分机。

博思楼为教学楼，共五层，第一层为架空层，二、三、四、五层中间为5间学生教室，各楼层西侧为卫生间与楼梯，东侧为教师办公室与楼梯，整栋楼共装饮水分机22台。

教师办公室6间，为方便教师饮水及保障学校教学秩序，将饮水分机安装进办公室；学生饮水分机则集中安装于各楼层的走廊东侧，每层4台，共计16台，其目的在于：

① 为保障学生学习秩序，饮水分机不进教室，集中安装于安全的公共地带。

② 为保障饮水质量，饮水分机应远离污染源，安装地选择远离卫生间的走廊东头。

③ 为保证学生饮水量及取水方便，每层取水点集中安装4台饮水分机。

（4）净水管网敷设情况说明

净水管网敷设情况具体见表8-4所示。

表8-4 净水管网敷设情况

| 序号 | 工程段（各工程段首尾相连） | 净水水管的连接 | 净水管长（米） | 直角弯头（个） |
|---|---|---|---|---|
| 1 | 博思楼西侧一楼主机至一楼办公室分机 | 净水管自主机沿墙角敷设，连接一楼教师办公室的饮水分机 | 6.2 | 6 |
| 2 | 博思楼西侧一楼办公室分机至二楼办公室分机 | 竖直向上穿越二楼楼板，连接二楼办公室饮水分机 | 4.8 | 4 |
| 3 | 博思楼西侧二楼办公室分机至惟真楼西侧一楼办公室分机 | 折向南沿博思楼与惟真楼连接走廊墙角连接至惟真楼二楼西侧墙角，再沿墙角竖直向下至惟真楼一楼，连接惟真楼一楼教师办公室饮水分机 | 49 | 12 |
| 4 | 惟真楼西侧一楼办公室分机至东侧阳光服务中心办公室及多媒体教室走廊外分机 | 折向东沿墙角连接阳光服务中心，多媒体室外走廊分机，共3台 | 9.6 | 8 |

（续表）

| 序号 | 工程段（各工程段首尾相连） | 净水水管的连接 | 净水管长（米） | 直角弯头（个） |
|---|---|---|---|---|
| 5 | 惟真楼东侧多媒体教室走廊外分机至惟真楼二楼西侧道德讲堂分机 | 竖直向上进入惟真楼二楼，连接二楼西道德讲堂分机 | 6.6 | 6 |
| 6 | 惟真楼二楼西侧道德讲堂分机至东侧工会办公室 | 从西到东净水管道串连了此楼道南北两侧办公室内的分机直到东侧的工会办公室 | 98.2 | 60 |
| 7 | 东侧工会主席室分机至三楼公共活动空间分机 | 竖直向上进入惟真楼三楼，连接东侧公共活动空间的2台分机 | 4.2 | 6 |
| 8 | 惟真楼三楼公共活动空间分机至博思楼东侧二楼办公室分机 | 在楼道内折回西侧后再竖直向下进入惟真楼西侧二楼，再折向北沿博思楼与惟真楼连接走廊回到博思楼二楼西侧，再折向东连接博思楼二层东侧办公室饮水分机 | 86.8 | 48 |
| 9 | 博思楼东侧二楼办公室分机至三楼办公室分机 | 竖直向上穿越三楼地板，连接三楼办公楼饮水分机 | 4.2 | 6 |
| 10 | 三楼办公室分机至四楼办公室分机 | 竖直向上穿越四楼地板，连接四楼办公楼饮水分机 | 4.2 | 6 |
| 11 | 四楼办公室分机至五楼办公室分机 | 竖直向上穿越五楼地板，连接五楼办公楼饮水分机 | 4.2 | 6 |
| 12 | 五楼办公室分机至五楼学生集中饮水分机 | 折向南连接5楼走廊的集中饮水分机，4台 | 12 | 12 |
| 13 | 五楼学生集中饮水分机至四楼集中饮水分机 | 竖直向下穿越五楼楼板，连接四楼走廊的集中饮水分机，共4台 | 7.8 | 12 |
| 14 | 四楼学生集中饮水分机至三楼集中饮水分机 | 竖直向下穿越四楼楼板，连接三楼走廊的集中饮水分机，共4台 | 7.8 | 12 |

（续表）

| 序号 | 工程段（各工程段首尾相连） | 净水水管的连接 | 净水管长（米） | 直角弯头（个） |
|---|---|---|---|---|
| 15 | 三楼学生集中饮水分机至二楼集中饮水分机 | 竖直向下穿越三楼楼板，连接二楼走廊的集中饮水分机，共4台 | 7.8 | 12 |
| 16 | 二楼集中饮水分机至博思楼西侧一楼主机 | 竖直向下穿越二楼楼板，沿墙角折向东连接主机形成一个净水输送封闭圈 | 55 | 16 |
| 合计 | | | 368.4 | 232 |

第2套博学楼，第3套博雅楼、致远楼，第4套博美楼，第5套逸勤楼（略）；

**5. 学校直饮水设备配备设计、施工、运维、监测及监管遵循标准**

（1）《家用和类似用途电器噪声测试方法 通用要求》（GB/T 4214.1-2017）

（2）《家用和类似用途电器的安全 第1部分 通用要求》（GB 4706.1-2005）

（3）《电气安全术语》（GB/T 4776-2008，现已废止）

（4）《食品安全国家标准 食品接触材料及制品通用安全要求》（GB 4806.1-2016）

（5）《食品安全国家标准 食品接触用塑料材料及制品》（GB 4806.7-2016）

（6）《食品安全国家标准 食品接触用金属材料及制品》（GB 4806.9-2016）

（7）《食品安全国家标准 食品接触用橡胶材料及制品》（GB 4806.11-2016）

（8）《生活饮用水卫生标准》（GB 5749–2006）

（9）《生活饮用水标准检验方法》（GB/T 5750.1–2006 ~ GB/T 5750.13–2006）

（10）《生活饮用水输配水设备及防护材料的安全性评价标准》（GB/T 17219–1998）

（11）《陶瓷片密封水嘴》（GB 18145–2014）

（12）《室内空气中臭氧卫生标准》（GB/T 18202–2000）

（13）《城市给排水紫外线消毒设备》（GB/T 19837–2005）

（14）《膜分离技术　术语》（GB/T 20103–2006）

（15）《臭氧发生器安全与卫生标准》（GB 28232–2011）

（16）《家用和类似用途饮用水处理装置》（GB/T 30307–2013）

（17）《建筑给水排水设计规范（2009年版）》（GB 50015–2003）

（18）《中小学校设计规范》（GB 50099–2011）

（19）《电气装置安装工程　接地装置施工及验收规范》（GB 50169–2016）

（20）《电气装置安装工程　低压电器施工及验收规范》（GB 50254–2014）

（21）《饮用净水水质标准》（CJ 94–2005）

（22）《管道直饮水系统技术规程》（CJJ 110–2006，现已被新标准替代）

（23）《中小学膜处理饮水设备技术要求和配备规范》（当时在审批中，现为JY/T 0593–2019）

## 三、技术适用性案例（3）：中学的校园直饮水工程配备案例

### 1. 某中学的校园直饮水案例概述

为了解决连云港海州市某中学师生的在校饮水问题，学校在新校区的建设中就已经通过实施竞争性谈判，公开招标采购了学校直饮水设备，要求采购的直饮水处理设备在新校建好后一同交付使用，解决新校区师生的饮水问题。长期以来，如何解决学生喝水的问题一直是学校、家长、同学共同关心的焦点。通过前期调研发现，目前学校的市政供水为海州水厂出厂的自来水，根据水质的情况（如表8-5所示），需要采用反渗透方法处理直饮水最为安全可靠，设备消毒后出水就可以直饮。通过净化处理后大大降低了市政自来水的TDS值，勘察时学校的原水TDS初测值为300mg/L，净化处理后产品水的TDS值可以达到10以下，同时还解决了自来水中的氟化物、氯化物含量较高的问题。据测算使用直饮水设备后的饮水成本还要略低于桶装水的价格，更重要的是师生的饮水安全得到了有效保障。

表8-5　连云港市自来水公司出厂水水质检测

| 单位 | 浑浊度（NTU） | 色度（度） | 臭和味 | 肉眼可见物 | 余氯（mg/L） | 细菌总数（CFU/ml） | 总大肠菌群（MPN/100ml） | 耐热大肠菌（MPN/100ml） | 耗氧量（mg/L） | 氟化物（mg/L） |
|---|---|---|---|---|---|---|---|---|---|---|
| 海州水厂 | 0.18 | <5 | 无 | 无 | 0.86 | 0 | 0 | 0 | 1.6 | 0.6 |

学校位于锦屏山北侧，西边有蔷薇河，自然环境优美。学校教学设

施设备先进齐全，拥有图书馆、塑胶操场、数字化实验室、探究实验室、海洋生物标本室、地质矿物标本室等，校园施工平面如图8-11所示。目前教职工250多人，在校学生约2500人，其中住校生有900余人。

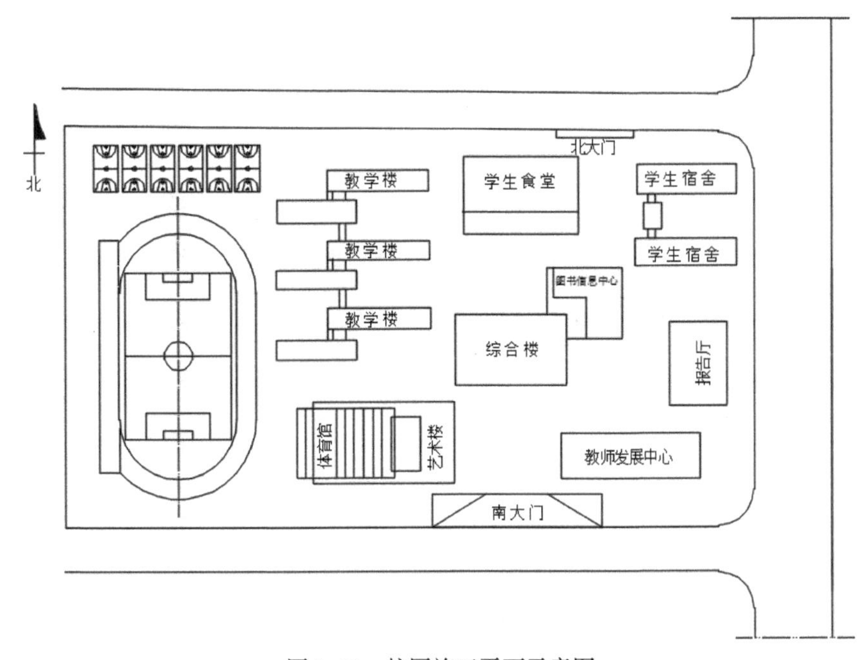


图8-11　校园施工平面示意图

系统集成招标时，由于现场施工环境复杂，校方要求投标人统一勘察现场，且必须有校方在场，并由学校出具现场勘察证明。校园直饮水设备是工程商用主机装在地下室的专用中央净水处理机房中，饮水终端设备安装到三栋教学楼（问涣楼、林枫楼和玖兴楼，教学楼楼高5层局部4层）中的教室、教师办公室以及食堂的饮水处；同时为满足师生喝开水的需求，在教学楼的走廊、食堂图书馆，艺术馆、体育馆和会议室都分别安装的是两开两常温饮水平台，如图8–12所示。详见设备清单表8–6。

图8–12 四季沐歌主机房和饮水终端（两开两常温饮水平台）

表8–6 设备清单

| 编号 | 货物名称 | 数量 | 技术参数 | 备注说明 |
| --- | --- | --- | --- | --- |
| 1 | 直饮机 | 29 | 额定功率≤3kW<br>制热水能力≥30L/h<br>出水方式：两开两常温，常压出水 | |
| | 中央净水设备 | 2 | 额定功率≤2.2kW<br>制水能力≥500L/h | |
| 2 | 管道终端机 | 320 | 额定功率≤500W<br>制热能力≥5L/h | |
| 3 | 控制系统 | | 采用2015控制系统 | |

（续表）

| 编号 | 货物名称 | 数量 | 技术参数 | 备注说明 |
| --- | --- | --- | --- | --- |
| 4 | 预处理阀头 | | 采用润新自动多路阀头 | |
| 5 | 反渗透膜组件 | | 采用串联式 | |
| 6 | 压力检测 | | 四个压力监测点 | |
| 7 | 直饮机 | | 加热能力≥30L/h，采用强生牌增压泵 | |
| 8 | 管道 | | 管壁及管径不低于国家标注，De20-1.25MPa-2.0mm厚，De25-1.25MPa-2.3mm厚，De32-1.25MPa-2.9mm厚，De40-1.25MPa-3.7mm厚，De50-1.25MPa-4.6mm厚 | |

**2. 设计方案原则**

（1）项目设计方案介绍

该水处理工艺流程系统为全自动运行模式，中央处理主机采用多种采样信号及根据不同工况下使用的特点进行编程设计。由原水前置系统、水处理主机系统、恒压供水系统和闭路循环杀菌系统四部分组成。水处理主机系统采用反渗透膜技术对原水进行净化。直饮水工程通过主机制水，通过管网送水到终端（教室、食堂等）提供饮水，如图8-13所示，对师生采用畅饮模式，从而实现学生自助饮水，完全杜绝桶装水的二次污染，使饮水更洁净、更安全、更健康。产品水的各项指标均达到国家标准，产品获得中华人民共和国卫生部许可批件，如图8-14所示。

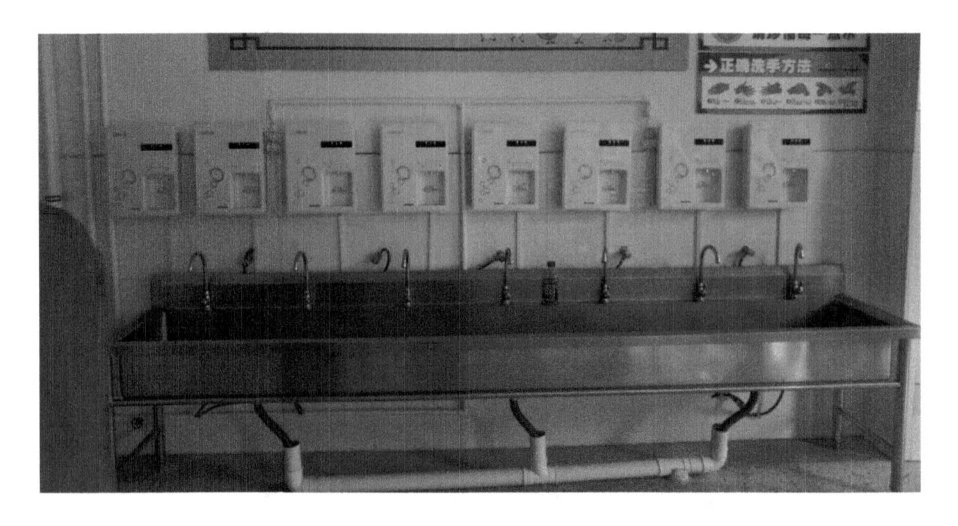


图 8-13　食堂安装位置

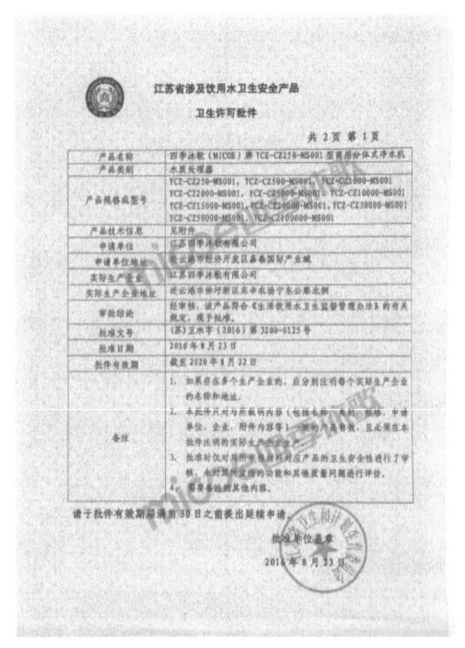

江苏省涉及饮用水卫生安全产品

卫生许可批件

共 2页 第 1页

| 产品名称 | 四季沐歌（MICOE）牌 YCZ-CZ250-MS001 型商用分体式净水机 |
|---|---|
| 产品类别 | 水质处理器 |
| 产品规格或型号 | YCZ-CZ250-MS001，YCZ-CZ500-MS001，YCZ-CZ1000-MS001<br>YCZ-CZ2000-MS001，YCZ-CZ5000-MS001，YCZ-CZ10000-MS001<br>YCZ-CZ15000-MS001，YCZ-CZ20000-MS001，YCZ-CZ30000-MS001<br>YCZ-CZ50000-MS001，YCZ-CZ100000-MS001 |
| 产品技术信息 | 见附件 |
| 申请单位 | 江苏四季沐歌有限公司 |
| 申请单位地址 | 连云港市经济开发区嘉泰国际产业城 |
| 实际生产企业 | 江苏四季沐歌有限公司 |
| 实际生产企业地址 | 连云港市徐圩新区东辛农场宁东公路北侧 |
| 审批结论 | 经审核，该产品符合《生活饮用水卫生监督管理办法》的有关规定，现予批准。 |
| 批准文号 | （苏）卫水字（2016）第 3200-0125 号 |
| 批准日期 | 2016 年 8 月 23 日 |
| 批件有效期 | 截至 2020 年 8 月 22 日 |
| 备注 | 1. 如果存在多个生产企业的，应分别注明每个实际生产企业的名称和地址。<br>2. 本批件只对与所载明内容（包括名称、型号、规格、申请单位、企业、附件内容等）一致的产品有效，且必须在本批件注明的实际生产企业生产。<br>3. 批准时仅对其所审报材料对应产品的卫生安全性进行了审核，未对其所宣传的功能和其他质量问题进行评价。<br>4. 需要备注的其他内容。 |

请于批件有效期届满前 30 日之前提出延续申请。

批准单位盖章

2016 年 8 月 23 日

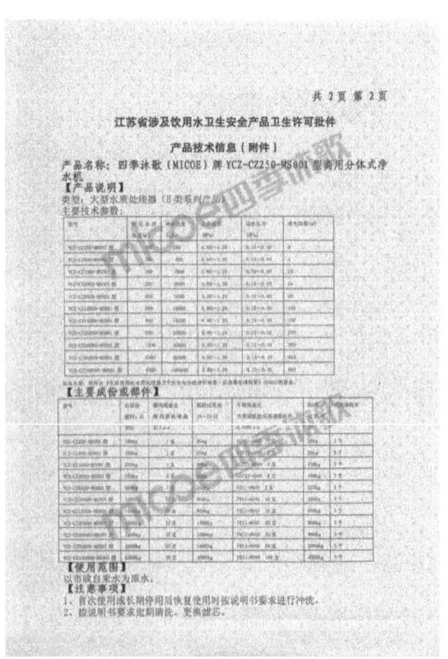

共 2页 第 2页

江苏省涉及饮用水卫生安全产品卫生许可批件

产品技术信息（附件）

产品名称：四季沐歌（MICOE）牌 YCZ-CZ250-MS001 型商用分体式净水机

【产品说明】

类型：大型水质处理器（B 类系列产品）

主要技术参数：

【主要成份或部件】

【使用范围】

以市政自来水为原水。

【注意事项】

1、首次使用或长期停用后恢复使用时按说明书要求进行冲洗。

2、按说明书要求定期清洗、更换滤芯。

图 8-14　卫生部许可批件

（2）学校直饮水处理工艺设计说明（如图8–15所示）

① 设备安装处要求能满足维护方便、通电通水和排水便利的要求；

② 设备安装处需预留足够的产品安装空间；

③ 原水使用符合《生活饮用水卫生标准》（GB 5749–2006）的市政自来水。进水管道应从市政供水管网单独引入，在引入直饮水设备之前应安装防回水的单向阀。给排水的设计与施工应符合《建筑给水排水设计规范（2009年版）》（GB 50015–2003）及其他相关标准规范的要求；

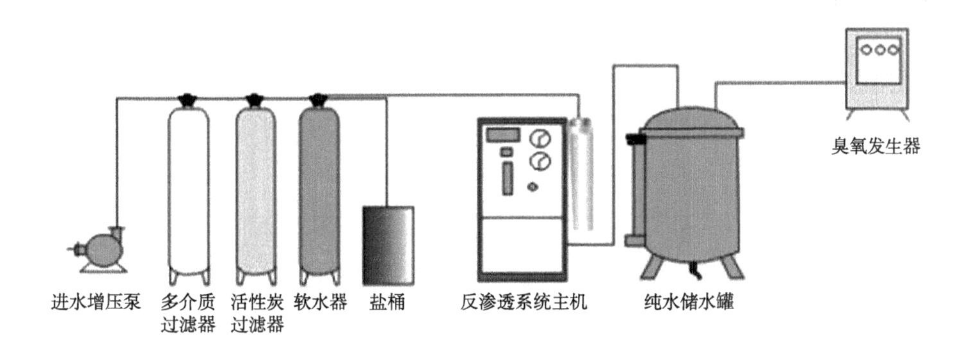


图8–15　直饮水处理系统流程

④ 与直饮水接触的管材、管件、防护涂料需符合卫生标准，主要参考标准如下：

（a）《建筑给水排水设计规范（2009年版）》（GB 50015–2003）；

（b）《反渗透水处理设备》（GB/T 19249–2003，现已被新标准替代）；

（c）《生活饮用水卫生标准》（GB 5749–2006）；

（d）《饮用净水水质标准》（CJ 94–2005），其中微生物指标达到《瓶（桶）装饮用纯净水卫生标准》（GB 17324–2003，现已被新标准替代）；

（e）《管道直饮水系统技术规程》（CJJ 110–2006，现已被新标准替代）；

（f）《室外给水设计规范》（GB 50013-2006，现已废止）；

（g）《通用用电设备配电设计规范》（GB 50055-2011）；

（h）其他相关专业规范及标准；

（i）采购人提供的有关水量资料及其他要求。

（3）中央处理主机净水工艺

① 石英砂过滤器

采用石英砂过滤器，主要目的是去除原水中含有的泥沙、铁锈、胶体物质、悬浮物等颗粒以及大小在20μm以上的物质。可选用手动阀门控制或者全自动控制器进行反冲洗、正冲洗等一系列操作。保证设备的产水质量，延长设备的使用寿命。

② 活性炭过滤器

活性炭过滤器设计流速为10m/h~12m/h，过滤器内设多种粒径的石英砂垫层及具有很强吸附能力的颗粒活性炭，可抑制水中微生物的生长及繁殖，以免反渗透膜元件受有机物的污染。因活性炭在工艺中主要起吸附水中的有机物、余氯及部分铁、锰的作用，由于该滤料比重较小，反冲洗强度为7L/$m^2$·s~8L/$m^2$·s，滤料反洗膨胀率为40%~50%，因此反洗时宜选用低流速反洗，以防活性炭反洗时随水冲走。

活性炭的吸附能力体现在以下几个方面：

（a）吸附水中的有机物、胶体微粒、微生物；

（b）吸附水中的氯、氨、溴、碘等非金属物质；

（c）吸附水中的重金属离子，如银、砷、六价铬、汞、锑、锡等；

（d）能够有效去除水中的色度和气味。

活性炭过滤器滤料（活性炭）更换周期以出水余氯含量≤0.05ppm及有机物含量CODcr<1.5mg/L两项指标为标准，出水水质应定期监测。

③ 保安过滤器

保安过滤器，具有体积小、流量大、耐压高、过滤效果明显、操作简单等优点，是制取饮料用水、纯水、软化水、矿泉水工艺不可缺少的设备，一般是用在反渗透装置、超滤装置的前期预处理设备，以防止颗粒物进入下一道处理单元。保安过滤器由以新型聚丙烯熔喷状滤芯为过滤元件，过滤精度为5μm的滤芯组成，运行时大于5μm的颗粒物不能通过而被截留，在这里可以去除水中含有的微量有机物、杂质和微生物。这样既能保护反渗透膜，使之不被堵塞，又能降低微生物在里面的繁殖速度，增加水通量。

④ 反渗透系统功能及工艺概括

经过预处理的水进入置于压力容器内的膜元件，水分子和极少量的小分子离子能通过膜层，经过中心收集管集中后，通过产水管再注入水箱；而胶体、有机物、微生物以及离子等均不能通过膜元件，并随着小部分水留在浓水室，流往浓水管排放。系统的进水、产水、浓水的管道上都装有一系列的控制阀门、监控仪表来保证设备能长期稳定地运行。

反渗透是20世纪60年代发展起来的薄膜分离技术，是依靠反渗透膜在压力下使溶液中的溶剂与溶质进行分离的过程。对于除盐系统来说，预处理水进入反渗透膜，在压力差的作用下，水分子透过半透膜进入淡水室，大分子（如$Ca^{2+}$、$Mg^{2+}$、$Na^{+}$ 、$SO_4^{2-}$ 、$Cl^{-}$ 、$HCO_3^{-}$ 、$HSiO_3^{-}$ 等离子）则留在浓水室，最后排放。

反渗透工艺的设备减少了操作阀门、管件等，从而大大地简化了除盐设备的操作，减少了误操作的发生。另外，反渗透工艺的除盐效果好，一般除盐率均可达到97%以上。反渗透工艺没有酸碱废水的排放，其排放的浓水还可以回收再用，成为预处理系统的清洗水，因此该工艺的废水排放量很少。由于该工艺废水排放量少，没有再生液的消耗，需要的操作维护人员少，因此运行费用低；并且其运行较稳定，现已成为除盐水处理最为常用的工艺之一。

反渗透装置是本系统中最主要的脱盐设备，反渗透膜结构如图8-16所示，它利用反渗透膜的特性来去除水中的大部分可溶性盐分、胶体、有机物及微生物和细菌。反渗透系统一般由超滤膜组件装置、高压泵、超滤清洗装置、控制仪表等组成。

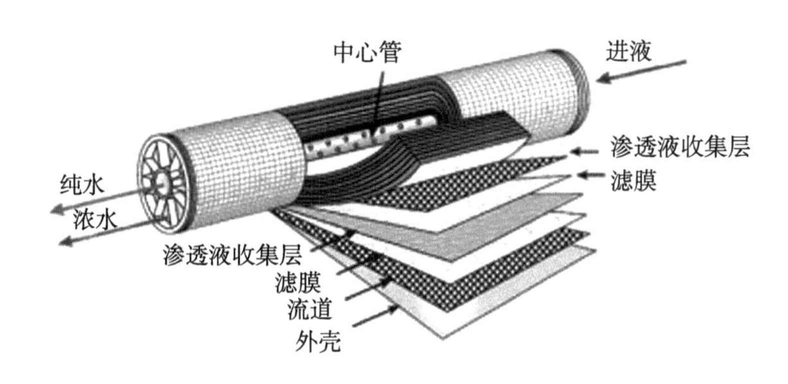


图8-16 反渗透膜结构

⑤ 产品水的二次消毒

自来水一般采用在水中投加游离氯，消毒杀菌效果很好，但也存在产生消毒副产物（如三卤甲烷）的弊端；本设备采用臭氧和紫外线联合杀菌装置，安全环保，无副产物，确保水质达标。

这所学校的中央处理主机产出的净水就是应用了臭氧和紫外线联合杀菌的装置，通过智能控制紫外线剂量和臭氧投加量，科学地利用紫外线解决瞬时杀菌消毒问题，利用臭氧解决长效杀菌消毒问题。这种联合消毒杀菌方式杀菌效果好，对人体无毒，饮用水无不良味道，不产生消毒副产物，不会给饮用带来不良影响。

（4）物联网的智能技术运行监控

采用智能控制技术可与因特网实现远程网络通讯。要保证直饮水净化设备长期稳定运行，直饮水设备的管理和维护是关键。此产品顺应信息化潮流，应用网络通讯技术，用户或制造商可以通过因特网远程监控设备运行状态、远程查看设备运行参数和在线水质检测指标，并可远程诊断故障和远程操作设备；及时解决故障，按时更换滤料、滤芯；保证设备长期稳定运行。

（5）环保、安全、卫生情况

① 本系列产品是直饮水深度净化系统产品，应用机械过滤、活性炭过滤、微孔过滤、新型反渗透等组合技术，净化效果好、效率高，水质接近纯净水，并可减少浓水排放。

② 电气控制系统符合《电气装置安装工程　盘、柜及二次回路接线施工及验收规范》（GB 50171–2012）的规定；配置有效的接地，安全可靠。

③ 配套断相保护、低电压保护、超电压保护、低水压保护、高水压保护，满足安全使用的所有条件。

④ 所选用的与水接触的原材料全部具有《涉及饮用水卫生安全产品卫生许可批件》，确保产水水质达标。

⑤ 主机系统与管网系统为循环闭路，确保水质干净卫生。

**3. 设备技术参数**

（1）学校配备产品简介

此学校配备的直饮水处理设备，要求其进水为市政自来水，经过本产品处理后，可有效去除泥沙、铁锈、悬浮物，对细菌、有机物、高价无机盐等对人体有害的物质，配置紫外线杀菌或紫外线与消毒臭氧联合杀菌，其出水水质可达到《饮用净水水质标准》( CJ 94-2005 ) 的要求。通过产品的供水系统，将产水输送到循环管网，最终到达终端机供用户饮用。

（2）中央处理机房

① 校园中央机房膜处理设备如图 8-17 所示。

图 8-17　四季沐歌中央机房膜处理设备

② 中央处理机房技术参数如表 8-7 所示。

表 8-7　中央处理机房技术参数

| 项目 | 定义/指标 |
| --- | --- |
| 产品名称 | 商用净水分体机（0.5吨/小时） |
| 产品型号 | YCZ-CZ500-MS001 |
| 额定电压 | 220V |
| 适用水源 | 市政自来水 |
| 适用水压 | 0.1MPa~0.4MPa |
| 使用环境温度 | 5℃~40℃ |
| 纯水流量 | 500L/h |

（续表）

| 项目 | 定义/指标 |
| --- | --- |
| 整机总功率 | 2100W |
| 净化流程 | 石英砂→活性炭→PP棉→RO膜 |
| 纯水水质 | TDS ≤ 50ppm |
| 产品尺寸 | 1500mm × 700mm × 1600mm |
| 工作压力 | 0.80MPa~1.20MPa |

③ 工作原理：自来水经第一道过滤石英砂过滤器去除自来水中的泥沙、悬浮物等大颗粒，经第二道过滤活性炭过滤器去除水中异色异味、余氯，经过第三道过滤PP棉，去除水中直径大于5μm的颗粒，最后经过RO反渗透膜去除水中细菌、病毒、重金属等有害物质，最终达到直饮水标准。

④ 产品特点：

（a）系统自动运行，便捷操作，大通量水质保证，开启工程净水无人值守模式；

（b）全自动多级预处理系统，系统自动清理，超长滤芯使用寿命；

（c）优质增压泵，净水系统高效率低噪音稳定运行；

（d）水质监测控制，实时监测水质变化，保障水质安全；

（e）切合当地水质的个性化设计，全方位满足需求；

（f）浓水比自由调节，充分开发设备性能，节水更经济；

（g）全系统压力保护功能，保障系统24小时无忧运行。

（3）饮水终端

饮水终端如图8-18所示，产品型号为MG-B01-R。

图 8-18　饮水终端

① 饮水终端技术参数如表8-8所示：

表 8-8　饮水终端技术参数

| 项目 | 定义/指标 |
| --- | --- |
| 额定电压 | 220V |
| 额定功率 | 500W |
| 适用水源 | 纯净水 |
| 适用水压 | 0.1MPa~0.4MPa |
| 环境温度 | 4°C~40°C |
| 制热水能力 | 5L/h |
| 出水温度 | 98°C |
| 防触电类型 | Ⅱ型 |

② 饮水终端特点：

（a）本机采用封闭式水箱，饮水更健康。装有自动补水系统，使用方便、安全可靠；

（b）本机具有噪音低、省电、耐用等特点。适合家庭、宾馆、写字楼、学校等场所使用，可满足人们泡茶、冲咖啡、即溶食品等各种需要；

（c）本机采用模块结构，质量稳定、维修简单；

（d）本机的出水龙头采用优质材料和强化结构设计，外观典雅，具有轻巧、灵活、出水量大、无滴漏、寿命长等优点；

（e）本机热胆、电热管均采用优质食品级不锈钢制造，确保水质纯净，符合国家卫生标准；

（f）本机采用的自动供水系统、自动加热控制部件，均经严格筛选，对冷水、热水的温度实行自动控制、双重控制、双重保护，工作稳定可靠；

（g）时尚的外观设计，超薄的机身设计，更加节省教室空间。

（4）集成一体式饮水平台

集成一体式饮水平台如图8-19所示，产品型号为YCZ-CT60-MS005。

图8-19　集成一体式饮水平台

① 集成一体式饮水平台参数如表8-9所示：

表8-9 集成一体式饮水平台参数

| 产品名称 | 商用一体式饮水平台 | 产品型号 | YCZ-CT60-MS005 |
|---|---|---|---|
| 额定电压/频率 | 220V/50Hz | 总功率 | 3000W |
| 加热功率 | 3000W | 进水压力 | 0.1MPa~0.4MPa |
| 工作压力 | 0.4MPa~0.6MPa | 使用环境温度 | 4℃~40℃ |
| 进水温度 | 5℃~38℃ | 显示方式 | LED |
| 过滤级数 | 5级 | 废水比 | 1：1 |
| 储水桶 | 11G | 尺寸 | 1050mm×450mm×1550mm |
| 纯水流量 | 60L/h | 制热水能力 | 30L/h |
| 热胆大小 | 35L | 出水方式 | 两开两常温 |
| 常温水流量 | 2.5L/min | 出热水流量 | 1.2L/min |
| 热水出水温度 | 98℃ | 机身材质 | 不锈钢 |

② 集成一体式饮水平台特点：

（a）采用净水工艺，五级过滤去除有害物质；

（b）外观时尚，采用黑钛拉丝防指纹技术配以钢化玻璃，美观大方，易于清理保洁；

（c）自动开关机设计，LED显示，运行状况一目了然；

（d）净水、开水一体式供应，拒绝二次污染，同时满足多人饮水需求；

（e）全自动预处理系统运行稳定可靠；

（f）高效热交换技术有效降低能耗80%。

**4. 货物包装、发运及运输**

（1）供货方应在货物发运前对其进行满足运输距离、防潮、防震、防锈和防破损装卸等要求的包装，以保证货物安全运达学校指定地点。

（2）使用说明书、质量检验证明书、随配附件和工具以及清单一并附于货物内。

（3）供货方在货物发运手续办理完毕后24小时内或发货到学校后48小时前通知甲方，以准备接货。自合同签订之日起30日内交货并完成安装调试。

（4）付款方式：无预付款，分期两年付清。全部设备安装调试完成、验收合格并保证开学正常运行，本年底前付合同价款50%，第二年底前付至合同价款的95%，留结算价的5%作为质量保修金，质保期满且无质量问题后30个工作日内将余款一次性付清（无息）。

（5）服务响应时间：乙方在接到甲方通知后应在24小时之内上门服务。如需更换设备或送修，必须在48小时内提供同型号同配置的备用设备。

**5. 施工调试和验收**

（1）系统验收

① 直饮水工程施工质量验收应根据其施工安装特点进行检验批、分项工程验收和竣工验收。

② 检验批及分项工程验收应由监理工程师（或建设单位项目技术负责人）组织施工单位的项目专业质量（技术）负责人等进行验收。

③ 直饮水系统工程完工后，施工单位应自行组织有关人员进行检验评定，并向建设单位提交竣工验收申请报告。

④ 建设单位收到直饮水工程竣工验收申请报告后，应由建设单位（项目）负责人组织施工（含分包单位）、施工方设计负责人进行工程竣工验收。

（2）质量保证措施

① 为确保工程验收合格，达到优良标准，应采取下列措施：

（a）严把设备、材料进货关，认真对供应商进行考察，选择产品质量优良、可靠、讲信誉的厂家。

（b）严格执行进料检验制度，所购设备要有合格证，材料要有厂家质量保证书，杜绝假冒伪劣产品进入工程。

（c）验收合格的产品入库后做好标识，按工程分类排放，确保该产品在质量上的可追溯性。

（d）为确保工程质量，在施工过程中及各工序衔接处实行三级验收制度：

· 做好施工准备工作，工程项目施工前由技术人员向施工人员进行技术交底。

· 特殊工种如电工、焊工等必须有上岗证，持证上岗。

· 关键过程控制：隐蔽过程必须通过监理或甲方验收签证后方可封闭；管道进行水压实验前，对系统进行反复冲洗，直到水色清澈为止。

（e）重要过程控制：管道安装时首先将管道内的垃圾清理干净，安装时严防焊渣落入管内，对已安装好的管道开口处，包封严密，以免建筑物垃圾进入管内。

（f）建立质量检验体系，项目部设立安全负责人，班组设兼职安全员，并充分发挥质安员的保证和否定作用，全面跟踪工程质量，层层把关，做到不合格工序坚决返工。

（g）认真做好质量记录，全面真实地反映整个工程的施工质量，建立质量例会制度。

（h）严格按设计图纸和有关规定施工。

（i）施工过程中有关的质量文件、记录，竣工时要进行整理并交给用户作为公司对整个工程质量的依据。

**6. 伴随服务／售后服务**

正式运行前公司将派技术人员到学校讲解净水的健康知识，让每位学生都能了解到健康饮水的重要性。为确保饮水设备的正常运转和卫生清洁问题，公司将派负责运维的技术员常驻学校进行定期检测、保养、更换滤材及清洗等工作。为保证师生的饮水健康，供水前将邀请当地卫生部门对产水进行卫生检验；合格后才开始供水。

（1）应按照国家有关法律法规规章和“三包”规定以及合同所附的“服务承诺”提供服务。

（2）所有货物保修方式均为上门服务，因产品质量产生的问题应在24小时内派人员到设备使用现场维修，所产生的一切费用由承包方承担。

（3）设备免费保修期为验收通过后36个月，招标文件中对硬件设备有特殊要求的，从其要求。因人为因素出现的故障不在免费保修范围内。超过保修期的机器设备，终身维修，维修时只收部件成本费。

**7. 学校直饮水工程成效分析**

在实施校园直饮水工程以来，由于前期进行了适用性设计，所有的工程设计都是有的放矢地进行设计评估。工程通过2年多的运行，校园饮水质量备受学校、家长和学生好评。此工程与当前学校的主要饮水方式（锅炉烧水、桶装水、矿泉水或饮料）对比有以下优点：

（1）管理智能，放心省心。不但省出了抬水、送水、买水的时间，而且学生喝水方便、快捷，家长放心、学校省心。

（2）节约用水，实现分质供水，保护环境。

（3）使用方便，饮水不限。随制随饮，管网供水，水源充足，冷热转换，四季皆宜。

（4）健康卫生，饮用安全。管网供水无污染环节，杜绝了桶装水的二次污染问题。

（5）学校一次性投资采购设备，使后期运行费用低廉。此净水设备的产品水，杂质去除率高，大大降低了原水的可溶性，固体含量出水的TDS值小于8，去除了原水中90%以上的氟离子和氯离子。减少了污染风险。

水是生命之源，健康之本。因此，不仅要从量上满足师生的饮水要求，而且从质上也要保证其饮水安全。

## 四、技术适用性案例（4）：十五年一贯制学校的直饮水工程分析

### 1. 十五年一贯制学校案例

湖南常德某学校项目实施时是一所新建学校，需要学校直饮水工程与学校内部装饰工程一起完成，并同时开通运行并交付师生使用。学校选址在常德经开区长石铁路以东、政德路两边、常德大道以西，该校涵盖幼儿园、小学、初中、高中，是一所十五年一贯制的现代化民办寄宿制学校。学校占地249亩，建筑面积18万平方米，可容纳150个教学班，6000名学生就读。此学校的建成运营，可为常德人民带来更加优质的教育资源和教学环境。直饮水工程与学校的装饰工程一同交付验收并投入

使用，使师生在一进入新学校时就可以直接饮用安全卫生的直饮水。

学校的教学楼、宿舍、食堂、体育馆等建筑都设置了直饮水饮水处，要求设备提供安全健康的直饮水，水质达到国家直饮水的饮用标准。

第一期工程有综合楼1栋，为3层，可容纳150~200人；小学教学楼1栋，为6层54个班级，可容纳2400~2500人；幼儿园1栋，为3层15个班级，可容纳450~500人；小学宿舍2栋；小学食堂1栋；体育馆1栋。

**2. 校园饮水特点及需求分析**

（1）综合楼/教学楼/幼儿园饮水特点及需求

① 日饮水量较大，综合楼/教学楼/幼儿园师生众多，需充分保障每天的饮水量。

② 水质要求高，需充分保障水质安全，宜采用反渗透处理工艺，并具有紫外杀菌、高温管路杀菌等多重保护措施，全面去除水中有害物质，保证水质安全。

③ 老师办公室对热水供应量需求较高，最好满足热水连续供应。

④ 教室学生取水应对水温实现控制，防止烫伤，宜采用温热双取水模式；公共区域取水量较大，须具备较大储水能力；具有智能化、大屏显示等功能，全自动运行，便于用户操作。

（2）食堂/体育馆饮水特点及需求

① 日饮水量较大，存在饮水高峰期，设备需具备大容量储水能力和净水生产能力，并要求有多龙头同时供水，满足高峰期多人次同时取水。

② 水质要求高，需充分保障水质安全，宜采用反渗透处理工艺，并具有紫外杀菌、高温管路杀菌等多重保护措施，全面去除水中有害物质，保证水质安全。

③ 设备需安装方便，净水、饮水一体，不破坏建筑结构，分楼层

安装。

④ 设备需坚固耐用，并具有防碰撞圆角处理等工艺，确保安全性。

（3）宿舍楼饮水特点及需求

① 日饮水量较大，存在饮水高峰期，设备需具备大容量储水能力，满足高峰期多人次同时取水。

② 水质要求高，需充分保障水质安全，宜采用反渗透处理工艺，并具有紫外杀菌、高温管路杀菌等多重保护措施，全面去除水中有害物质，保证水质安全。

③ 需具有防烫功能，出水为经热交换的温开水。宜采用非冷热水混合、套管热交换降温的方式，将开水降温，出水为温开水，防止烫伤学生。

④ 设备需坚固耐用，并具有防碰撞、圆角处理等工艺，确保安全性。

**3. 方案设计原则**

根据项目图纸以及校方使用实际需求，遵循“方案最优、成本最省、施工简便、水质最好”的设计原则，不强调使用单一方案，利用企业系统解决方案的优异能力，针对不同场所及特点，最终制定最佳解决方案。

（1）设计依据

①《建筑给水排水设计规范（2009年版）》（GB 50015–2003）；

②《管道直饮水系统技术规程》（CJJ 110–2006，现已被新标准替代）；

③《建筑管道直饮水工程》（07SS604）；

④《给水排水管道工程施工及验收规范》（GB 50268–2008）；

⑤《建筑工程施工质量验收统一标准》（GB 50300–2013）；

⑥《建筑电气工程施工质量验收规范》（GB 50303–2015）；

⑦ 相应现行的有关技术规程及标准图集与甲方提供的图纸及使用需求。

（2）设计原则

① 设计质量按照优秀工程等级设计，采用新工艺、新技术和新设备，做到工艺先进、技术成熟、流程简洁，使该系统占地面积少、净水效果好、运行费用低；

② 在设计建设过程中以及投入使用后，遵循国家和地方的有关政策、法规，避免产生二次污染，确保水质达标；

③ 需严格要求售后服务的保障性与及时性，确保设备运行正常及水质安全；

④ 需严格要求产品和整体方案的稳定性、安全性；

⑤ 市政水压的合理利用、给水系统的合理分区、给水方式的优化选择、变频泵给水系统的节能等方面需要合理协调；

⑥ 从能耗情况、投资情况、占地面积、供水可靠性、管理方便程度等方面合理分析；

⑦ 出水水质优于《饮用净水水质标准》（CJ 94–2005）及《生活饮用水卫生标准》（GB 5749–2006）。

（3）项目范围

① 整个直饮水系统的设计，包括水处理工艺设计、管网系统及终端饮水设施的设计；

② 净水制水设备、管材管件、饮水末端设施的供货；

③ 净水主机、管网系统、饮水末端设施的安装调试；

④ 直饮水系统的使用操作培训、售后及技术支持。

### 4. 方案说明

（1）施工条件

原水水源：市政自来水

原水水压：0.1MPa~0.4MPa

原水TDS值（mg/L）：113（教学楼区自来水实测）

设备间位置：综合楼地下室

电源：设备间需电源柜，饮水点安装插座

排水：设备间做排水方沟，饮水点设置地漏或排水管

（2）原水水质

原水水质参考图8-20所示。

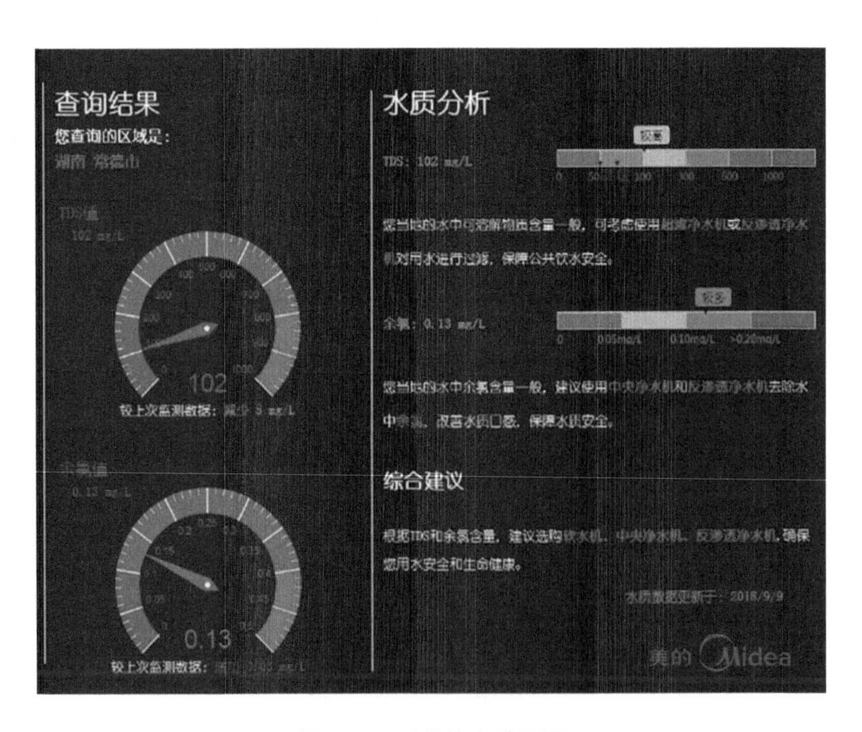


图 8-20　云监控水质地图

（3）设计思路

① 根据校方提供的图纸及要求，根据饮水环境、建筑结构、具体饮水需求，参照相关标准及设计规范，进行产品选型并设计相应的直饮水解决方案。

② 采用反渗透净化工艺，去除水中的泥沙、铁锈、余氯、细菌、病毒、重金属、化学残留等所有有害物质，做到出水可直饮，全面保障学生饮水安全与健康需求。

③ 校园公共场合，要求管线连接尽量考虑美观，不破坏建筑结构，设备安装方便，外观美观大方，与建筑结合。

④ 采用主机制水、纯水箱储水、管道供回水、末端根据需求设置饮水装置的直饮水解决方案，并搭配杀菌装置、变频供水装置、智能控制系统等设备，形成一套完整的直饮水系统。

（4）日饮水量计算

学校建成以后预计要满足师生约6000人的直饮水用水需求，学校一期工程需满足约3000人的直饮水用水需求。

各层系统最高日直饮水量：

$$Q_d = Nq_d = 6000 \times 2 = 12000 \text{ L/d}$$

式中：$Q_d$ 为系统最高日直饮水量（L/d）；$N$ 为系统服务的人数，此处为学校总人数；$q_d$ 为最高日直饮水定额，此处选取2［L/（d · 人）］，以充分保证用水需求，选取依据《建筑给水排水设计规范（2009年版）》（GB 50015–2003）。数据来源如表8–10所示。

表 8-10 最高日直饮水定额

| 用水场所 | 最高日直饮水定额 | 单位 |
| --- | --- | --- |
| 住宅楼 | 2~2.5 | L/（人·日） |
| 办公楼 | 1~2 | L/（人·班） |
| 教学楼 | 1~2 | L/（人·日） |
| 旅馆 | 2~3 | L/（床·日） |

注:（1）此定额仅为饮用水量。

（2）经济发达地区的居民住宅楼可提高至4L~5L/（人·日）。

（3）最高日直饮水定额亦可根据用户要求确定。

$$Q_d = 6000人 \times 2L/天 = 12000L/天$$

制水主机建议工作时间为8h，即要求设备每小时产水量≥1500L，为充分满足饮水需求并留有安全余量，主机采用制水量为2000L/h的净水设备。

（5）工艺流程

直饮水设备的工艺流程如下：原水→原水加压泵→多介质过滤器→活性炭过滤器→精密过滤器→RO反渗透膜→纯水箱→纯水泵→紫外线杀菌器→保安过滤器→饮水处，具体如图8-21所示。

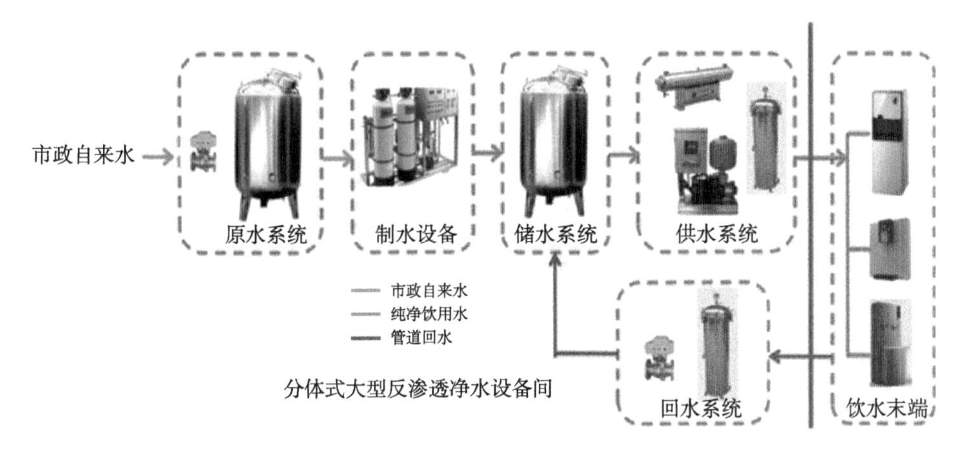


图 8-21　美的直饮水设备工艺流程

管道安装示意图如图8-22所示。

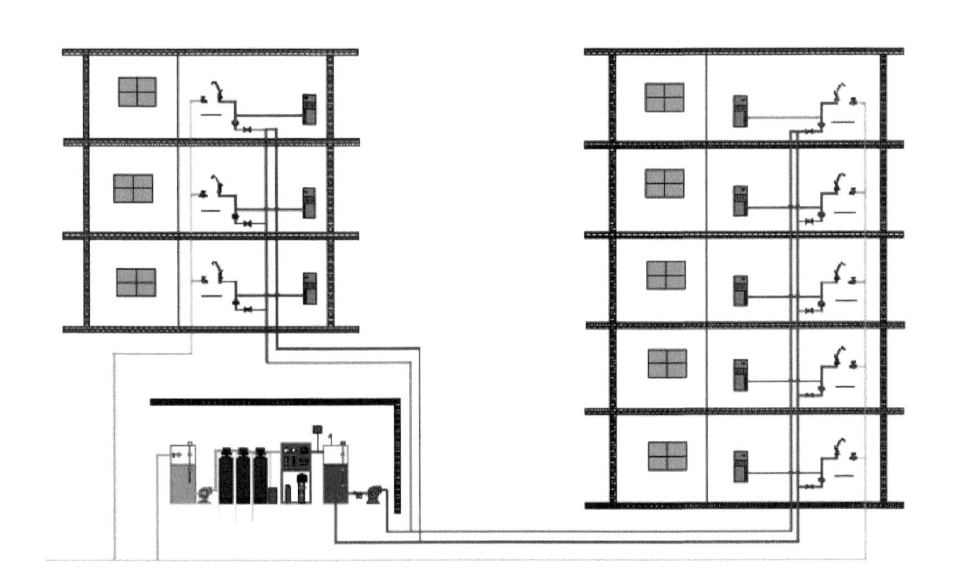

图 8-22　管道安装示意图

（6）项目设备配置清单

①综合楼设备配置清单如表8-11所示。

表8-11 综合楼设备配置清单

<table>
<tr><th>设备名称</th><th>型号</th><th>数量</th><th colspan="2">安装明细</th></tr>
<tr><td>商用净水机</td><td>MD-A-I-2</td><td>1台</td><td>综合楼负一楼（面积50平方米）</td><td>1台</td></tr>
<tr><td rowspan="3">立式管线机</td><td rowspan="3">MG906-D</td><td rowspan="3">6台</td><td>第一层走廊前厅</td><td>3台</td></tr>
<tr><td>第一层书吧</td><td>2台</td></tr>
<tr><td>第二层走廊前厅</td><td>3台</td></tr>
<tr><td>壁挂速热管线机</td><td>MG903-R</td><td>13台</td><td>第三层办公室/会议室</td><td>各1台</td></tr>
</table>

②小学教学楼设备配置清单如表8-12所示。

表8-12 小学教学楼设备配置清单

<table>
<tr><th>设备名称</th><th>型号</th><th>数量</th><th colspan="2">安装明细</th></tr>
<tr><td rowspan="4">立式管线机</td><td rowspan="4">MG906-D</td><td rowspan="4">4台</td><td>第一层走廊前厅</td><td>1台</td></tr>
<tr><td>第二层走廊前厅</td><td>1台</td></tr>
<tr><td>第三层走廊前厅</td><td>1台</td></tr>
<tr><td>第四层走廊前厅</td><td>1台</td></tr>
<tr><td rowspan="3">壁挂管线机</td><td rowspan="3">MG902-R</td><td rowspan="3">115台</td><td>第一层教室储物间</td><td>20台</td></tr>
<tr><td>第二层教室储物间</td><td>28台</td></tr>
<tr><td>第三层教室储物间</td><td>28台</td></tr>
</table>

（续表）

| 设备名称 | 型号 | 数量 | 安装明细 | |
|---|---|---|---|---|
| 壁挂管线机 | MG902-R | 115台 | 第四层教室储物间 | 27台 |
| | | | 第五层教室储物间 | 11台 |
| | | | 第六层天文台 | 1台 |

③ 小学3#宿舍设备配置清单如表8-13所示。

表8-13　小学3#宿舍设备配置清单

| 设备名称 | 型号 | 数量 | 安装明细 | |
|---|---|---|---|---|
| 立式管线机 | MG906-D | 21台 | 第一层至第五层每层走廊两端各2台 | 每层/4台 |
| | | | 第六层走廊 | 1台 |

④ 小学4#宿舍设备配置清单如表8-14所示。

表8-14　小学4#宿舍设备配置清单

| 设备名称 | 型号 | 数量 | 安装明细 | |
|---|---|---|---|---|
| 立式管线机 | MG906-D | 21台 | 第一层至第五层每层走廊两端各2台 | 每层/4台 |
| | | | 第六层走廊 | 1台 |

⑤ 小学食堂设备配置清单如表8-15所示。

表8-15 小学食堂设备配置清单表

<table>
<tr><th>设备名称</th><th>型号</th><th>数量</th><th colspan="2">安装明细</th></tr>
<tr><td rowspan="2">立式管线机</td><td rowspan="2">MG906-D</td><td rowspan="2">6台</td><td>第一层走廊前厅</td><td>2台</td></tr>
<tr><td>第二层走廊前厅</td><td>2台</td></tr>
<tr><td>开水器（含底座）</td><td>ZK1523-30</td><td>1台</td><td>第三层礼堂化妆间</td><td>1台</td></tr>
</table>

⑥ 幼儿园设备配置清单如表8-16所示。

表8-16 幼儿园设备配置清单

<table>
<tr><th>设备名称</th><th>型号</th><th>数量</th><th colspan="2">安装明细</th></tr>
<tr><td rowspan="3">立式管线机</td><td rowspan="3">MG906-D</td><td rowspan="3">4台</td><td>第一层走廊前厅</td><td>1台</td></tr>
<tr><td>第二层走廊前厅</td><td>2台</td></tr>
<tr><td>第三层走廊前厅</td><td>1台</td></tr>
<tr><td>壁挂速热管线机</td><td>MG903-R</td><td>4台</td><td>第一层办公室</td><td>4台</td></tr>
<tr><td rowspan="3">壁挂式管线机</td><td rowspan="3">MG902-R</td><td rowspan="3">16台</td><td>第一层活动室</td><td>5台</td></tr>
<tr><td>第二层活动室</td><td>5台</td></tr>
<tr><td>第三层活动室</td><td>6台</td></tr>
</table>

⑦ 体育馆设备配置清单如表8–17所示。

表 8–17　体育馆设备配置清单

| 设备名称 | 型号 | 数量 | 安装明细 | |
|---|---|---|---|---|
| 立式管线机 | MG906–D | 2台 | 第一层走廊前厅 | 1台 |
| | | | 第二层走廊前厅 | 1台 |
| 户外饮水台 | | 1台 | 游泳池馆 | 1台 |

### 5. 选用产品介绍

（1）分体式大型反渗透制水设备如图8–23所示，参数如表8–18所示。

图 8–23　美的分体式大型反渗透制水设备

表 8-18 制水设备参数

| 设备型号 | MD-A-I-2 |
| --- | --- |
| 额定电压/频率 | AC380V/50Hz |
| 适用水源 | 市政自来水 |
| 适用水温 | 5℃~38℃ |
| 适用水压 | 0.1MPa~0.4MPa |
| 环境温度 | 4℃~40℃ |
| 滤芯配置 | 砂滤+炭滤+精密过滤器+RO |
| 额定功率（kW） | 3.75 |
| 净水流量（L/min） | 33 |

该设备有如下优点：

① 可满足5000~6000人集中净水需求，大通量、系统稳定性高；

② 全不锈钢管道，氩气保护焊焊接，抗腐蚀强度更好；

③ 制水过程自动控制，原水缺水自动停机，纯水箱满水自动关机，缺水自动开机；

④ 具有自动高压冲洗反渗透膜的功能，缺水停机，有效延长RO膜及保护泵寿命；

⑤ 数码显示原水水质、纯水水质，直观方便；

⑥ 所有涉水部件采用食品级材料，重要电器件全部进口，保障产品品质。

（2）取水终端（MG906-D立式管线终端机）参数如表8-19所示。

表 8-19　取水终端（MG906-D 立式管线终端机）参数

| 产品图片 | 产品参数 | | 产品特点 |
|---|---|---|---|
| | 额定电压/频率 | 220V/50Hz | 1. 全新三出水设计，冷热温水随心所取；<br>2. 全面板优质钢化玻璃设计，典雅美观，彰显高端气质；<br>3. E-touch人体工程学触摸按键，安全可靠，操作方便；<br>4. 出水嘴独特ABS防烫设计，安全可靠；<br>5. 11L大水箱，可连续取水，满足多人用水需求；<br>6. 最新漏水保护装置，保障公共环境用水安全。 |
| | 额定功率 | 890W | |
| | 加热功率 | 800W | |
| | 加热能力 | 7L/h | |
| | 制冷功率 | 75W | |
| | 制冷能力 | 0.6L/h | |
| | 防触电保护 | I类 | |
| | 待机耗电量 | 1.2度/24h | |
| | 适用环境温度 | 4°C~38°C | |
| | 水箱容量 | 11L | |
| | 热罐容量 | 2L | |
| | 电子冰胆容积 | 0.6L | |

（3）取水终端（MG903-R立式管线机）参数如表8-20所示。

表8-20 取水终端（MG903-R立式管线机）参数

| 产品图片 | 产品参数 | |
|---|---|---|
| | 产品型号 | MG903-R |
| | 额定电压 | 220V |
| | 额定频率 | 50Hz |
| | 额定总功率 | 2000W |
| | 加热功率 | 2000W |
| | 制热水能力 | 40℃~90℃，18L/h |
| | 防触电保护类型 | I类 |
| | 待机耗电量 | ≤0.3（kW·h）/24h |
| | 适应环境温度 | 4℃~38℃ |
| | 企业标准编号 | Q/MDQH004-2015 |
| | 卫生许可批准文号 | 粤卫水字[2013]第s1477号 |
| | 使用范围 | 生活饮用水加热 |

（4）取水终端（MG902-R立式管线机）如图8-24所示。

图8-24 美的取水终端（MG902-R立式管线机）

该取水终端具有如下优点：

① 杜绝千滚水，热水时刻新鲜；

② 三重防漏水设计，时刻保障产品运行的稳定性；

③ 无人取水时，自动待机，更省电；

④ 双重温控器，防干烧。

（5）开水台（ZK1523-30）参数如表8-21所示。

表 8-21　开水台（ZK1523-30）参数

| 产品图片 | 产品型号 | ZK1523-30 |
| --- | --- | --- |
| | 电源电压/频率 | 220V/50Hz |
| | 额定功率 | 3000W |
| | 正常工作压力 | 0.1MPa~0.4MPa |
| | 水箱容量 | 30L |
| | 制热水能力 | 35L/h |
| | 连续出水能力 | 20L |
| | 保湿技术 | 聚氨酯发泡 |

该开水台具有如下优点：

① 多重安全防护，使用安全可靠；

② 分层补水，步进加热，杜绝“千滚水”“阴阳水”，安全健康；

③ 军工品质，接水龙头五十万次寿命测试；

④ 智能芯控制，水温45℃~98℃可调，贴心设置；

⑤ 节能先锋，高低峰用水，省电节能；

⑥ 自动开关机，使用方便。

（6）配件

① 配件——纯水水箱

本项目采用食品级不锈钢无菌水箱，内外抛光，有极高的光亮度，质地坚固无比，在水箱外端配置空气过滤器等其他装置，以保证产品不会受空气及环境中的漂浮物、尘埃、细菌、病毒等物的二次污染。

工艺技术制造，内部无拉筋、不存污物、便于清洗，符合国际通认的GMP卫生标准。科学的水流设计，水中沉淀物自然聚集在水箱底部中央排污口周围，只需定期打开球形水箱底部排污阀便可排出，无须人工经常清洗。

该水箱具有如下优点：

（a）占地面积小，容量大，重心低，水箱底部为平底设计，可用角铁支架固定牢固；

（b）自重轻，仅是混凝土水箱的几十分之一，外形美观，具有很强的装饰作用，且使用年限长；

（c）精工细作，品质优良，经济实用，运输、安装都很方便。

本项目使用的是3000L纯水水箱，如图8-25所示，技术参数如表8-22所示。

图8-25　纯水水箱

表 8-22　纯水水箱技术参数

| 标称容积 | 300L | 400L | 500L | 600L | 800L | 1000L | 1500L | 2000L | 3000L |
|---|---|---|---|---|---|---|---|---|---|
| 筒体直径 | φ800 | φ800 | φ900 | φ1000 | φ1000 | φ1200 | φ1200 | φ1300 | φ1600 |
| 筒体高度 | 600 | 800 | 800 | 800 | 1000 | 1200 | 1500 | 1500 | 1500 |
| 工作压力 | ≤0.09MPa | | | | | | | | |
| 工作温度 | <100℃ | | | | | | | | |
| 基本配件 | 卫生入孔、清洗球、液位计 | | | | | | | | |

② 配件 —— 管道

本项目中所使用的供水管道为具有卫生标准级的管材，确保用水安全。

③ 配件 —— SUS304 管道

SUS304 是不锈钢中常见的一种材质，密度为 7.93g/cm$^3$，业内也叫做 18/8 不锈钢。耐高温 800℃，具有加工性能好、韧性高的特点，广泛应用于工业、家具装饰行业和食品医疗行业。

**6. 服务标准及日常运维方法**

（1）服务标准

① 免费。平台服务以及质保期内故障解决均免费。

② 快捷。自用户服务要求传达到公司后，我司即时响应，2 小时到现场，当场立即解决一般故障问题。

③ 专业。所有服务人员均由生产企业的售后服务部门进行专业培训，并经考核后上岗，所有售后服务人员从业时间均超过 3 年，产品知识扎实、安装技能过硬。

④ 热情。从用户反馈问题之时起，我们的服务人员将以热情的态度接待处理，并热情解决。

⑤ 舒心。对于用户使用我们的产品，我们会全方面考虑后续可能出现的问题，提前做好必要准备，及时解决使用中的问题，使用户用得舒心，无后顾之忧。

⑥ 严格上门服务要求。严格通过售后服务中心的培训及考核，做到安装维护服务人员必须统一着装，佩带公司售后服务工作证；服务中必须使用礼貌用语，语气温和；安装维护服务人员外出服务应该注意自己的仪表，不得留胡须，保持头发清洁；用户永远是对的，认真倾听客户的意见，在任何情况下不得与用户发生分歧；安装时认真仔细，严防触电、漏水、损坏用户财产的事故发生；对于用户的配合与理解，要表示感谢，对于给用户带来的不便，要表示歉意，要让用户时刻感受到我们对他们的尊重与关怀。

（2）学校建立的日常维护方法

① 建立健全校方直饮水卫生管理制度和卫生管理档案。对校方的每台设备进行编号，对其进行终身制档案维护，每次抽检及维护保养均录入电子及纸质资料。

② 在用水处，张贴POP物料宣传，加强用户正确饮用直饮水的宣传教育。

③ 新安装直饮水设备在开始供水前应进行全面冲洗，水质合格后才供水。

④ 直饮水设备在每季度前一周进行全面冲洗，水质合格后才供水。

⑤ 直饮水设备停止使用7天以上，恢复供水前，进行全面冲洗，水质合格后才供水。

⑥ 当更换水处理材料后将进行水质检验，水质检测合格后才供水。

（3）学校应急预案响应

① 各种异常状况分类及预案处理

（a）饮水点异常

在该设备处设立“停止供水”的明显警示标志，停止改点供水；在设备最近处按水嘴数量1∶1配比饮水机+桶装水，代替设备供水；设备公司马上派出专业服务人员对异常情况进行排查维修，直至恢复正常。

（b）设备故障断水或断电

断水或断电任何一种情况出现时，关闭所有设备水源及电源；按校方要求在所有设备最近处配备饮水机+桶装水，代替设备供水，直至恢复供水或供电。

（c）水质污染

关闭所有设备供水水源及电源；在所有设备最近处按学校要求配备饮水机+桶装水，代替设备供水；配合校方对原水及设备出水水质进行检测；原水水质检测合格后，更换受污染耗材滤料，对设备管路及供水管路进行杀菌消毒，然后重新启动设备，待正常出水后再次检测出水水质，水质检测合格后恢复供水。

② 学校要求厂商有相应的紧急预案（出现复杂情况，多种方案并行）

启动应急预案：应以学生的健康和饮水需求为最基本导向；

备用机配备：设备公司常备不少于项目数量30%的备用设备；

饮水机及桶装水配备：在校方配备5台备用饮水机，并储存一定数量的纯净水（够供水人数饮用一天）以供急用；

运输工具：配备了3台售后服务专车，应急预案启动时，可作为运输人员运送应急物料所用；

人员配备：公司专门配备了项目经理1名，技术主管1名，售后服务人员2名。若应急预案启动，他们将全力以赴投入到应急方案实施中去，尽力将异常状况对校方的影响降至最低。

## 五、技术适用性案例（5）：大型综合型学校适用的管道直饮水设备

### 1. 某大型综合学校直饮水适用性案例简介

（1）校园整体概况

福州某大型综合学校旗山校区的平面示意如图8-26所示。仅这一个校区的在校师生人数就有2万多人，在校生全部住读，并有教工宿舍。这个校区的建筑包含体育楼群、理工楼群、公共教学区域、美术楼群、音乐楼群、人文楼群等10个公共教学楼群以及行政楼、图书馆等公共大楼建筑；学生公寓南区（兰苑）、北区（榕苑、桂苑、桃苑、李苑）等共有宿舍楼63栋，教师公寓2栋，接待中心1栋。学生宿舍近7600间，教师宿舍200多间。工程师们进行了详细的调研和测量，并对其余泵房和水箱进行了初步的技术排查，并从校园节水、智慧管理、安全供水、直饮水设备适用性等角度进行了分析。

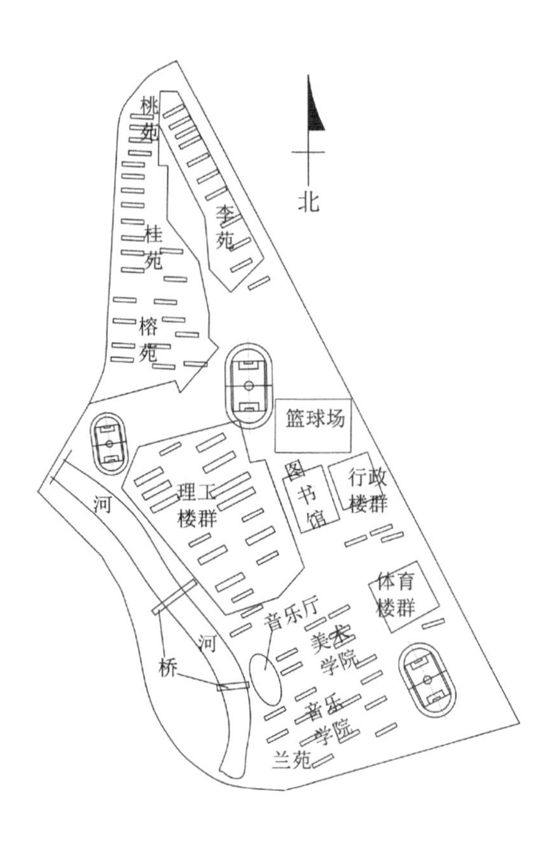


图 8-26　校区平面示意图

目前，行政楼和假山泵房供水模式为地下水箱通过工频泵组增压至屋顶水箱后，再由屋顶水箱重力供水供给相应的生活用水。学校主要使用电开水器供应饮水，部分学生饮用桶装水和瓶装水。为了提高现有生活饮用水的供水水质，首先对生活饮用水供水进行了二次供水的无负压改造，后期还制作了大型综合学校中央处理管道分散式直饮水设备的改造方案供学校参考使用。

**2. 校园供水系统项目技术参数分析**

这种大型综合学校师生人数众多，各种专用建筑较多结构大不相同，校园面积较大，主要还是以功能区域划分建筑楼群。整个旗山校区有 5 路市政自来水管道，分别为：乌龙江大道，管径为DN200，主要负责供给图书馆、行政楼和教学楼区域。另外四路来自科技路市政，管径为 DN150 ~ DN200，主要供给北区生活区。

生活饮用水使用了二次供水设施，这些安防设施简单，泵房无监控系统，供水设备设施没有标识，学校还要安排专人轮流 24 小时巡检。这些设备运行时间较长，水泵机组老化和锈蚀损坏较为严重，水泵运行中的跑冒滴漏现象普遍存在，故障率高，运行稳定性差，生活给水泵房无门禁和监控系统，有的泵房通风、排水系统不齐全，不符合标准化泵房建设规范。同时水泵机组过流部件的严重锈蚀也会导致不同程度的直饮水原水有二次污染的可能。锈蚀的涉水部件如图 8–27 所示。

图 8–27　严重锈蚀的涉水部件

泵房还配置有6个生活水箱，其中4个高位水池，2个低位水池，总容积大于689m³，水箱尺寸详见表8-23。

表8-23　贮水箱情况

| 水箱位置 | 尺寸（m×m×m） | 总容积（m³） |
|---|---|---|
| 行政楼泵房水箱 | 12.25×4.9×2.5 | 150 |
| 行政楼顶水箱（1） | 4.7×5.4×2.05 | 52 |
| 行政楼顶水箱（2） | 4.7×5.4×2.05 | 52 |
| 百年大道泵房水箱 | 13×8×2.5 | 260 |
| 图书馆楼顶水箱（1） | 7.0×5.0×2.5 | 87.5 |
| 图书馆楼顶水箱（2） | 7.0×5.0×2.5 | 87.5 |

水箱使用时间较长，虽有清洗和维护，但是泵房设备老旧，水箱（如图8-28所示）及过流部分的连接管件锈蚀严重，且原水箱设计较为保守，循环能力差，加之清洗不到位，极容易造成水质的二次污染，饮用水安全得不到保障，所以由企业进行无负压供水改造项目工程，并给出了学校直饮水的改造实施方案。

图8-28　二次供水箱（水池）

通过技术人员对水质的专业检测得出的检测结果如表8-24所示，对照标准数据如表8-25所示。

表8-24　校园内各用水点水质检测结果

| 监测点 | 浊度（NTU） | pH值 | 余氯（mg/L） | 铬（六价）（mg/L） | 总硬度（mg/L） |
| --- | --- | --- | --- | --- | --- |
| 行政楼泵房水箱 | 2. 56 | 7.2 | 0. 63 | <0. 005 | 19 |
| 行政楼楼顶水箱 | 0. 98 | 6. 95 | 0. 51 | <0. 005 | 20 |
| 假山泵房水箱 | 1. 97 | 7. 42 | 0. 60 | <0.005 | 19 |
| 图书馆楼顶水箱 | 1. 79 | 6. 46 | 0. 70 | <0.005 | 17 |
| 笃行楼 | 1. 89 | 7. 09 | 0. 60 | 0. 019 | 19 |
| 理工楼 | 1. 52 | 8. 21 | 0. 58 | <0.005 | 15 |
| 翠竹园食堂 | 1. 64 | 7. 87 | 0. 68 | 0. 045 | 17 |
| 南区兰苑1#宿舍 | 0. 84 | 7. 85 | 0. 58 | <0. 005 | 17 |
| 北区桃苑8#宿舍 | 0. 51 | 8. 19 | 0. 68 | <0.005 | 19 |

表8-25　对照标准数据

| 指标 | 浊度（NTU） | pH值 | 余氯（mg/L） | 铬（六价）（mg/L） | 总硬度（mg/L） |
| --- | --- | --- | --- | --- | --- |
| 标准数据 | 1;水源与净水技术条件限制时为3 | 不小于6.5且不大于8.5 | 0. 3 | <0. 005 | 450 |

结论：根据表8-25中《生活饮用水卫生标准》（GB 5749-2006）水质常规指标及限值可知，以上水质检测结果中，泵房水箱水质及管网水质均存在浊度超标现象，经分析，这是现场设备老旧锈蚀严重，清洗维护不及时，致使水中含有太多铁锈及杂质造成的。证明学校进行二次无负压供水的改造还是非常有必要的，这样才能保证出水的安全，如果使用纳滤的直饮水系统供应直饮水就可以完全满足饮水的需要。

**3. 项目实施改造方案**

（1）直饮净水的方案设计

① 以校园智慧供水体系助力绿色智慧校园建设

基于工业互联理念与技术的校园智慧供水解决方案架构与思路的校园水系统是一个较为复杂且综合的供水系统，不同的楼宇性质也伴随着多种多样的用水规律和工况需求，所以直饮水供水设备的搭配应该是多元化和有针对性的。但设备设施的分散布局和点对点的分散式管理，既会带来管理的低效、高成本、多人力，同时也无法从根本上解决降低设备故障率的问题，所以应建立集硬件的供水设施、软件的智慧管理平台以及全生命周期的运维服务托管于一体的综合校园智慧供水解决机制。

这所大型综合学校的给水系统项目前期是二次给水系统改造，由于用户所在地自来水水质硬度较小，并且考虑由于二次供水原因的特殊水质恶化，如浊度升高、pH值变化等情况，自来水不适合直接加热烧沸饮用，应设计配置纳滤净化方式的直饮水设备。直饮水是以市政提供的自来水为原水，采用特殊工艺进行深度加工处理而成，在用户终端直接进行净化、活化、能量化，模拟自然水的净化体系进行处理，杀死其中的病毒和细菌，并过滤掉自来水中的异色、异味、余氯、臭氧硫化氢、细菌、病毒、重金属等，使出水完全符合世界卫生组织公布的直接饮用健康水的标准。处理原理是经过三级过滤后加纳滤膜的处理方式，除去自来水中的污染物质及细菌、病毒等，然后经过后置椰壳活性炭改善饮水口感，净化后的产品水配置紫外线消毒和臭氧消毒，进行消毒除菌。设计为用户提供直饮冷水的为纯水制水机，经紫外线消毒后终端产水；开水机从纯水制水机取水后通过电加热制取直饮开水。后期以李苑1#~8#学生公寓的直饮水系统为例给出宿舍公寓直饮水的改造方案，可以采用设备租赁学生刷卡收费的办法为师生提供直饮水，这样使学生在宿舍就能喝到处理消毒过的安全放心的净水。

② 标准化的直饮净水方案设计

编制依据：

提供给用户的相关材料；

《饮用净水水质标准》（CJ 94–2005）；

《管道直饮水系统技术规程》（CJJ 110–2006，现已被新标准替代）；

《钢制压力容器》（GB 150.1~GB 150.4–2010）；

《二次供水设施卫生规范》（GB 17051–1997）；

《管子和管路附件的公称通径》（GB 1047–1970，现已废止）；

《水处理设备 制造技术条件》（JB 2932–1986，现已废止）；

《钢制压力容器焊接规程》（JB/T 4709–92）；

《水处理设备油漆、包装技术条件》（ZBJ 98003–1987，现已废止）；

《钢制焊接常压容器 技术条件》（JB 2880–1981，现已废止）；

《钢制阀门 一般要求》（GB/T 12224–2015）。

设计原则：

（a）技术先进性原则：采用最佳的处理工艺和自控方案，选择性能优异的设备，关键设备全部选用进口设备，以保证工艺系统的水质、水量和消耗比最优。

（b）安全性原则：由于直饮水是供人们直接饮用的，关系到大量人群身体健康的安全性问题。本工程设计科学、合理，所选用的设备质量可靠，且配备自动操作系统，在系统工作异常时能及时报警或关机，以保证出水水质。

（c）设备运行稳定性原则：在操作无异常的情况下，设备可稳定可靠地运行，以保证人们生活、工作的需要。

（d）低成本运行原则：设计时考虑采用先进节能设备，以保证系统可以低成本运行。

设计范围：

（a）本工程设计分方案设计和安装调试两个阶段进行。

（b）本方案设计范围为直饮水处理站本身，即进水口至出水口，其余连接管道和附属工程由甲方建设。

（c）本工程设计包括直饮水站的平面布置、工艺、建筑、结构、电气、自控等内容。

③ 进水水质水量及排放标准

（a）设计水量：设计处理量为0.5$m^3$/h。

（b）原水水质：原水为当地自来水，水质情况参考表8-24，按原水水质符合《生活饮用水卫生标准》（GB 5749-2006）作为设计依据。

（c）产水水质：出水指标应符合《饮用净水水质标准》（CJ 94-2005）中的要求。

（2）工艺流程叙述

针对水质特点，水质净化工艺流程主要采用了预处理和纳滤膜系统，并配以其他辅助设施，生产优于《饮用净水水质标准》的直饮水。

多介质过滤器：主要通过薄膜过滤、渗透过滤及接触过滤作用，去除水中的大颗粒杂质、悬浮物、胶体等，降低原水浊度。该过滤器具有截污容量大、过滤周期长、出水水质好、水头损失增长速度慢等优点。

活性炭过滤器：主要通过炭表面毛细孔的吸附能力去除水中的游离氯、色度、微生物、有机物以及部分重金属等有害物质，以防止他们对膜系统造成影响。有机物不仅是微生物的饵料，而且当其浓缩到一定程度后，可溶解有机膜材料，使膜性能劣化。

保安过滤器：为防止细小悬浮物进入纳滤系统，造成纳滤膜的污堵和表面划伤，在纳滤设备前安装5μm的保安过滤器。保安过滤器前后分别安装压力表测量过滤器前后的压力，过滤器前后的压力差可以表明过滤器的工作状况。当前后压差超过一定的范围时，将更换过滤芯以恢复精密过滤器的工作性能。

纳滤装置：纳滤技术是目前先进且有效的除盐技术。其原理是在压力作用下，透过纳滤膜的水成为纯水，水中的杂质被纳滤膜截留并带出。利用纳滤技术可以有效地去除水中的溶解盐、胶体、病毒、细菌内毒素和大部分有机物等杂质，纳滤设备系统除盐率一般为85%。该设备采用美国原装进口节能型、高除盐率、出水稳定、大通量纳滤膜，单只膜除盐率大于85%，达到高出水水质和节能之双重功效。纳滤系统设计中，相关技术参数通过综合分析与计算机模拟得出。

消毒系统：直饮水的杀菌消毒系统的基本要求包括瞬间杀菌能力强、有一定的持续杀菌能力、不影响直饮水饮用时的口感、操作简单、维护方便且符合相关卫生标准。

臭氧和紫外线结合的消毒模式：生产的直饮水在加入臭氧后存入无菌水箱，而在到达用水点之前安装紫外消毒器，可以进一步杀灭直饮水中残留的微生物，并将多余的臭氧进行分解，使直饮水不带有臭氧的味道。这样既保证了水的口味，又保证了水的彻底消毒，确保了水质的稳定合格。经长期实践证明该组合是最为安全可靠的直饮水消毒模式。

无菌水箱：不锈钢无菌水箱采用新工艺技术制造，采用优质SUS304材质，内部无拉筋、不存污物、便于清洗；水质采用臭氧循环消毒、出水紫外线消毒模式，杜绝水质二次污染的隐患。

具体工艺流程如图8-29所示。

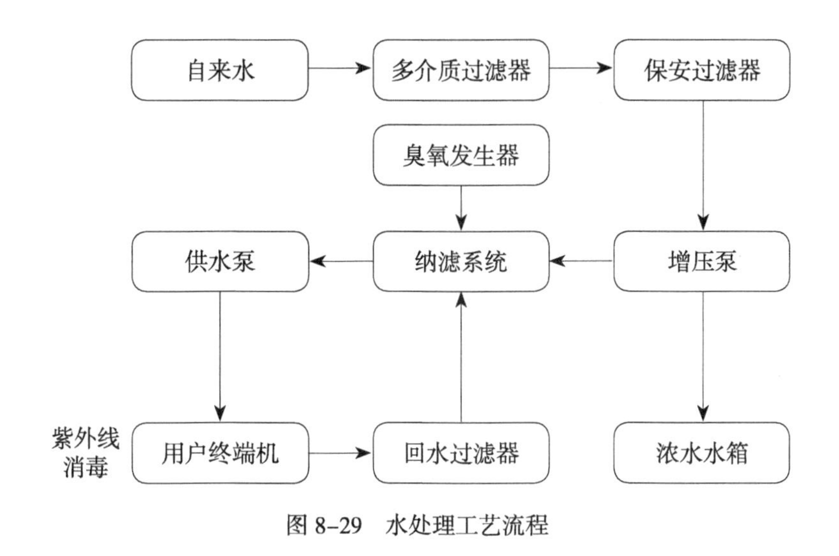


图8-29　水处理工艺流程

（3）电控系统阐述

电控系统：本系统选用优质进口电气元件，在保证系统可靠性的前提下，降低客户投资成本。

纳滤系统的自动操作规程功能包括：高压泵、冲洗电磁阀的顺序启动和停止；系统启动或停运，自动进行低压冲洗，以防运行中纳滤膜表面产生的污垢在膜表面沉积，系统具有完备自动控制功能，可保证装置在不同工作环境下运行，保证系统的可靠性及使用寿命；系统要求设有压力、液位等自动保护系统。

组态监控系统：通过组态画面（如图8–30所示）监控设备实时参数，了解设备运行状态。

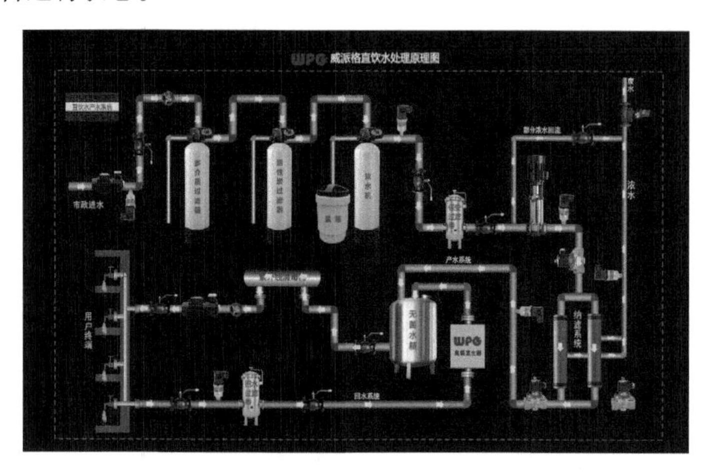


图8–30　威派格智慧水务组态监控画面

（4）设备施工服务特点

① 标准化全程服务：包括项目可行性分析、专业方案设计、工业互联智能系统、安全运行保障、协助验收办证、安全运行保障一整套服务环节。

② 工厂化组装：产品责任主体明确，厂家负责产品质量；专业的管理公司，保证产品后期维护的及时性；更加深入的合作机制，帮助使用者进行运营管理；标准化产品，原材料有稳定的供应商，质量和供货周期有保证；严格的生产管理体系，对加工工艺和加工精度有严格的规定；整洁的生产环境保证产品品质；直饮水中心机房如图8–31所示。

③ 高品质的设备：设备管路采用优质SUS304材质，满足国家直饮

用水卫生要求；设备供水稳定，随时保证用户用水需求；设备主机全自动运行，可实现无人值守；水质、水量等关键参数时时在线监测，并可远程查询；纳滤膜技术去除水中的重金属、盐类物质、污染物、农药、细菌等有害物质，改善饮水口感。

图 8-31　威派格智慧水务直饮水中心机房

④ 水质、运行状态全程监测（接入工业互联智能系统），操作界面如图8-32所示。

水质监测项：监测电导率、TDS；可选择监测余氯、浊度、固体颗粒物、pH值等参数。

监测点设置：设备进口、出口端，无菌水箱前端。

设备检测项：设备运行压力、运行温度、累计运行时间等。

在线预警：当水质和设备累计运行时间超出预设值将会发出预警，提醒运维人员及时运维。

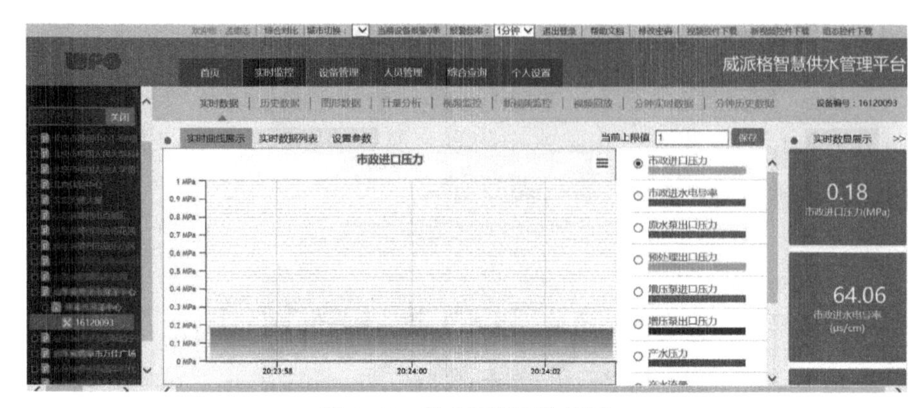


图 8-32 供水管理操作界面

#### 4. 学校李苑宿舍区的直饮水系统方案设计

（1）工程概况

李苑宿舍D区一共是8栋楼，如图8-33所示排列。直饮水机房设计在李苑4号楼的学生公寓停车场中，用SUS304管道连接到其他楼的饮水处的终端饮水机上。由于福州的常年气温高于4℃，所以楼之间的管道不会结冰上冻。但是由于夏季气温较高，所以净水的水箱还需要进行密封处理，并投放臭氧进行消毒，同时采用无负压方式供应净水，这样可以使净水不与空气接触，在饮水终端的地方再次用紫外线消毒或是烧开消毒的办法杀菌，最终达到出水可以直饮的效果。

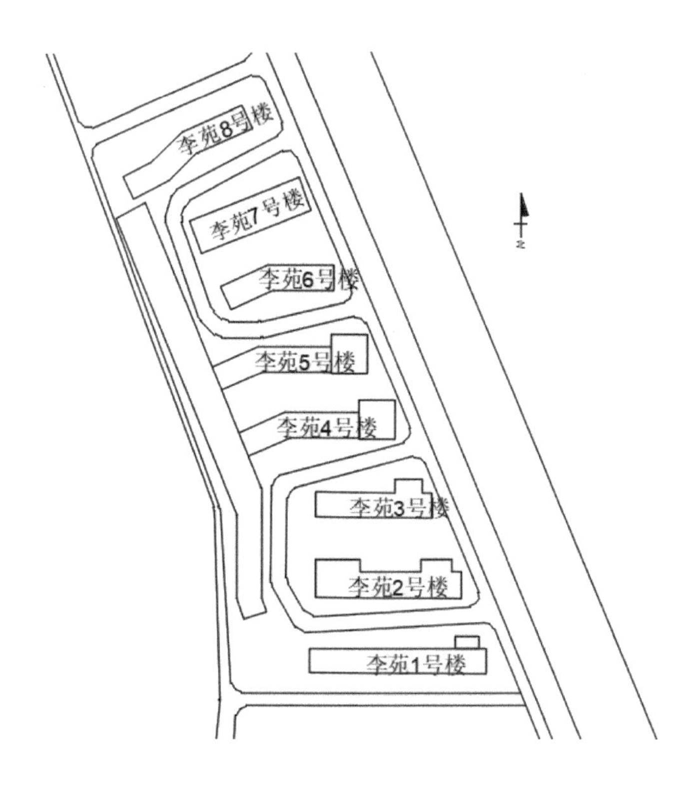


图 8-33　李苑宿舍平面示意图

（2）宿舍人员分布情况

宿舍人员分布情况如表8-26所示。

表 8-26　宿舍人员分布情况

| 楼号 | 现有名称 | 宿舍分布情况 | 共有间数/栋 | 入住人数 |
| --- | --- | --- | --- | --- |
| D1 | 李1 | 6层，28间/层，每间住4人 | 168 | 656 |
| D2 | 李2 | 1层30间，2~5层各31间，6层29间，每间住4人 | 183 | 716 |
| D3 | 李3 | 6层，20间/层，每间住4人 | 120 | 476 |

（续表）

| 楼号 | 现有名称 | 宿舍分布情况 | 共有间数/栋 | 入住人数 |
|---|---|---|---|---|
| D4 | 李4 | 1~5层各25间，6层24间，每间住4人 | 149 | 580 |
| D5 | 李5 | 1~5层各25间，6层24间，每间住4人 | 149 | 588 |
| D6 | 李6 | 1层17间，2~6层各18间，每间住4人 | 107 | 416 |
| D7 | 李7 | 1、6层各29间，2~5层各22间，每间住4人 | 146 | 516 |
| D8 | 李8 | 6层，17间/层，每间住4人 | 102 | 404 |
| 合计 | | 8栋楼 | 1124 | 4352 |

考虑到南方城市天气较热，直饮水供应量应适当加大，大约需要每20人设计一个水嘴，平均每层的饮水处要有6个直饮水嘴。又因当地有泡茶的习惯，所以还要加2个开水水嘴。为节约用水，采用刷卡计费的方式，将终端机安装在每一层的饮水处。

（3）设备技术参数

适用设备技术参数如表8-27所示。

表8-27　适用设备技术参数

| 序号 | 项目 | 参数 | 单位 |
|---|---|---|---|
| 1 | 最高设计总人口 | 4352 | 人 |
| 2 | 用水点数量 | 48 | 个 |
| 3 | 人均用水量 | 2 | L/d |
| 4 | 最高日用水量 | 10 | t/d |
| 5 | 设备分区 | 8×6 | 区 |
| 6 | 最高供水高度 | 21 | m |

（4）方案设计

① 设备选型

根据项目前期调查的技术数据及设备特点，拟选型TII-1.0-NF，参数如表8–28所示。

表8–28　设备选型参数

| 参数 | 处理量 | 设备型号 | 产水率 | 运行温度 | 工作压力 | 总功率 | 日最长运行 | 设备重量 | 控制方式 | 监控方式 | 噪音指标 |
|---|---|---|---|---|---|---|---|---|---|---|---|
| 数值 | 1.0 $m^3/h$ | TII–1.0–NF | 50% | 5℃~40℃ | 0.65 MPa | 8.0kW | 20h | 2t | 手动/自动 | 远程监控 | <40分贝 |

② 泵房布置

根据现场调研，直饮水泵房安装位置位于李苑4号楼一层，安装设计略图如图8–34所示。由原停车场的一部分改建成一个直饮水泵房，并引入自来水管路，并将设备出口连接到各个楼宇新敷设的直饮水管路。

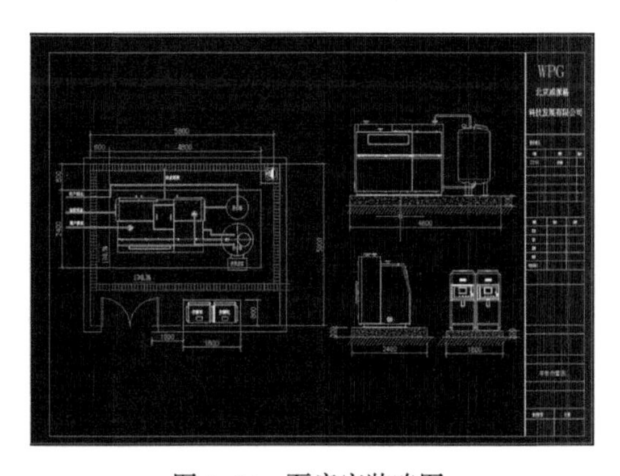


图8–34　泵房安装略图

③ 设备间加装视频监控系统

实时视频监控模块采用网络视频服务器加网络摄像头（如图8–35所示）模式，现场数据传送到中心的视频网络服务器，也可以供监控中心实时视频显示。支持硬盘录像和按需回放，支持基于TCP/IP的远程访问。

图 8–35　网络摄像头

④ 出水水质监控

通过在泵房中加装水质传感器（如图8–36所示），实时监控水质状况，及时做到水质超标的预报警，提醒管理人员提前采取应对措施。企业研发的水质六项多参数水质在线监测仪，可监测余氯、浊度、耗氧量、电导率、pH值、温度，并对采集数据进行可视化显示。

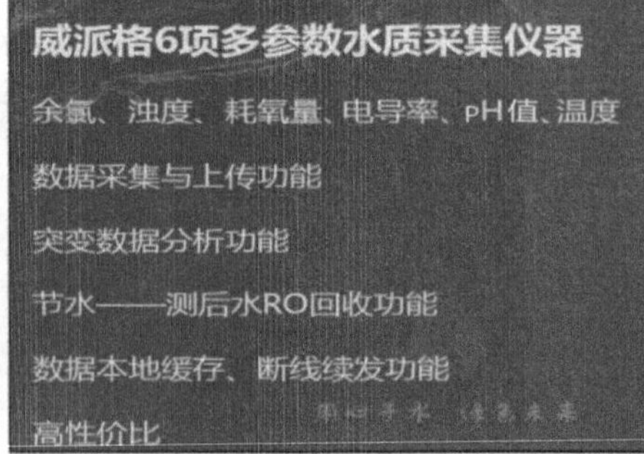


图 8–36　水质采集仪器

（5）设备特点

① 设备主管线路均采用优质SUS304材质，满足国家饮用水卫生要求；

② 设备稳定供水，随时保证用户用水需求；

③ 设备主机全自动运行，可实现无人值守；

④ 纳滤技术，既保证出水符合国家净水标准，又能去除水中的重金属、盐类物质、污染物、农药、细菌等有害物质，改善饮水口感。

**5. 工程验收及运维服务**

（1）工程验收及服务内容

① 直饮水系统工程验收以最终签订的合同为质量验收标准，参考标准如下：

（a）《二次供水设施卫生规范》（GB 17051-1997）

（b）《压力容器[合订本]》（GB 150.1~GB150.4-2011）

（c）《管道直饮水系统技术规程》（CJJ 110-2006，现已被新标准替代）

（d）《给水排水管道工程施工及验收规范》（GB 50268-1997，现已被新标准替代）

（e）《建筑工程施工质量验收统一标准》（GB 50300-2013）

② 设备处理能力。设备处理后，水质应满足《饮用净水水质标准》（CJ 94-2005）。

③ 施工现场服务内容。供方现场服务人员的目的是使所提供设备完全正常地投入运行，供方派出合格的现场服务人员，并提供现场服务计划，如表8-29所示。

表8-29　现场服务计划

| 序号 | 技术服务内容 | 计划进度安排 | 派出人员构成 | | 备注 |
|---|---|---|---|---|---|
| | | | 职称 | 人数 | |
| 1 | 设备安装 | 3~5个工作日 | 工程师 | 1~2 | 含工艺、电控专业 |
| | | | 技术员 | 2~3 | |
| 2 | 运行调试 | 3~5个工作日 | 工程师 | 1 | |

④ 供方现场服务人员职责如下：

遵守法纪，遵守现场的各项规章制度；有较强的责任感和事业心，按时到岗；了解合同设备的设计，熟悉其结构，有相同或相近设备的现场工作经验，能够正确地进行现场指导；身体健康，适应现场工作的条件。

另外，需方要配合供方现场服务人员的工作，并提供必要的工作方便。

（2）管材对比

近年来随着工程技术、新型材料的发展，加上大量引进国外先进技术及设备，为输水工程管道材质的选择提供了更多的选择余地。合理地选用管道材质是节省工程投资，确保供水水量、水质、水压和安全运行的重要环节。选择管材的基本原则是：能承受要求的内压和外荷载；使用性能可靠，维修工作量少，施工方便；使用年限长；内壁光滑，输水能力可基本保持不变；能适合各种实际情况的需要；造价较低。

本次厂区管道设计对薄壁不锈钢管、PSP管、PE管等三种管材的性能、生产、使用等方面进行了比较分析，详见管材性能比较表8-30所示。

表8-30 管材性能比较

| 项目 | 薄壁不锈钢管 | PSP管 | PE管 |
|---|---|---|---|
| 对水质<br>的影响 | 不易结垢 | 不易结垢 | 不结垢 |
| 接口型式 | 焊接<br>法兰连接 | 嵌入连接<br>缩合连接 | 热熔焊接<br>法兰连接 |
| 供水安全性、<br>耐久性 | 使用寿命长<br>安全耐久 | 情况稳定<br>较安全耐久 | 安全耐久，使用<br>年限50年 |

（续表）

| 项目 | 薄壁不锈钢管 | PSP管 | PE管 |
| --- | --- | --- | --- |
| 管材特点 | 刚度大<br>韧性强 | 刚度较大 | 刚度一般<br>韧性强 |
| 漏水及爆管 | 不漏水<br>不易爆管 | 易漏水<br>不易爆管 | 不漏水<br>不易爆管 |

综合比较各种管材特点，结合本项目实际情况，根据以往工程经验，可以得出以下结论：PSP管（钢塑复合压力管）安装过程中接口如未处理妥当，易造成堵塞，密封效果不好，存在二次污染的隐患，水力条件不及薄壁不锈钢管，薄壁不锈钢管抗腐蚀性能强、延展性能好、密封效果好、运行安全可靠、破损率低，输水过程中可确保输水水质的纯净。建议采用薄壁不锈钢管。

（3）循环方式对比

根据《管道直饮水系统技术规程》（CJJ 110–2006，现已被新标准替代）中的5.0.9条规定的在供配水系统中的停留时间不应超过12h，供水系统可采用定时循环或全日循环。

定时循环系统造价低，循环流量控制不精确；全日循环系统造价高，结构复杂，循环流量控制精确。直饮水处理设备运行时间为12h，建议采用6h定时循环。

（4）问题和建议

① 直饮水专用水表型式（远程可视型水表或户内插卡式水表）未确定，建议甲方尽快提供；建议直饮水水表自带的止水器尽量放置于立管上，可缩小滞水区，降低二次污染的隐患。

② 直饮水管道后期安装时务必保证不会占用消防通道，以免发生事

故时影响人员疏散。

③ 直饮水净水设备生产过程中会产生浓水需要排放，方案设计浓水经集水沟引至集水坑（集水坑尺寸为0.8m×0.8m×1.0m），建议甲方落实土建施工实现的可能性，同时考虑能否将浓水经管道引到附近车库集水坑，通过潜污泵排出室外。

**6. 售后服务**

（1）企业设立了完善的售后服务体系，从而保证为客户提供尽善尽美的售前、售中、售后服务。

① 售前服务

（a）工地现场实地考察，提供施工建议，避免因安装不规范造成的质量问题。

（b）根据客户要求提供考察项目，认识和了解企业规模和实力，进一步了解招标产品，便于客户采购到性价比最好的设备。

（c）根据设计资料和招标要求进行选型，避免因选型而造成的质量问题。

（d）提供最优化的设计和选型方案，给出合理化建议，让客户买得放心、用得安心。

② 售中服务

（a）安装：企业提供的设备由专业施工队伍到现场定位安装，并配合设备与系统的安全对接。

（b）调试运行：安装完毕后，由专业工程师与使用方一起进行现场调试，确保设备安全运行，在调试期间会有专人现场值班，做好相关测试数据记录，了解实际运行情况，最大限度地将设备调整到最佳的工作状态。

（c）调试完成后，出具由第三方检测机构出具的水质检测报告，当水质合格后设备再运行供水。

③ 售后服务运维

（a）所有售出产品均负有售后服务责任。

（b）保障设备出水水质状况，每年两次对出水点随机采样，由第三方检测机构出具水质检测报告（每半年检测一次）。

（c）设备保修的响应修复时间和维修质量：对用户的来电有问必答，开设了24小时服务专线，如来电响应无法解决的要在2小时内到达现场。现场查看情况后2小时内处理完毕，如果24小时内无法修复的我司将启动一级应急措施，确保用户用水的正常供应，同时按使用方要求在规定时间内完成修复。维修完成后提供详细的维修情况书面说明，并在设备正常运行一段时间后和使用方现场工作人员确认验收，经工作人员签字确认后此次维修完毕。

（d）根据使用方设备的实际情况，企业会配备充足的货源供应（供应设备需求）。

（e）企业建立了用户服务专人负责制度，每个月定时巡检设备，售后人员通过专业手机APP（如图8-37所示）随时监测设备运行状态、水质状况，一旦发现故障，设备自动停止产水，只使用净水罐储存的水，在净水罐的水未使用完之前赶到现场处理故障，在保障水质的同时保证用户用水。

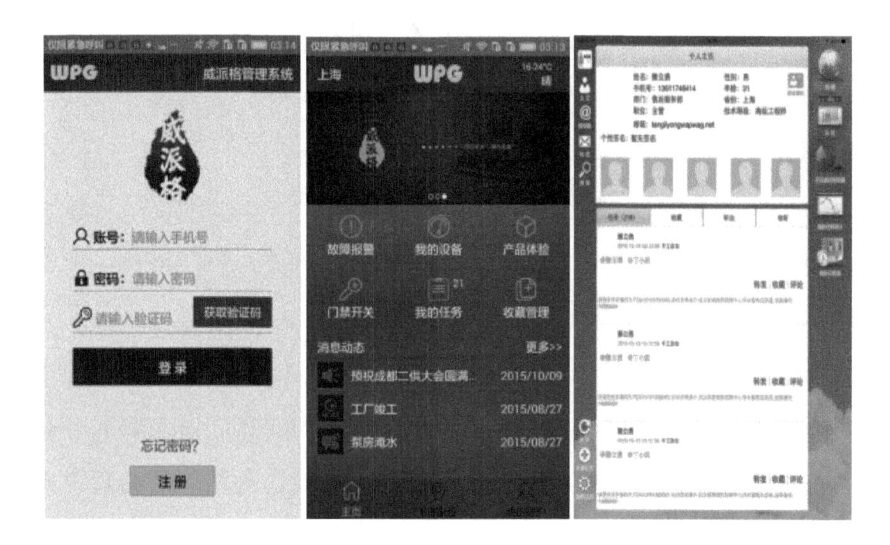


图 8-37　手机物联网 APP 操作界面

# 第二节 直饮水运维模式案例

## 一、运维模式案例（1）：学校直接采购与智能运维直饮水工程案例

### 1. 贵阳某国际实验学校项目概述

贵阳某国际实验学校是由贵州独立法人的公司投资近7亿元兴建的一所从学前教育到高中的十五年一贯制的全寄宿制国际化实验学校，学校位于贵阳市乌当区，占地面积206亩（1亩≈666.67m$^2$），总规划用地面积约13.6万平方米，按国际化学校标准设计和建设，学校有教学楼、行政中心、科艺楼、大礼堂、图书馆、学术交流中心、音乐、形体、美术及学科功能教学楼、实验楼、室内体育馆、标准400米足球场、200米运动场、篮球场、学生宿舍等。

2018年学校通过招标采购引进了智能信息化管道直饮水系统，以满足在校3000名学生及500名教师的安全饮水需求，在学校教学楼、食堂、学生宿舍楼、教师行政办公楼、公共区域（图书馆、科技馆、体育馆、操场）设置不同的直饮水系统。

### 2. 设计原则

（1）认真贯彻执行国家关于安全饮水的方针政策，遵守有关法规、

规范、标准；

（2）根据水质及处理要求，合理选择技术路线，要求处理技术先进、出水水质达标、运行稳定可靠，在满足处理要求的前提下尽量减少投资；

（3）设备选型要综合考虑性能、价格因素，设备要求高效节能、噪音低、运行可靠、维护管理简便；

（4）系统全自动化控制，减少了日常维护工作量和维护管理人员，提高了系统的实际使用率及达标运行率。

**3. 项目设计标准与数据依据**

（1）《生活饮用水卫生标准》（GB 5749-2006）

（2）《反渗透水处理设备》（GB/T 19249-2003，现已被新标准替代）

（3）《自动化仪表工程施工及验收规范》（GB 50093-2002，现已被新标准替代）

（4）《建筑给水排水设计规范（2019年版）》（GB 50015-2003）

（5）《商用温热开水机》（SB/T 10939-2012）

（6）《管道直饮水系统技术规程》（CJJ 110-2006，现已被新标准替代）

（7）国家建筑标准图集《建筑管道直饮水工程》（07SS604）

（8）《饮用净水水质标准》（CJ 94-2005）

（9）《仪表配管配线设计规范》（HG/T 20512-2014）

（10）陶氏化学公司《反渗透和纳滤膜元件技术手册》

（11）甲方提供的基础资料及要求

**4. 工艺设计与项目实现**

方案采用省部产学研合作项目《多重安全饮水系统原理研究与控制技术研发》的研究成果，《物联网智能信息化安全饮水系统》从制水、存储、管道质控、水质循环消毒、终端饮水机水质安全设计等方面考虑，各个环节都采取专门的技术措施，确保整个系统的水质安全新鲜，并保持长期稳定。系统安装示意如图8–38所示。

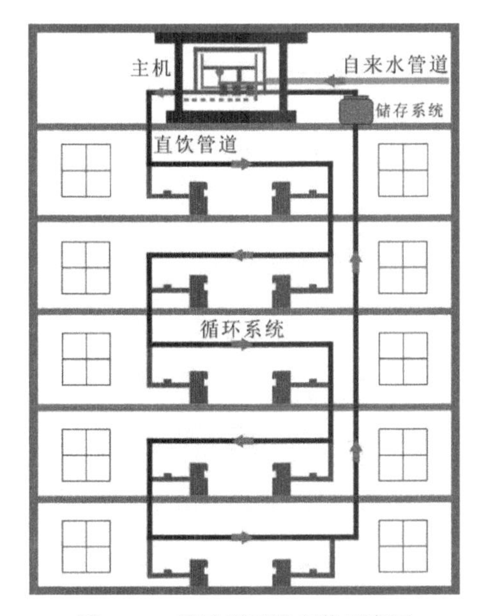


图8–38　雅洁源系统安装示意图

学样各区域的主机系统配置如下。

（1）教学楼、体育馆、操场直饮水主机系统设计（如图8–39所示）

需满足学校两栋教学楼、体育馆、操场的师生饮水需求，具体配置如下：

① 主机系统产水大小确定为YJY–1000G（×2）/T反渗透主机系统，共2套；

② 尺寸为1800mm×600mm×1250mm；

③ 各配置2个1t无菌水箱、1个2t原水箱、1套除菌器；

④ 各设置2套PLC全自动控制、2套浓水回用系统，配置一个1t的浓水箱，用于清洁用水，做到滴水不漏，环保节能。

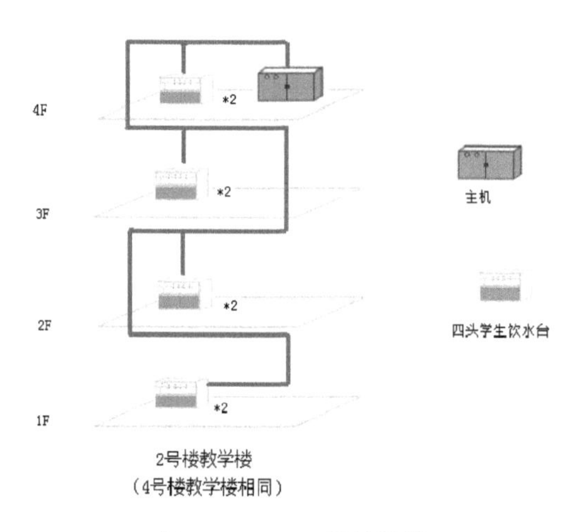


图 8-39 2、4 号教学楼

（2）行政办公楼直饮水主机系统设计（如图8-40所示）

需满足行政办公楼办公教职工的饮用水需求，具体配置如下：

① 主机系统产水大小确定为YJY-500G/T反渗透主机系统，共1套；

② 尺寸为1420mm × 520mm × 1250mm；

③ 配置2个20G压力罐、1套除菌器、1套浓水回用系统，配置一个1t的浓水箱，用于清洁用水，做到滴水不漏，环保节能。

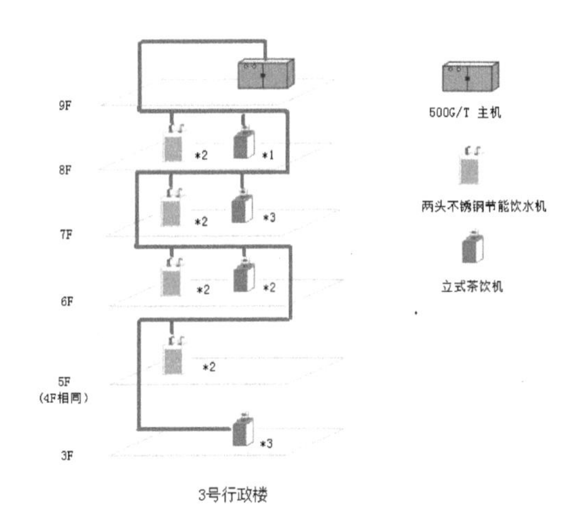


图 8-40　3 号行政楼

（3）学生宿舍主机系统设计

需满足3栋宿舍楼的学生饮水需求，各设置一套直饮水系统，具体配制如下：

13、14号宿舍楼为1~6层，各设置一套主机系统，确保宿舍学生饮水需求。如图8-41所示。

① 主机系统产水大小确定为YJY-1000G/T 反渗透主机，共2套；

② 每套尺寸为1050mm × 510mm × 1000mm；

③ 各配置1个1t无菌水箱，1套20寸前置，1套除菌器；

④ 各设置1套PLC全自动控制、1套浓水回用系统，配置一个1t的浓水箱，用于洗厕、清洁用，做到滴水不漏，环保节能。

⑤ 主机设置在宿舍楼楼顶。

12号宿舍楼为12层，设置一套主机系统，确保宿舍学生饮水需求。如图8-42所示。

① 主机系统产水大小确定为YJY-1000G（×2）G/T反渗透主机，共1套；

② 尺寸为1800mm×600mm×1200mm；

③ 配置1个1t无菌水箱、1个1t原水箱、1套除菌器；

④ 设置1套PLC全自动控制、1套浓水回用系统，配置一个1t的浓水箱，用于洗厕、清洁用，做到滴水不漏，环保节能。

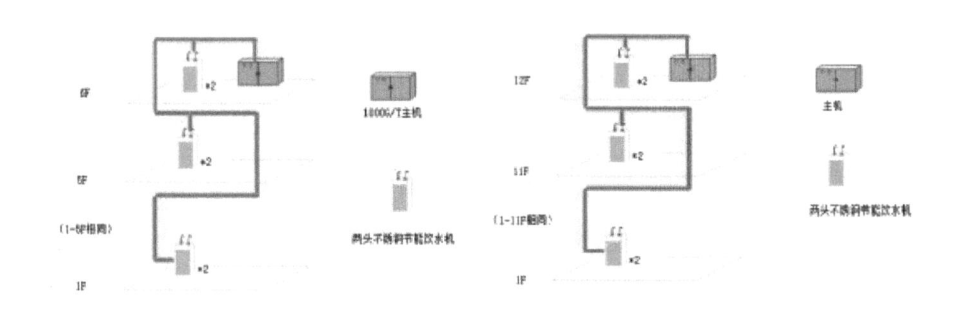


图 8-41　13、14号宿舍楼　　图 8-42　12号宿舍楼

与其他楼栋不同的是，12号宿舍楼的原水为二次加压，校方采用水泵将水抽至十二楼顶层，在顶层设有一个可储水25吨的原水池，以满足学生的生活用水，同时设有一个可储水1吨的原水箱，取水采自原水池。自安装至今均可满足用水需求。

（4）一体机区域直饮水设备

① 图书馆：1台YJY-500G/T豪华不锈钢一体机带一台豪华不锈钢双温机；

② 科技馆：1台YJY-500G/T豪华不锈钢一体机带一台豪华不锈钢双温机；

③ 食堂：1台YJY-500G/T豪华不锈钢一体机带一台豪华不锈钢双温机；

④ 体育馆：1台YJY-500G/T豪华不锈钢一体机带一台豪华不锈钢双温机；

⑤ 操场：2台YJY-500G/T豪华不锈钢一体机。

（5）管道系统设计

直饮水输送管道采用食品级SUS304不锈钢管道。经测算：教学楼采用（DN20）不锈钢管道350m，行政办公楼主管材采用（DN15）不锈钢管道合计共约700m。

（6）专利循环系统

每套主机配置1套设备公司的专利循环系统，每天将管道内水抽至主机箱消毒，使管道内的直饮水保持新鲜。

（7）系统零排放——环保技术

本系统将大主机产生的浓水收集在浓水箱以供清洁使用，如图8-43所示，或者安装清洁龙头，供该楼层冲厕所或清洁时使用。做到充分地合理利用水资源，坚持滴水不漏、滴水不浪费的环保节约理念。

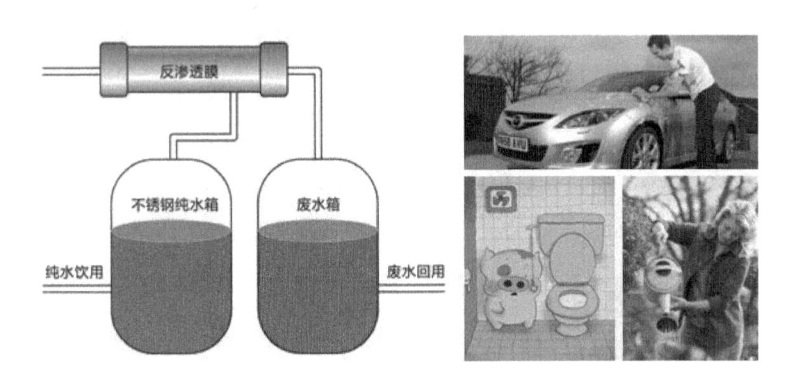


图8-43　废水收集利用示意图

智能信息化直饮水系统解析如下。

（1）管理员手机管理系统

智能信息化直饮水系统可以设置管理权限，校方的管理员或是主管领导可以通过如图8-44的校方管理人员的系统界面，时时了解直饮水设备的水质和运行状况，图8-45是管理员手机显示的设备运行参数和检测报告的界面。

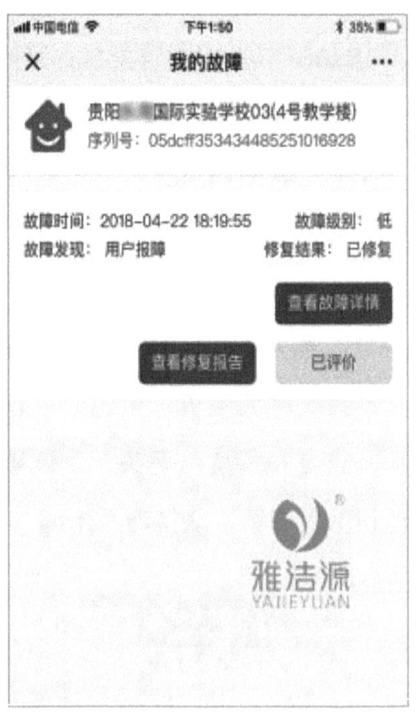


图8-44 管理员手机显示界面

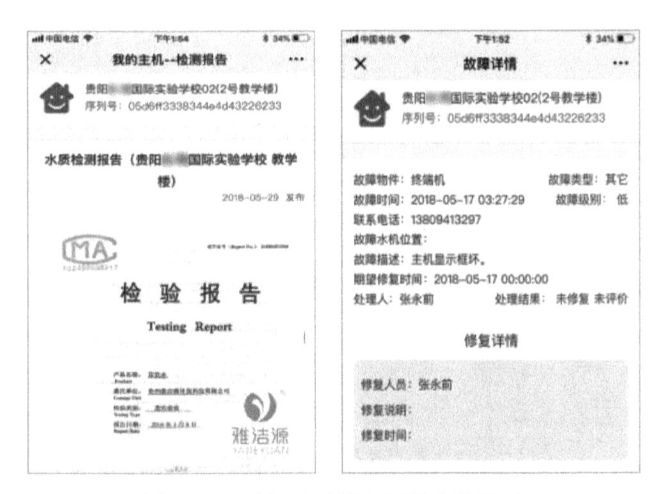


图 8-45　手机显示设备运维参数界面

（2）运维人员设备管理系统

直饮水设备运维人员有专门的运维系统进行设备管理，如图8-46是手机显示的设备运维系统界面，图8-47是运维过程管理需要的参数和设备运维预期管理的界面。

图 8-46　设备运维人员专用设备信息界面

图 8–47 运维人员的设备运维参数界面

## 二、运维模式案例（2）：区域性设备采购模式

### 1. 区域性采购学校直饮水设备运维模式案例分析

为改善长春市青少年学生在校期间饮用水的安全和质量状况，长春市教育局通过调研论证后决定在2015年对城区的中小学实施直饮水工程。中共长春市委、长春市人民政府下发《2015年建设幸福长春行动计划》（长发[2015]4号），长春市民生办、市教育局、市卫计委、市质监局、市财政局联合下发《长春市城区中小学直饮水工程建设维护基本要求》（长教联[2015]9号）文件，以此来保证工程安全有序地顺利实施。根据《长春市中小学城区直饮水工程实施方案》，2015年市级财政将安排专项资金予以保障。各城区教育局负责辖区内中小学直饮水工程的具体建设工作，市直中小学在市装备中心统一协调监督下，以学校为单位在市级平台实施政府采购。当时共有185所中小学纳入“项目建设学校

名单"。此项工程的总体目标是通过在长春市城区实施中小学直饮水工程，使学校的师生喝上符合中华人民共和国建设部2005年发布的《饮用净水水质标准》（CJ 94–2005）的饮水。

为防止不合格净水设备进入校园，确保这项惠民工程顺利实施，项目专门对进入校园的净水设备提出了具体技术规范和运维模式要求。其中主要有：直饮水设备水源应以长春市政自来水为原水；直饮水设备应为固定式驻立式；水处理工艺主要采用膜处理工艺；出水水质应符合《饮用净水水质标准》（CJ 94–2005）的要求；直饮水设备生产企业应具有有效的净水产品卫生许可批件；出水温度为40℃或室温；设备使用电压单相220V或三相380V；水嘴间距应在300mm~400mm，水嘴高度应适合学生使用盛器接水；采用快热式加热技术，加热器应提供全国工业生产许可证；设备外表应平整光滑，易触及的零件的棱边和尖角应用圆滑式加以防护，且要求其有防腐防锈等技术要求。

为保障直饮水设备的正常使用和产品水的水质安全，所有设备是以区为单位集中招标采购的直饮水设备，中标企业负责设备的施工与安装，检测验收合格后交付学校使用，厂家负责3年的运维保养与水质监测。直饮水设备会安装在学校的每个楼层或班级中，其中以6龙头、4龙头为主的安装在饮水处，同时设有开水龙头。也有学校因地制宜地安装到教室后面，为1个龙头的设备，可以出温水和常温水。为确保学生接水喝水时的安全，开水龙头全部装有儿童锁，小学生不能自行打开接水，防止学生被烫伤。此外，校园直饮水设施的数量还会根据学校规模、在校生人数做出相应比例的调整。建成后学校将设专人负责直饮水设备安全。对于已经实施了校园直饮水工程的学校，市里提出了统一的要求：学校应有相应的组织管理机构，设专人负责水源及设施的管理、清洗、消毒、排空、维护等；要有相关记录，有领导定期巡查记录和应急预案；建立健全水质污染事故报告制度，有卫生管理制度并上墙公示；管水人员要有健康体检合格证，掌握相应的卫生知识，有日常管理档案等，比如，学校每学期开学前要进行直饮水设备的抽样检测，对设备进行专门的消毒清洗，出具水质报告；学校设专人每天巡检直饮水设施，每个龙头都要开3秒放掉水嘴管内的积存水，然后才能给学生饮用等。

**2. 区域性采购项目概述**

随着经济的高速发展，也带来了水环境的污染和破坏。此次中小学生直饮水工程，是由长春市朝阳区教育技术装备中心开展的一项针对区内中小学生饮水安全的重大工程。让孩子们喝到健康安全的饮用水，也是“幸福长春”计划的重点之一。直饮水工程的目的就是为将来的人才创造良好的成长与学习环境。

此次区技术装备中心为区内9所学校提供了第一批招采直饮水设备方案，这个整体直饮设备解决方案要求企业为广大师生提供足量的健康饮水。通过三年免费售后服务的运维实践证明，学校的饮水安全得到了有力保障，解决了师生饮水问题，为师生的饮水安全保驾护航。后期的运维和保障，企业又根据每一所学校的情况制订了不同的维护保养办法和标准的运维模式。这些运维模式，不仅能节省教育部门的经费负担，又可以在保证学生畅饮的前提下根据用水量的多少对设备进行维护和保养。

这些学校中人数较少的小学直接采用的是集成一体式净水设备饮水台AHR24（如图8–48所示）和AHR25系列（如图8–49所示）；人数超过500人的学校采用了框架式水中央净水处理设备J2314–ROS500C（如图8–50所示）。由于人数多，为避免净水的总处理量不能满足师生的饮水需要，所以要选择中央处理管道分散式供水直饮水设备，水处理工艺流程如图8-51所示。学校还设计了浓水回收水箱和中水管路、增压泵等设备，对饮水净化过程中产生的浓水进行收集，进入到中水回收利用系统中，这套系统实现了分质供水，减少了水资源浪费。由于这些统一采购的设备的主体责任人已经变成学校，所以学校也会对设备的运维更关心，对设备的整个系统保养清洗更及时有效，对产品水的日常监测与水质检测工作做得更认真。

图8-48　安吉尔三龙头AHR24-0030K3b型

图8-49　安吉尔四龙头AHR25-0030K4b型

图8-50　安吉尔中央处理主机设备图（J2314-ROS500C）

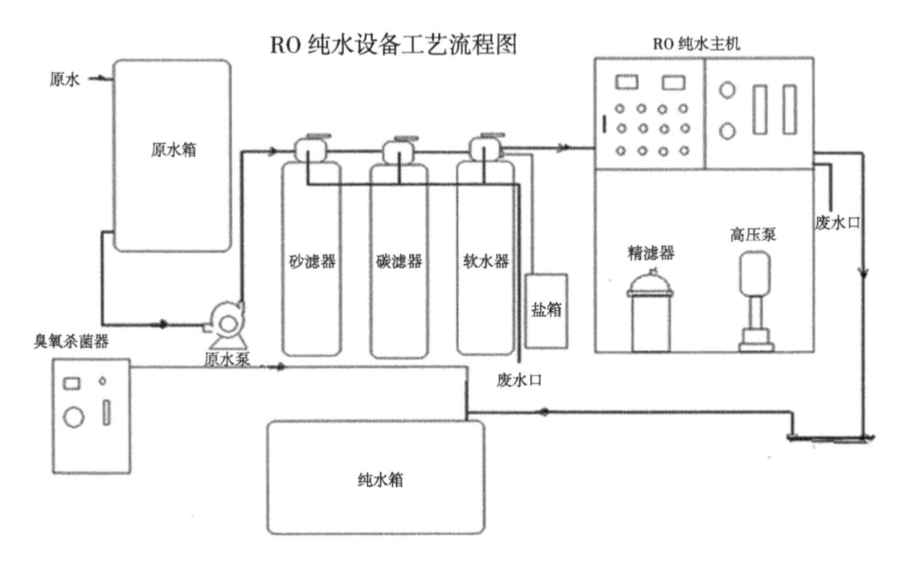


图 8-51 工艺流程图

**3. 学校直饮水系统设计原则**

这些学校的直饮水系统由于是区域化集中采购，所以适用统一的设计原则，可减少项目整体的施工和运维成本。

（1）设计系统本着操作方便、自动化程度高、节约能源的原则。

（2）执行国家政策，符合国家有关法律、法规、标准、规范以及长春市地方法规，充分体现客户对该专案的具体要求和充分利用现有场地对专案的具体要求。

（3）直饮水设备生产企业应具有有效的净水产品卫生许可批件，首页如图 8-52 所示。

浙江省涉及饮用水卫生安全产品
卫生许可批件

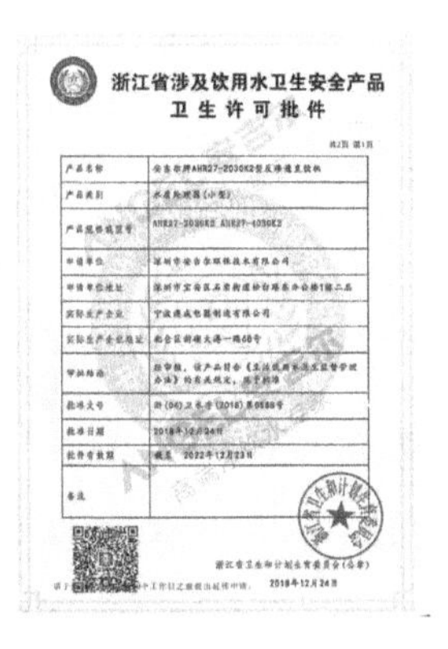

浙江省涉及饮用水卫生安全产品
卫生许可批件

共2页 第1页

| 产品名称 | 安吉尔牌AHR27-2030K2型反渗透直饮机 |
| --- | --- |
| 产品类别 | 水质处理器（小型） |
| 产品规格或型号 | AHR27-2030K2 AHR27-4030K2 |
| 申请单位 | 深圳市安吉尔环保技术有限公司 |
| 申请单位地址 | 深圳市宝安区石岩街道[illegible]办公楼1楼二层 |
| 实际生产企业 | 宁波德成电器制造有限公司 |
| 实际生产企业地址 | 北仑区新碶大港一路68号 |
| 审批结论 | 经审核，该产品符合《生活饮用水卫生监督管理办法》的有关规定，准予批准 |
| 批准文号 | 浙（04）卫水字（2018）第0588号 |
| 批准日期 | 2018年12月24日 |
| 批件有效期 | 截至　2022年12月23日 |
| 备注 | |

浙江省卫生和计划生育委员会（公章）
2018年12月24日

图 8-52　卫生许可批件样图

（4）充分利用现有场地及原有设施，优化平面布置，力求布置简洁美观，既与厂区发展相协调，又能最大程度地发挥工程效益。

（5）结合本工程实际情况，采用适合我国国情的自动化仪表、设备，提高自动化管理水平和供电安全程度。

（6）设计依据标准如下：

①《生活饮用水卫生标准》（GB 5749–2006）；

②《反渗透水处理设备》（GB/T 19249–2003，现已被新标准替代）；

③《自动化仪表工程施工及验收规范》（GB 50093–2002，现已被新标准替代）；

④《建筑给水排水设计规范（2009 年版）》（GB 50015–2003）；

⑤《商用温热开水机》（SB/T 10939–2012）；

⑥《管道直饮水系统技术规范》（CJJ 110–2006，现已被新标准替代）；

⑦ 国家建筑标准图集《建筑管道直饮水工程》（07SS604）；

⑧《饮用净水水质标准》（CJ 94–2005）；

⑨《仪表配管配线设计规范》(HG/T 20512-2014);

⑩ 甲方提供的基础资料及要求。

**4. 设备工艺参数设计**

(1)系统概述

按批次采购的直饮水设备有中央处理管道分散式直饮水设备4套,集成一体式直饮水设备2台。其中框架式水处理设备主机共2套,包括如图8-50所示的J2314-ROS500C型直饮水处理主机2套和如图8-53所示的J2314-ROS1000C型直饮水处理主机2套;另外包括35台4龙头饮水平台AHR24-0030K3b和AHR25-0030K4b型的热罐式饮水台作为供水终端。主机与供水终端均采用不锈钢管路连接,目的是提高管路的抗腐蚀和物理机械性能,并减少管路的细菌滋生。中央处理管道式水处理设备在原有活性炭过滤、RO反渗透过滤基础上还增加了石英砂过滤等多重过滤系统以保障产水的健康与安全,控制系统使用全自动PLC触摸屏控制,运行更加高效稳定。在供水终端还设有紫外灯管和臭氧发生器对净水再次消毒杀菌,保证净水出水达到直饮的目标,满足师生的饮水健康需求。另有集成一体式直饮水设备共2台,独立设计在会议室和食堂的饮水处。

图8-53 安吉尔中央处理主机设备图(J2314-ROS1000C)

（2）主机系统

① 一体式水处理主机J2314–ROS500C设备参数：

名称：一体式水处理设备主机

型号：J2314–ROS500C

滤芯组合：砂滤+炭滤+PP+RO反渗透膜

适用水源：市政自来水

产水量：500L/h

设计供水人数：800人

适用水压：0.1MPa ~0.4MPa

进水温度：5℃~40℃

额定电压：220V

额定功率：1930W

压力桶规格：5G

净重：323kg

外形尺寸（宽×厚×高）：700mm×800mm×1650mm

主要零部件配置：原水泵、砂滤器、炭滤器、软化器、精滤器、RO膜；全自动控制系统、浓水回用系统及浓水箱，用于清洁用水。

② 框架式水处理主机J2314–ROS1000C设备参数：

净水量：1.0t/h

电压/电流：AC380V/6.5A

功率：2500W

操作压力：0.8MPa~1.2MPa

罐体材质：不锈钢罐

冲洗方式：手动冲洗

建议机房尺寸：2000mm × 3000mm × 3000mm

备注：接受定制

主要部件配置：原水泵、砂滤器、炭滤器、软化器、精滤器、RO膜；全自动控制系统、浓水回用系统及浓水箱，用于清洁用水。

中央处理主机为RO直饮水系统，是以合格的市政自来水作为原水，经系统前置预处理（砂滤器、炭滤器、软化器与精滤器）进行初滤，再进入RO膜进行深层脱盐，工艺流程如图8-51所示。

（3）管道供水终端

① 三龙头饮水终端参数（如图8-48）

名称：三龙头AHR24-0030K3b型热罐式饮水台

龙头数量：3龙头

出水种类：三温

额定电压/频率：220V/50Hz

额定功率：3000W

额定容量：25L

制开水能力：30L/h

制温开水能力：120L/h

尺寸（宽 × 厚 × 高）：1100mm × 420mm × 1260mm

② 四龙头饮水终端参数（如图8-49）

名称：四龙头AHR25-0030K4b型热罐式饮水台

龙头数量：4龙头

出水种类：一开三温

额定容量：25L

制温开水能力：120L/h

制开水能力：30L/h

额定电压/频率：220V/50Hz

额定功率：3000W

尺寸（宽 × 厚 × 高）：1500mm × 420mm × 1260mm

产品特点：全不锈钢设计，简约适用，经久耐用；热罐加热，带热交换功能，可出全温水，出水量大，满足多人饮用；具有智能水控系统，水不开，则无水流出，避免饮用生水，饮用更安心；开水、温开水取用，自动控制取水，防止烫伤，保证取水安全；特设有高效热能交换器。

区域内以小学居多，只有一所九年制学校，大部分学校设置有专门的饮水处，所以饮水终端选择了3个龙头或是4个龙头的热罐式饮水台作为供水终端。开水龙头设置有专用的锁闭装置，防止学生发生烫伤事故（学校还可以对开水龙头出水温度进行自行设定）；这些设备不仅设计有热交换的加热装置，还装有小型的过流式紫外消毒装置，达到对净水杀菌灭活的目的，保证产品水达标。

（4）管道系统设计

直饮水输送管道采用不锈钢自动焊接工艺，其他接头和零件均采用食品级SUS304材料。

在管道供水终端饮水机中还装有小型的过滤式紫外线消毒装置，是为了将供水盲管及终端机管路中存留的净水再次杀菌灭活，系统主管道还根据《管道直饮水系统技术规范》的要求，净水每4小时循环一次，回流到直主机房的净水箱中，这些措施都是为了避免管路中的净水停留时间过长，通过二次消毒达到保障师生饮水安全的目的。

（5）集成一体式直饮水设备（2台）

① 商务直饮机AHR27-4030K2外形如图8-54所示，共1台，设备参数如下：

内置净水器滤芯组合：PP棉+活性炭+PP棉+RO膜+T33后置活性炭

额定电压/频率：220V/50Hz

制热水能力：≥40L/h

出水方式：一开一常温

制热功率：3kW

额定功率：3.3kW

尺寸：500mm×463mm×1720mm

设备特点：校园饮水台属于集成一体式直饮水设备，全不锈钢机身设计，采用“预热+速热”交替加热技术制备饮用温开水，出水量大，高效节能；后置活性炭抑制细菌滋生，用水更安全；滤芯更换提示，安全更可靠；微电脑程序控制，可设定每天工作时间和每周工作时间，模式可选，省电更节能；出水量大，5级过滤，高温杀菌，预热水智能温控消毒，保障出水安全；智能触控按键取水，多级温控设计，热水温度显示，安全更便捷；可单独设置在体育馆、食堂等建筑中，布置更灵活；接水槽滤网板增加提手，清洗更方便；人机工程学取水设计，适用于中小学生身高，可根据校方要求定制出水嘴的数量和出水温度种类，可满足150~200人的饮水需求。

图 8-54　安吉尔 AHR27- 4030K2 型商务直饮机

② 商务直饮水机AHR26-1030K1Y如图8-55所示，共1台，设备参数如下：

制热水能力：30L/h

制冰水能力：1.5L/h

额定功率：3150W

外形尺寸（宽 × 厚 × 高）：400mm × 460mm × 1470mm

主要配置：2 × 复合滤芯+RO膜+纳米晶须后置活性炭

设备特点：100加仑大通量陶氏反渗透滤芯，脱盐率高达98%，可有效去除重金属，去除率行业最高；双PS复合滤芯并联预处理，有效延长滤芯使用寿命，实现商务产品半年更换一次滤芯的目标；后置纳米晶须活性炭，改善饮水口感，有效抑制细菌；全高温杀菌，实现开水、温开水、冰开水无菌出水，饮用更安全；分隔式大容量热水水箱，匹配双加热管，高流速，切合商务需求；沉浸式蛇管热交换技术，保障温开水持续出水，高效节能；温度补偿技术，实现真正温开水技术，控温精准；可增设制冷功能，冰开水口感更佳，使用寿命长达10年；定时开关机，可精确到周末关机，工作时间开机，省电节能；智能滤芯寿命显示及滤芯更换提醒；双重防干烧设计，保障设备安全运行。

图 8–55 AHR26–1030K1Y 型直饮水机

5. 项目方案实施

以区域内某学校为例，这所学校占地面积7665平方米，建筑面积6621平方米，是区内唯一的一所九年一贯制学校。2004年改善了校园建设，有着四层的教学主楼，并配备有现代化的体育馆、实验室、多功能教室等。学校专门将教学楼顶端的一间教室装修改造成直饮水机房，它是按照《管道直饮水系统技术规范》中关于管道直饮水主机房的要求进行施工设计的，企业在长春的分公司提供主机房的设计及管道敷设和电器施工。学校有19个教学班，学生675人，教职工73人，分设小学部和中学部。

学校非常关注孩子们的健康、安全饮水问题，为此学校安排了专人负责直饮水设备运维，旨在为孩子们提供安全、优质的直饮水。此次直饮水设备包括中央处理机组和5台分体式饮水终端，分别设置在不同楼层的饮水处，另加了2台集成一体式直饮水设备，均采用不锈钢管路焊接连接，减少了管路内的死角和连接的泄露，防止了细菌滋生。中央处理管道分散式水处理设备设计有石英砂过滤、活性炭过滤、RO膜过滤等多重过滤系统，保障了饮水健康与安全；全自动PLC触摸屏控制，运行更加高效、稳定。一体式水处理设备，自动化程度高，具有遇故障自我保护的功能；采用进口技术先进的零部件以及陶氏RO技术，保证了学校的饮水安全。

**6. 运维模式与售后服务**

按照合同，在设备交工正常运行后的3年中，设备的运维养护由企业负责，由于学校有一定的特殊性，有寒暑假，在长假期间又会停运封闭，而我国东北地区的冬季比较寒冷，但是所有设备都在室内，室内又有暖气。所以公司根据情况会在冬季调低产水量，冬天的产水量约为夏天的一半，气温回升后产水量再恢复到正常水平。

当环境温度低于4℃时（如设备安装在户外的学校），必须采取整机防冻措施，停机关闭进水球阀，并排空机器内存水，并将设备移动到室内，把反渗透膜取出放置在水中（公司负责定期更换浸泡膜的水），开学时再装回，并更换其他的预处理和后处理滤芯。当环境温度低于0℃，即低于冰点时会使设备中所有的管路、滤瓶、膜壳等爆裂，从而发生漏水事故，机器有可能报废。

如果长时间不使用净水机或者学校放寒暑假时，必须关闭进水球阀，将水箱、压力桶、热胆中的水全部排出，再次使用前也要更换滤芯，并检查机器外观是否正常，确认正常后才能接通水源电源，制取的第一桶水也建议排放掉。如出现漏水或其他不正常现象，应及时联系客服上门服务。

中标的这些直饮水设备，由于区域内设备统一型号，更换零配件有互换性和通用性，而企业维护的地点和时间也相对集中，所以就降低了整体区域内设备的维护成本，也就是降低了学校的运维成本，节约了经费。在国内已有更多的区域和名校开始安装直饮水设备，它不但保证了学校的饮水安全，也间接保障了人才的健康成长，企业也在不断努力研发新产品，逐渐对产品升级换代，为教育部门提供更好的可持续的服务。

## 三、运维模式案例（3）：学校采用 BOT 模式运维

由于学校所处地区不同、校园规模不同、建筑特点不同等多种因素，使得校园饮水工程建设不能照搬复制，应该根据当地水质情况、学校用水情况、学校建筑分布特点因地制宜，独立设计每个学校的饮水系统，做到合情合理、适度得当、使用方便、维护简单。

### 1. 项目 BOT 模式运维方案

（1）校园情况分析

某实验中学占地171亩，教学班级80个，在校学生5000多人，校园内有教学楼4栋，五层宿舍楼9栋，学生大部分住宿。校内原有饮水方式为桶装水，现将原有桶装水取消，增加直饮水系统，并在宿舍楼提供饮用水和生活用水，需要进行饮水建设的区域为学校教学区和宿舍区。要求教学区投建高品质直饮水系统，主要供学生饮用，宿舍区投建开水系统，主要供学生生活用水兼顾饮用。

（2）校园饮用水现状分析

据调查，目前学校饮用水解决方案多数为采用锅炉水和桶装水，这两种方式都存在明显弊端，而且给学校后勤带来较高的管理成本，主要体现在以下几个方面：

锅炉饮水的弊端：学校需要锅炉房和专职烧水工人，增加了后勤管理成本；锅炉烧水降低了水中有益于人体健康的溶解氧的含量；目前水中所测出的化学污染物已有2221种之多，很多化学污染物和重金属根本无法通过烧开去除；饮用水水碱、水垢多，口感不好；供水方式不节能不环保，已日渐被淘汰。

桶装水的弊端：旧桶回收、充装、封口以及插入饮水机等过程极易造成二次污染，水质难以保证；饮用周期长，水质难以保险；电话订水、等水和送水繁琐耗时，增加学校后勤管理难度；价格较高，增加消费成本；饮水机清洁消毒服务不到位，加大二次污染概率。

（3）运维概况

根据学校人数及中学生用水特点、校内建筑分布等情况，选择了大型设备集中净化、多类型取水终端分散布置的建设方式，实现校园的全区域直饮水供应。运维的模式是学校出场地和水电等基础设施，由当地的分公司进行施工和安装，以节水节电为目的使用刷卡收费的模式运营，后期运维时设备的总产水量一目了然，便于学校与厂商根据总产水量与滤料的使用周期进行及时的清洗更换，后期按0.3元/升刷卡收费，金额不足部分由学校补足。

**2. 项目设计方案**

（1）设计标准

进口设备的制造工艺与材料应符合美国机械工程师协会（ASME）和美国材料实验协会（ASTM）的工业法中涉及的标准或相当标准。

国内设备的制造工艺与材料应符合下列标准和规程的最新版本的要求：

《建筑给水排水设计规范（2009年版）》（GB 50015-2003）；

《给水排水管道工程施工及验收规范》（GB 50268–1997，现已被新标准替代）；

《生活饮用水卫生标准》（GB 5749–2006）；

《饮用净水水质标准》（CJ 94–2005）；

《反渗透水处理设备》（GB/T 19249–2017）；

《水处理设备 制造技术条件》（JB 2932–1986，现已被新标准替代）。

控制设备、测量仪表和电器设备的设计、制造应符合有关规定和标准，安装、调试和验收执行现行的国标、部标有关的规程、规范和规定。

（2）设计原则

① 根据学校的原水供水情况及水质的情况，所处的地理位置、海拔高度、市政管线情况，选择使用反渗透的净化方式。

② 按照优秀工程等级进行设计施工，采用新工艺和新设备，做到工艺先进、技术成熟、流程简洁，使工程占地省、处理效果好、运行费用低。

③ 充分考虑实际情况，选择合适的工艺和供水方式，使建设中的设备和管线布置最优，以减少占地、简化施工和做到成本最省。

④ 在设计建设过程中以及投产运行后，遵循国家和地方的有关政策、法规，避免产生二次污染，确保水质达标。

（3）设计说明

① 产量要求：直饮水按照小时最大饮用水量设计，根据校区人数分布，按饮水定额2L/（天·人），则直饮水用量分布为：

5000人 × 2L/（天·人）= 10000 L/天

根据计算结果，可按照每天10$m^3$用水量设计。

供水主机产水规模为：1$m^3$/h，则每天生产10小时即可满足用户饮水的需求。

② 水处理原水为校方市政供水（以达标自来水设计）。

③ 水处理出水水质要求达到建设部《饮用净水水质标准》（CJ 94-2005）标准，同时饮水口感要好，要健康、卫生、安全。

④ 直饮水管网设计要求整体管路为同程循环供水，直饮水回流并进行二次处理，即供水与回水均做消毒杀菌处理。

⑤ 直饮水供水方式采用变频恒压供水，取水方式为多饮水点分散取水。

⑥ 教室饮水终端采用壁挂式管线机，宿舍取水终端选用3龙头饮水平台。

### 3. 学校产品配置方案设计

（1）产品配置

根据学校建筑结构及楼层分布情况，解决大约5000名师生饮水问题。以大型水处理设备、壁挂式管线机、多龙头饮水平台为主体，校园直饮水可覆盖教学区的所有教室及宿舍区的每个楼层。现提供如下配置方案：

学生教学楼4栋，共计80间教室和20间教师办公室，每个教室及办公室内安装一台壁挂式管线机，教学区共计100台管线机；学生宿舍楼9栋，共计45层，每层放置2台3龙头饮水平台（1开1温1直饮），共计90台。直饮水主机房选在教学区附近，为面积约20平方米的封闭式房间。

该方案有以下优点：

① 净水主机（如图8-56所示）制水能力强，净化效果稳定，使用寿命长，后期维护方便。

② 无菌机房及储水无菌水箱在确保水质纯净的同时，也为供水提供

了缓冲空间，在因供水不稳短期内停水时依然可以保证稳定的供水能力，用水稳定安全。

③ 同程管网回流设计确保水质新鲜。

④ 恒压变频供水确保水压恒定，各饮水点取水均衡。

⑤ 壁挂式管线机设有热水和直饮水两个取水口，使用便捷，水源、电源接口均设计在管线机内部，由于管线机不存在空气进入的问题，彻底解决了桶装水饮水机空气污染与细菌超标的问题，且各饮水点独立运行，不受个别饮水点故障而影响学生用水。

⑥ 双系统多龙头饮水平台，能够同时提供生活用热水和饮用的直饮水，一机双用，设计新颖，使用方便，完美解决宿舍区用水需求。

⑦ 饮水点分散布局，既保证了供水量的充足，又使得学生取水更加方便快捷。

图 8-56　荣事达主机房设备

（2）设备介绍

① 系统供水技术参数：

产水流量：1.0m$^3$/h（水温25℃）

主机功率：3kW

供电电压：380V

安装尺寸：1800mm×600mm×2500mm

② RO-1000型反渗透主机如图8-56所示。

产品特性：设备全自动运行，无须专人值守；自动定期冲洗，延长耗材使用寿命，减少运行成本；全不锈钢设计，耐腐蚀性强，延长设备使用寿命；配备无线监控系统，设备运行状况通过手机监控，运行状况一目了然；产水量大，运行稳定，后期维护简捷方便；运行成本低，使用寿命长，更适合大规模用水和长期使用。

技术参数：

额定功率：550W

额定电压：220V

制热水能力：10L/h

外型尺寸：300mm×150mm×350mm

③ 壁挂式管线终端机如图8-57所示。

产品特性：直进直出设计，无常温水箱，避免二次污染；顶出式给水技术，无死水，水质新鲜；独立出水口，提供热水、常温水；专利防漏水设计，多重防干烧设计；持续保温结构，避免多次沸腾，节能省电；专利外观设计，轻巧灵活，便于使用、维护。

技术参数：

水箱容量：1.0$m^3$

密封设计：杀菌空气呼吸器

液位观察：液位计

板材外观：镜面304不锈钢

内部清洗：360°自动清洗球

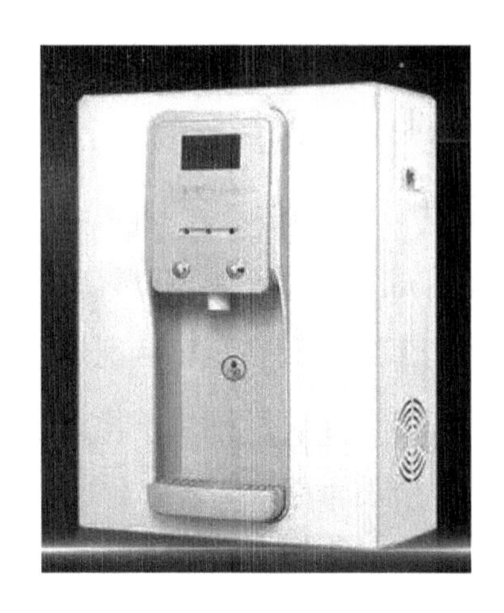

图 8-57 壁挂式管线终端机

④ 无菌储水箱如图 8-58 所示。

产品特性：

采用新工艺技术制造，内部无拉筋、不存污物、便于清洗，符合国际通认的GMP卫生标准；材质采用SUS304食品级不锈钢，具有较强的耐腐性；设计合理，受压均匀，风荷载小，密封性好，配合空气呼吸器使用，能滤除空气中的细菌和灰尘等污染物，既保证有新鲜空气进入水中，又杜绝了空气飘尘中有害物质及小动物入侵，确保水质不受二次污染；科学的水流设计，水中沉淀物自然聚集在水箱底部中央排污口周围，只需定期打开球形水箱底部排污阀排出，无须人工经常清洗。

技术参数：

额定功率：2.5kW

额定电压：380V

环境温度：0℃~45℃

供水能力：$3m^3/h$

杀菌系统：过流式双向紫外杀菌

图 8–58　无菌储水箱

⑤ 变频恒压供水及杀菌系统如图 8–59 所示。

产品特性：设备全自动运行，无须专人值守；压力传感器灵敏探测水压变化，确保水压恒定；各饮水点取水均衡；供水、回水双向紫外线杀菌，确保水质安全；全管网回水设计，确保水质新鲜。

技术参数：

额定功率：6kW

额定电压：380V

供水能力：生活热水 100L/h，直饮开水 60L/h

适用人数：150~200 人

外型尺寸：400mm × 500mm × 1420mm

图 8-59　荣事达变频恒压供水与杀菌系统

⑥ 集成一体式饮水平台如图8-60所示。

产品特性：内置双系统，同时提供生活热水、加热直饮水与常温直饮水，温水龙头出水为加热自来水，水温控制在60℃，供生活用水使用，开水龙头为直饮水，另外一个龙头为常温直饮水，充分满足了宿舍区各种用水需求；微电脑控制，自动进水，自动加热，无须人工操作；具有电子漏电保护报警功能、电子温控防干烧、防溢流漏水功能，安全可靠；不进水不加热，热效率高，长效持久保温，节能省电；智能控制系统，支持定时开关机功能。

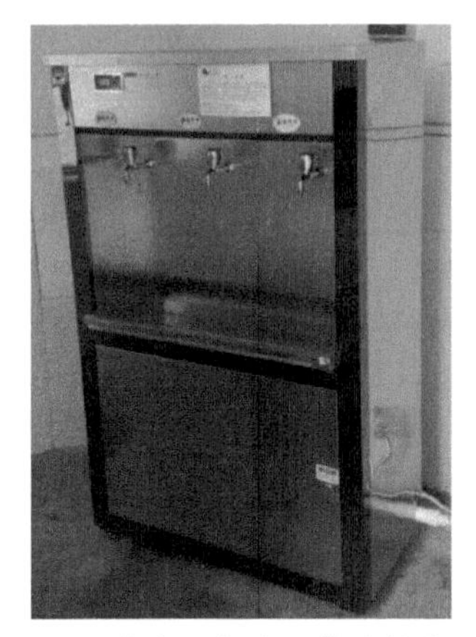

图 8-60　荣事达集成一体式饮水平台

（3）安装施工竣工图

① 主机房如图 8-61 所示。

图 8-61　荣事达主机房

② 壁挂饮水终端如图 8-62 所示。

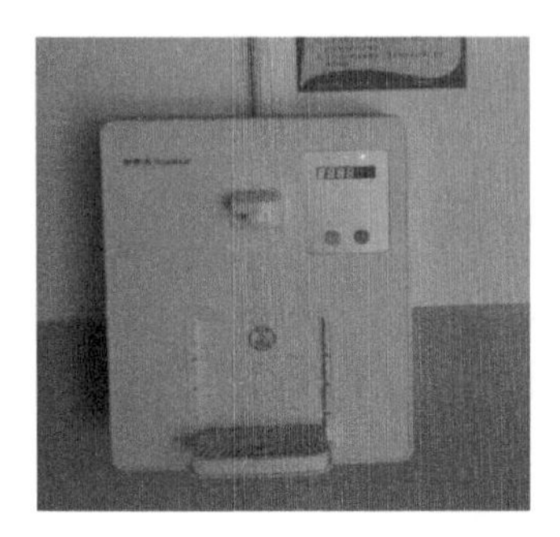

图 8-62　壁挂饮水终端展示

③ 立式饮水终端如图 8-63 所示。

图 8-63　立式饮水终端

④ 施工过程现场如图 8-64 所示。

甘醇。

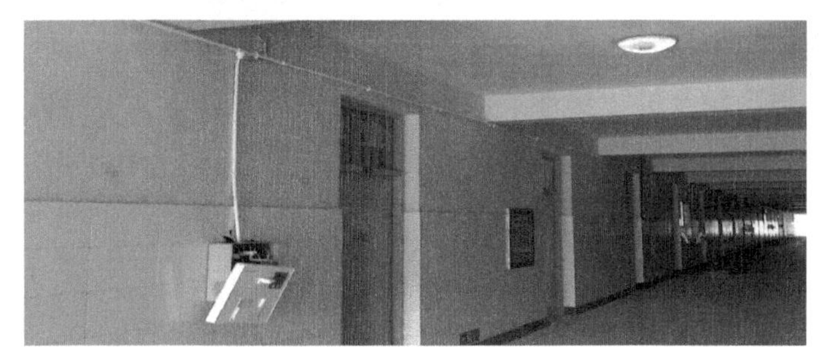

图 8-64　施工现场

**4. 净化处理工艺介绍**

（1）直饮水工艺说明

① 采用目前最先进的RO工艺制取纯净水，产水水质无菌、无颗粒、

② 本系统采用的RO膜其脱盐率高达99.5%，系统回收率高达60%左右，能有效去除水中病毒、重金属、放射性元素、有机污染物，水质甘甜可口。

③ 设备运行高度自动化，各个运行程序由自动化元件控制，完全实现自动化运行，平时无须人工值班操作。

（2）直饮水工艺流程

自来水→增压泵→石英砂过滤器→活性炭过滤器→离子交换器（根据当地水质选配）→精密过滤器→多级泵→反渗透膜→无菌水箱→变频供水泵→紫外杀菌器→终端管线机→循环水→精密过滤器→紫外杀菌器→无菌水箱。

（3）直饮水安全保证

自来水经过五级净化处理后进入净化水箱，生产出高品质直饮水，供入管网以及回流回来的直饮水再经过两级杀菌处理，确保了整个循环系统的无菌化运行，而循环式的恒压供水确保了整个管网中的水处于流动状态，加上两级的连续性杀菌，即使在较高温度下，也能确保直饮水饮用安全，口感新鲜、甘甜。

（4）校园直饮水工程示意如图8-65所示

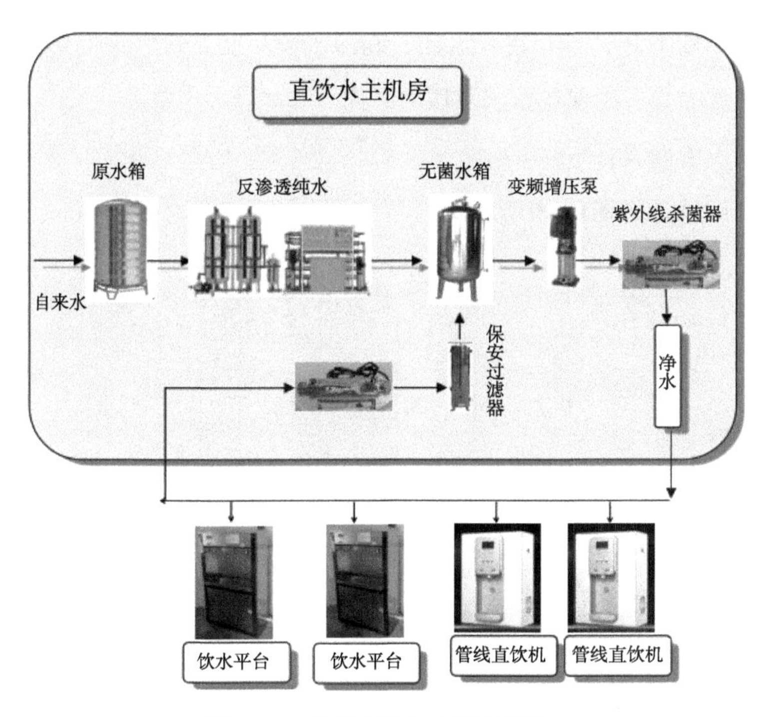


图 8-65　校园直饮水工程示意图

**5. 总体项目布置及设计**

（1）机房所需场地概述

水处理设备部分就安置在封闭式机房内，需占地面积20m$^2$左右。

（2）总体布置

① 总平面布置原则

水处理设备部分的总平面是根据工艺流程，并考虑维修方便、管道的走向等因素布置的。总平面布置应布局紧凑、美观，给排水的走向合理，流程短，管路省。

② 管道布置原则

根据学校的用水点分布情况敷设供、回水管网，采用环状管网，饮用水能不断循环，不存在死水区，确保水质不受二次污染的影响；实现同程回流方式，确保各饮水点压力平衡。

（3）管网设计

管网设计如图8-66所示。

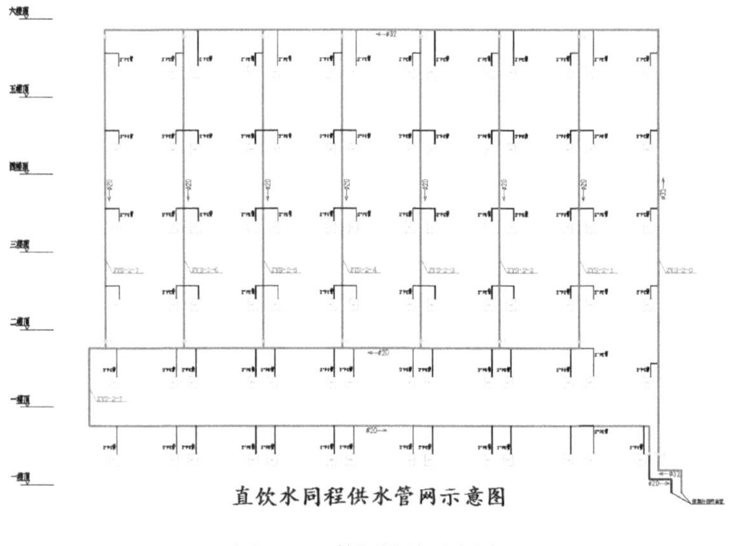


图8-66　管网设计示意图

① 为了保证净水不受二次污染，将水处理机房的水安全可靠地输送到各饮水点，设计中着重从以下方面解决：

学校供水范围为教学楼饮水区，本方案采用恒压供水泵向各楼层供水。恒压供水、上行下给的供水方式，优点是最高层流出水头适中，配合恒压水泵供水，每层水力都比较充足和稳定。

② 管网材料选用：给水管道包括室内支管、主管、室外埋地管，选用环保新型食品级PP-R聚丙烯管材、管件；阀门及其附件选用管材配套配件；给水管材及管件均满足国家生活饮用水卫生标准（有符合国家饮

用水管材管件卫生批件）。

（4）饮水终端设计

教学区每个教室1台管线机，宿舍楼每层放置2台双系统饮水平台。

（5）机房设计要求

系统主机房选址与校方协商确定，我方负责装修，具体要求如下：

① 面积要求：20m$^2$左右。

② 卫生要求：墙面贴瓷砖，地面铺防滑平面无釉砖，天花设防潮胶天花。

③ 通风要求：通风良好，应配备通风系统。

④ 照明要求：照明良好，光线充足；同时安装空气杀菌紫外线灯。

⑤ 排水要求：室内应有足够的坡度，不积水，并有畅通的排水沟渠。

⑥ 门规格要求：应严密，采用不变形、耐腐蚀的材料制作，门宽不小于1.5m，门高不低于2m。

⑦ 窗规格要求：应严密，采用不变形、耐腐蚀的材料制作。

⑧ 电源要求：电源可达到机房1m范围内，380V，4×4平方（三火一零）。

⑨ 水源要求：水源到达机房1m范围内进水管路口径为DN32，水压0.2MPa~0.3MPa。

**6. 直饮水处理工艺**

（1）直饮水工艺流程说明

本工艺流程用于直饮水的制备，主要包括预处理系统、反渗透膜系统。

预处理部分包括原水泵、机械过滤器、活性炭过滤器、软化器，保安过滤器等设备，主要解决如下问题：

① 防止膜面结垢（包括$Fe^{2+}$、$Fe^{3+}$、$CaCO_3$、$CaSO_4$、$SrSO_4$、$CaF_2$、$SiO_2$、$Fe_3O_4$、$Al_2O_3$）。

② 防止胶体物质及悬浮固体微粒污堵。

③ 防止有机物的污堵。

④ 防止微生物的污堵。

⑤ 防止氧化物质对膜的氧化破坏。

⑥ 保持反渗透装置产水稳定。

（2）性能特点

① 将完善正规的饮用净水制作工艺集为一身，柜架式敞开设计，流程清晰，易于维护保养。

② 优质美国陶氏反渗透膜精处理工艺，过滤能力在98%以上。配合完善的前处理工艺和后处理工艺，可制出各项性能完全优于国家直饮水标准《饮用净水水质标准》（CJ 94–2005）的饮用水。

③ 高纳污量多介质预滤提高了去浊的能力。

④ 活性炭吸附滤器可100%有效吸附水中的余氯，保护反渗透膜，避免身体受到余氯侵害，同时去色去臭，改善纯水口感。

⑤ 各泵口都增设水压保护控制，只要接通电源，打开进水阀，泵口水压高于调定水压就会自动启动。若泵口水压低于调定值，泵会自动停止。

⑥ 电导率自检面板显示器，方便随时监控水质。

⑦ 更加安全可靠的电气系统设计，增设了反渗透膜的自动冲洗、低水压保护及根据后置纯水箱的水位自动启停主机等。

⑧ 模块式系统设计，全自动控制，易操作，移动方便，安装简单。

⑨ 变频供水系统，全自动供水，保证直饮水供应持续稳定。

⑩ 循环回路供水系统，全封闭式，使管道中不存在死角，保障直饮

水安全。

（3）单元描述

① 预处理部分功能介绍

（a）原水箱

性能：设低水位控制，贮存外网来水，对系统的给水起调节作用，防止给水不足带来的影响，同时也可对给水中的杂质起一定的沉淀作用。

（b）原水泵

性能：提供预处理系统正常工作的动力源，为保持后序设备的正常运行增加压力。相应要求泵设置过热保护器、压力开关，出现故障时会自动报警。

（c）机械过滤器

原理：过滤器内装填具有良好级配的精制石英砂，采用不同大小的颗粒精制石英砂，从上到下、由小到大依次排列。当水从上流经滤层时，水中的固体悬浮物质进入上层滤料形成的微小孔眼，受到吸附和机械阻留作用被滤料的表面层所截留。主要用于截留进水中的悬浮物、胶体等杂质，净化进水水质。

（d）活性炭过滤器

原理：过滤器内装填净水专用颗粒活性炭。砂滤出水进入活性炭吸附器，活性炭吸附器主要有两个功能：吸附水中部分有机物，吸附率在60%左右；吸附水中余氯。

活性炭对水中杂质物的去除作用是基于活性炭的表面活性和不饱和化学键。

由于活性炭的表面积很大（$500m^2/g$~$1500m^2/g$）。加之表面又布满了平均直径为2nm~3nm的微孔，所以活性炭具有很高的吸附能力。同时，由于活性炭表面上的碳原子在能量上是不等值的，这些原子含有不饱和键，因此具有与外来分子或基团发生化学作用的趋势，对某些有机物有较强的吸附力。

过滤器出水要求如表8-31所示。

表8-31　过滤器出水要求参数表

| 参数 | 系统设计产水量 | 运行滤速 | SDI（淤泥密度指数） | 余氯 |
| --- | --- | --- | --- | --- |
| 数值 | ≥2t/h | 10m/h | ≤5 | ≤0.1mg/l |

注：淤泥密度指数（Silting Density Index，简称SDI）值，是水质指标的重要参数之一。

对滤料的技术要求如表8-32所示。

表8-32　滤料的技术参数表

| 参数 | 规格 | 碘值 | 强度 | 灰分 | 水分 | pH |
| --- | --- | --- | --- | --- | --- | --- |
| 数值 | 8~16目 | ≥800mg/g | ≥95% | ≤3% | ≤10% | 7以上或5~7（酸洗炭） |

（e）软化器

软化，即降低水的硬度。软化水系统包括三部分，即离子交换部分、盐再生部分和控制部分。离子交换技术是软化系统的工作原理，它的主题是离子交换树脂，由于水的硬度主要由钙离子、镁离子形成及表示，故一般采用阳离子交换树脂，将水中的$Ca^{2+}$、$Mg^{2+}$（形成水垢的主要成分）置换出来，随着树脂内$Ca^{2+}$、$Mg^{2+}$的增加，树脂去除$Ca^{2+}$、$Mg^{2+}$的效能逐渐降低。因此，当软化水设备使用一段时间后，需用盐再生部分对树脂进行再生处理，恢复树脂的效能，提高树脂的使用寿命。控制部分可实现整套系统的自动运行，根据系统的运行时间或通过水量来自动进行盐再生。

② RO（反渗透）系统

选用美国进口陶氏膜，反渗透除盐，因其具有能源消耗低、无三废污染、脱除水中离子较彻底等特点，而广泛用于脱盐水处理中，它具有很高的脱盐能力。

该设备具有自动化程度高、安装方便、经济实用等特点，采用了最先进的反渗透技术，整个系统配有一个完整的控制盘，控制高压泵的起停及自动低压保护、自动快速冲洗等功能，实现完全自动化。在压力的作用下，纯水层中的水分子便不断通过毛细管流过反渗透膜，盐类溶质则被排斥，化合价越高的离子被排斥得越远。RO系统运行时反渗透装置水的利用率为60%~70%，系统总脱盐率大于98%。

本套反渗透系统由保安过滤器、高压泵、反渗透装置、纯水箱、管阀连接件、反渗透装置出水水质监测的测试仪器等组成。

自动控制与检测系统说明如下：

全系统采用自动控制，前置水泵、高压泵、压力开关、水位开关、进水电磁阀、冲洗电磁阀等组件进行相互联动，使整个系统的制水和冲洗自动进行，所有操作全部自动进行并配有手动开关和紧急停机功能；净水水箱均配有液位控制系统，为低水位RO系统运行、高水位停止；系统配备高压泵前低压力、泵后高压保护开关，在系统工作时出现异常会报警及自动停泵；系统设水质测试点，测定RO膜出水电导率，设2个流量计，分别测定反渗透纯水流量和浓水流量。

③ 反渗透膜处理净化系统

（a）保安过滤器

性能：外壳采用耐腐蚀的不锈钢材质，每台内装过滤精度为5μm的喷熔滤芯，且可以更换。原水流经滤芯时，残留水中的污染物、胶体、悬浮物被拦截，使原水进一步净化。同时防止由于设备管道内杂质泄漏等大颗粒进入反渗透膜，造成对膜的损坏。保安过滤器正常运行压力为0.05MPa~0.4MPa，随着运行时间的延长，滤芯阻力增加，当压力差达到0.15MPa时应拆下进行清洗或更换。保安过滤器是RO预处理的最后一道工序，也是水进入反渗透膜的最后一道关卡，必须保证其运行稳定、安全、可靠。过滤器的结构满足快速更换滤芯的要求；进入滤器的顶部设排气装置、底部设排放口。

（b）高压泵

高压泵的作用是为反渗透本体装置提供足够的进水压力，保证反渗透膜的正常运行，以达到设计的产水量。高压泵可选用不锈钢高压离心泵，且出口设压力开关，有效防止反渗透膜受到高压冲击。

（c）反渗透系统

在本项目中，考虑到设备的节能、运行压力、膜的透过率、膜的脱盐率、出水的含盐量等因素，设备公司反渗透膜元件均采用世界上最先进的美国陶氏复合膜。

反渗透进水设置电磁阀，在浓水排放处设浓水排放电磁阀，反渗透开机时开启浓水排放电磁阀进行低压冲洗，将设备内的空气排尽，防止高压泵启动后产生水锤现象。在设备停机后开启冲洗阀，用RO产水对反渗透装置进行冲洗，挤排膜和管道中的高TDS残水（浓水），使停运后的膜完全浸泡在淡水中，可以防止膜的自然渗透造成的膜损伤，同时可去污除垢，使装置和RO膜得到有效保养。

反渗透装置配备操作箱，内设流量计、电导率仪、压力表等，操作人员根据浓水流量计和淡水流量计的指示调整浓水排放量和进水量，使反渗透在工艺要求的范围内运行。在反渗透进水口、出水口、二段浓水及产水出水口设压力表，操作人员根据压力和流量指示对该装置进行调节，并可根据压力和流量的变化分析装置的运行情况。

在淡水产水管设有电导率仪，随时监视产水电导率，计算RO装置的脱盐率。反渗透膜组是整个脱盐系统的执行机构，它主要负责脱除水中的可溶性盐分、胶体、有机物及微生物，使出水达到用户要求。根据国家生活用水常规水质分析表及目前水质的情况，反渗透装置的膜组件采用世界上先进的低压复合膜。美国陶氏公司的聚酰胺复合膜，表面为芳香聚酰胺材质，厚度为200nm，并由一层微孔聚砜层支撑，可承受高压力，对机械张力及化学侵蚀具有较好抵抗性，该元件具有较大膜面积，相对大的通量，对NaCl、$CaCl_2$等具有98%以上的脱盐率。

（d）净化水箱

配备不锈钢纯化水专用无菌水箱，配备可视液位计、空气呼吸器及浸没式紫外线杀菌灯。

④ 纯化水杀菌系统

尽管整个纯化水系统经过上述各个流程处理，使水质达到了供水水质的要求，但为了防止管道上的滞留水及容器管道内壁滋生细菌而影响供水质量，应在纯水储水箱出口及管道回流口设置大功率的紫外线杀菌器，以保护储水箱内高品质直饮水不受微生物污染，杜绝或延缓管道系统内微生物细胞的滋生。

UV杀菌器采用波长为254nm的紫外线照射，能够破坏微生物机体细胞中的DNA或RNA的分子结构，造成生长性细胞死亡和（或）再生性细胞死亡，达到杀菌消毒的效果。紫外线消毒是一种物理方法，它不会向产品净水中增加任何物质，没有任何副作用。

⑤ 中央控制系统

（a）自动控制系统

整套控制系统采用进口电气元件进行自动控制，操作简单、运行稳定。

（b）动力部分

· 重力盘：

电气性能：E级，并有良好的接地，抵抗500MΩ以上。

箱体：NEMA-4以上等级，粉体涂装皱纹箱体附箱内自动照明及冷却散热风扇。

依电工法配置电力回路开关。

380/220/110三相变压器。

接/配线：依动力图合乎电工法规施工，电线电缆为国内一级厂制。

· 控制盘

仪表单独电力回路开关。

集合式状态指示灯，依盘面图配置旋钮开关及按钮开关。

接/配线：合乎电工法规施工，电线电缆为国内一级厂制。

所有泵跳脱信号提供至端子台供连接。

· 线槽/架施工工程：

热浸镀锌铁皮或铝制电缆固定架，依现场之配线布置图施工。

硬质PVC管（南亚E管）或EMT线管。

· 配线

线材为国内产制一级电力电缆。

远方侦测器传送低电位信号使用仪用信号隔离电线。

各电缆拉线完成后，其绝缘值为100MEG-OHM以上。

### 7. 直饮水 BOT 运维方案

（1）项目洽商

根据双方沟通协商，学校通过研究最终选择BOT模式对该校直饮水系统进行投资建设。

通过资质招标，学校的直饮水系统由中标企业投资建设（含主机设备、管网、饮水终端、设计、报建、施工、验收、售后服务等）。配置1.0吨主机一套（供5000人饮用），饮水终端配置100台温热饮水机（含教师办公室）和90台双系统饮水平台。项目总投资约100万元。

（2）合同期限

中标企业与学校签订10年供水服务协议，合同到期后设备产权归校方所有，中标企业可续签经营权或提供有偿运维服务。学生通过刷卡取水支付直饮水费。投资建设方负责直饮水机房运行水电费及饮水终端（饮水机）电费。合同约定期限内，投资建设方全权负责直饮水系统的维护管理以及易耗品、滤料、滤芯的更换及相关维保费用（人工、材料等）。校方须无偿提供直饮水机房一间，面积约20平方米。

（3）产权及维护管理协议

明确产权：合同期限内设备产权归投资方所有，合同到期后设备产权归校方所有。

系统日常的维护和管理：三方公司配有工程师、专业管理人员（持专业上岗证）、水质化验人员等各专业人员，可以负责直饮水系统的正常运行及维护管理，当出现问题时可保证随时到达现场。

三方负责提供整个系统长期的维护、保养、耗料及零配件的更换、水质监测、主机设备老化更换等服务。合同期内由投资方全权负责，合同期外按市场相应费用进行维保。

校方全力配合三方公司设备的监管工作，避免人为破坏，人为破坏按成本价进行赔付。

**8. 直饮水 BOT 项目优势**

（1）校园饮水干净健康，完全符合国家标准。每一个校园直饮水工程项目完工后，公司将取水样送当地卫生部门检测，确保所生成水质完全符合国家生活饮用水标准后，方才交付使用。

（2）经济实惠，实实在在为学生减负。实际水价计算对比如表8-33所示，根据数据对比，用直饮水不仅能让学生减少开支，更重要的是还能喝上干净健康的好水。

表 8-33 水价计算对比表

| 类别 | 杂牌桶装水 | 品牌桶装水 | 瓶装水 | 直饮水 |
|---|---|---|---|---|
| 单价 | 7~12元/桶 | 16~28元/桶 | 1.5~2.5元/瓶 | |
| 每升价格 | 0.4~0.67元/L | 0.9~1.56元/L | 2.73~4.55元/L | 0.25~0.35元/L |
| 2L/天标准 | 0.8~1.34元/天 | 1.8~3.12元/天 | 5.46~9.1元/天 | 0.5~0.7元/天 |
| 全年（240天计） | 192~321.6元 | 432~748.8元 | 1310.4~2184元 | 120~168元 |

（3）方便安全，可随时饮用。锅炉水须在固定地点打水，十分不便；桶装水需要叫水、等水且存在陌生人上门不安全等因素；直饮水则在安装有直饮水工程的宿舍、学校教学楼、图书馆等公共地区均可饮用，且24小时供水，即开即饮，冷热随意，无须等待、搬运。

（4）低能耗节能减排。由表8-34可知，直饮水和普通锅炉、电热水器以及桶装水相比，水质更安全，具有无污染、污水可利用、无粉尘以及二氧化硫排放等优点，废水的排放率比锅炉减少20%，废气、粉尘、二氧化硫为零排放。

表 8-34　直饮水节能减排数据对比表

| 名称<br>参数 | 桶装水<br>500L | 热媒燃水<br>锅炉 600L | 热油燃水<br>锅炉 600L | 热汽燃水<br>锅炉 500L | 集中式电<br>热水箱 20L | 反渗透<br>直饮水 |
| --- | --- | --- | --- | --- | --- | --- |
| 电耗（kW/h） | 4 | 4.5 | 3 | 3 | 7 | 3.5 |
| 燃煤/油（kg/h），气（$m^3$/h） | 无 | 40 | 66 | 88 | 无 | 无 |
| 原水预处理 | 五级 | 无 | 无 | 无 | 无 | 五级 |
| 污水（kg/h） | 130 | 60 | 40 | 40 | 无 | 二次利用 |
| 污气（$m^3$/h） | 无 | 300 | 200 | 100 | 无 | 无 |
| 烟尘（$m^3$/h） | 无 | 250 | 150 | 100 | 无 | 无 |
| 二氧化硫（$m^3$/h） | 无 | 1200 | 700 | 100 | 无 | 无 |
| 国家饮用标准 | 二次污染参差不齐 | 均难以达标，并含钙离子、镁离子及各类杂质 | | | | 完全达标 |

直饮水系统不仅安全卫生，又在节能减排各项指标上具有明显优势，学校采用直饮水后势必会减少后勤开支，节约经费。

## 四、运维模式案例（4）：区域性直饮水设备共享模式案例

### 1. 校园公共净水共享服务运维模式

共享净水设备是物联网直饮水设备的一种全新业态模式，也是目前为止物联网领域中较为典型、规模较大的一个应用场景。其本质是通过

在传统的净水器上加装智能装置，通过物联网和大数据的辅助，实现传统净水器智能化共享运维的服务模式。

这种模式很像目前共享经济的运维模型，其优势在于其区域性共享服务模式建立后，所有的直饮水净水设备将具有统一的标准化物理接口和数据接口。用户无须一次性花费高额成本买断设备，直饮水设备的产权归企业所有，学校只须每年支付固定的运维服务费，就可以获得服务期内更好的饮水体验，不用为后期水质检测、滤芯更换和定期维护操心。这种模式下，企业和经销商都有稳定且持续性的收入。对经销商来说，门槛低（运营成本低）、零库存经营、仅负责开拓市场是非常适合其发展的。

同时，物联网化的智能产品和基于厂商的云平台自营服务体系是该运维模式得以运行的基础保障。它是运维手段的新模式，也是区别于其他直饮水运维模式的核心优势，许多企业纷纷建立了自己的数据平台。这种直饮水设备采用APO+安全净水技术，在行业内占有优势和领先地位，这个“服务家”App基于云平台建设，遍布在全国各地的直饮水处理设备全部在这个云平台上运维，可实时监测每一台设备的运行情况、水质以及滤芯状况，一旦滤芯达到更换期或设备出现故障，云平台就会发起预警。

学校采用直饮水活水站解决方案共享模式为学生提供安全卫生的直饮水，共享企业通过立式直饮分机和集团主机等设备组合，将处理好的直饮水通过管道搭配到教学区的饮水处。

直饮水站共享模式也是一种校企合作式的直饮水供水方案，是学校基于对学生安全饮水问题的重视，或者自身教育设施的提升采取的供水方案，目的是给学生创造健康、安全、卫生、便利的学习和生活环境。

此饮水方案模式比较扁平，学校以每年付服务费的方式从企业购买饮水服务，服务期间的维修、维护、清洗、更换新机由企业免费提供。

此解决方案对中大型的学校具有有效的供给能力，适合人多的场合使用。一般按照小区域的饮水人数和水源布局饮水点，方便学生在课间短时间内就能饮用到安全健康的直饮水，不用排队等待，同时避免因饮水点过远造成课间休息时间不足，饮水终端可布局到每一个教室或公共饮水处，可满足10~30人同时用水。这种模式相比于桶装水优势更显著，该方案的饮水成本会降低20%~50%，同时还能解决桶装水二次污染、使用麻烦、应急不足、过期变质等问题和饮水安全隐患，学校降低了对学生饮用水的管理成本。所谓的饮用水管理成本即桶装水或管道自来水造成的二次污染和其他安全隐患的预防和处理产生的成本，同时提供桶装水还会产生管理工作人员进行采购、运输、搬运、整理入库的经费。而共享运维模式从购买饮水服务后的运输、安装、售后、定期检测、饮水设备管理全过程将全部免费，为学校节省了人力成本、设备管理成本、仓储成本、折旧成本、饮用水安全监控成本等。

**2. 安徽省黄山市某学校项目概况**

（1）学校情况

学校情况如表8-35所示。

表8-35 学校情况表

| 项目信息 | 项目详情 |
|---|---|
| 项目名称 | 黄山市某学校饮用水工程设计方案 |
| 以往状况 | 采用桶装水解决学生和教职工日常直饮水需求 |
| 饮水点分布 | 3栋教学楼，1栋教职工楼，教学楼每栋3层，共72个饮水点，职工楼2层，共18个饮水点 |
| 饮水现状 | 共2430人，按1.5L/（人·天），约需120桶/天；按10元/桶，每天需桶装水1200元，1年432000元 |
| 解决方式 | 采用共享式净水设备，为学生和教职工提供健康安全的直饮水 |

（2）学校简介

黄山市某学校创办于2000年，是经市教委审批成立的第一所涵盖小学、初中、高中十二年一贯制住读模式的、上规模、高起点的现代化民办学校，是黄山市基础教育引进实力雄厚的外资办学之首创。校园占地面积33亩，建筑面积25000m$^2$，总投资4000万元。现有42个教学班，2100名学生，330名教职工，是目前黄山市最受欢迎的民办学校。学校设施齐全，建有宾馆式学生公寓，多功能报告厅，多媒体教室，微机室，语音室，美术室，舞蹈室，图书馆，标准化物理、化学、生物实验室，塑胶田径场，体育馆等，每班教室配有多媒体一体机等，硬件设施现代化。

（3）共享服务运维模式

根据学校现有的饮水区域、饮水点分布、人数分布，学校提供安装场地，企业负责安装，按照包年收费的方式为学校提供服务。包年服务的优点在于饮水成本的可控性，能够将学校每年的饮水成本支出固定，便于学校进行成本核算。企业采用独有的APO+安全净水技术为学校提供专业直饮水解决方案。根据学校实际情况，需采用适用的商用直饮设备组合壁挂式饮水终端解决饮水问题，为全校师生提供安全净水服务，运维模式如图8-67所示。

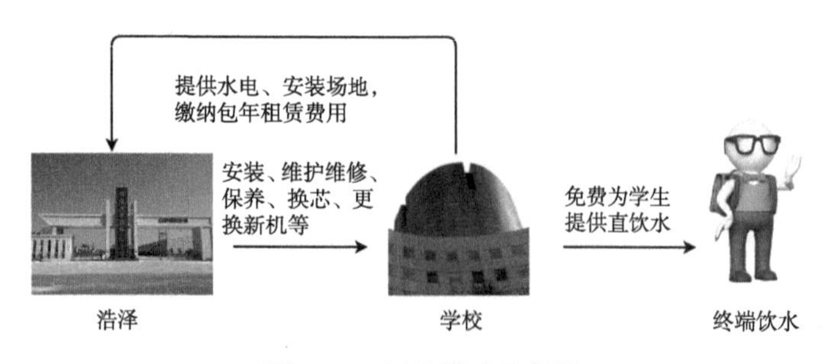


图8-67　运维模式示意图

**3. 设备功能说明及技术要求**

（1）设备功能介绍

直饮水机采用APO+安全净水技术（如图8-68所示），多级吸附组合可有效吸附水中沉积物、致癌余氯物等，RO逆渗透膜可深度滤除化学污染物及重金属，臭氧可杀灭细菌、去除病毒，保证水质新鲜，防止二次污染。

图 8-68　APO+ 安全净水技术说明

APO+安全净水技术，通过了国内外几十项权威机构的检测和认证；每4小时自动投放臭氧，杀菌消毒无死角，防止二次污染；加热节能功能杜绝千滚水；定期水质检测、设备维护和滤芯更换，保证水质新鲜安全。

（2）APO+安全净水技术说明

APO+安全净水技术是企业在现有反渗透净水技术上改进的优化净水技术，进一步提升了水质安全。APO+是Absorption、Purification、Ozone

的缩写，即优化级吸附、优质过滤、鲜活净化技术，“+”即更优，并且融入云净水技术，真正保证水质新鲜、健康和安全。APO+的技术流程示意图如图8-69所示。

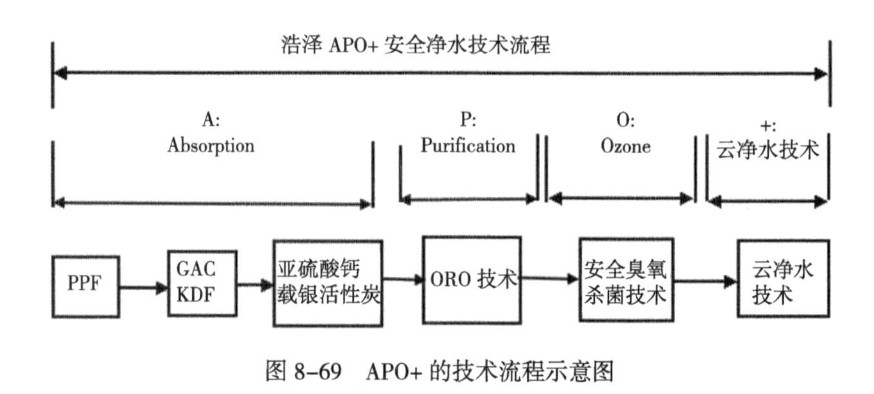


图8-69 APO+的技术流程示意图

A：Absorption，安全吸附组合，吸附更优。

PPF、KDF、优质活性炭、亚硫酸钙、载银活性炭等多重吸附技术组合，强力吸附水中余氯、锈浊沉积物、亚硝酸盐、三氯甲烷等致癌物质。

P：Purification，安全ORO技术，过滤更优。

ORO（Ozner Reverse Osmosis）这种反渗透技术是企业自主研发升级的新一代ORO安全净水技术。滤芯孔径仅0.0001μm（细菌的1/500），可深度拦截水中化工污染物、农药激素残留、重金属离子等危害人体健康的有害物质。

O：Ozone，安全臭氧杀菌技术，保鲜更优。

采用高效专利气水混合技术，通过微电脑控制，根据水质需要，每天自动定时向水中投加臭氧（$O_3$），激活水分子，增加水中溶解氧，杀灭细菌病毒。可做到源头净化，内在活水新鲜，口感甘甜可口，同时确保水质的安全。

+：云净水科技。

引领未来的云净水技术，可做到当整机工作发生异常时，“云服务中心”将接收到报修指令，并指派专属售后主管主动上门维护。

水质安全全周期监测，耗材滤芯的消耗值动态更新显示，时刻掌握涉及水质安全的耗材滤芯状态。

云服务中心为了确保节能，杜绝千滚水，如设备2 小时内热水未经使用，加热功能则自动关闭。

（3）节水技术检测解释说明（节水型产品）

ORO技术的节水技术工作原理如图8-70所示，市政自来水经前过滤系统后到达水箱的原水室，原水室达到高水位后切断进水，启动反渗透节水系统。原水室的水经泵抽至RO膜，净水到净水箱供饮用，浓水返回至水箱浓水室，水箱浓水室与原水室之间通过隔板隔开，返回的浓水累积后，溢过隔板溢流至原水室，与原水混合后再作为原水制水。到原水室低水位后停止制水，排放水箱剩余的浓水，至此一个净水系统完成。

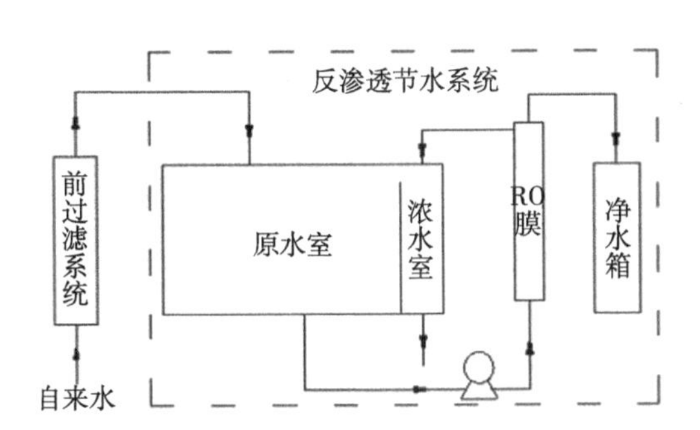


图 8-70　ORO 节水技术流程示意图

第三方检测机构对送检产品的节水效果进行测试。模拟饮水机的真实工作状态，在进水口、水机最终出口收集进水和出水，测量水量；试验采用连续通水通电测试，进水2000L时停止试验。

将测试机器放置在试验平台上。试验平台按《冷热饮水机》（GB/T 22090–2008）中6.1.2.1章节要求制作；位置按GB/T 22090–2008中6.1.2.1章节中的要求放置；测试水源使用市政自来水，保持恒压压力0.15MPa，收集计量自来水进水量；拔出机器净水箱出水口堵头，套上硅胶管，并连接阀门，收集计量纯水出水量。

进水，开启机器，使其正常工作，测量进水TDS值；将纯水收集；进水2000L时停止进水，关闭机器，计量纯水出水总量、纯水TDS值。

测试过程中若发现机器滤壳漏水、滤壳螺纹松动属正常现象，使用滤壳扳手拧紧滤壳再次测试即可；测试过程中若发现机器出现任何异常，立即停止测试，并通知相关负责人。

检测结果如表8–36所示。

表8–36　节水效果测试结果表（非节水型产品的产水率为35%左右）

| 样品名称 | 进水总量/L | 纯水总量/L | 纯水/进水比/% | 进水TDS值/mg/L | 纯水TDS值/mg/L | TDS去除率/% |
|---|---|---|---|---|---|---|
| A5/A1 | 2000 | 1904 | 95.2 | 181 | 17 | 90.6 |
| A5/A1 | 2000 | 1910 | 95.5 | 182 | 17 | 90.6 |
| A5/A1 | 2000 | 1916 | 95.8 | 182 | 18 | 90.1 |
| A5/A1 | 2000 | 1912 | 95.6 | 181 | 17 | 90.6 |

注：进水条件为恒压压力0.15MPa，水温20℃~25℃。

通过以上检测可看出这种型号的节水型反渗透直饮水机的节水效果，即纯水/进水比在试验条件下，都可以达到95%以上，相比同类产品具有相对较好的节水效果。在此节水效果下，TDS去除率都可以达到90%以上，纯水可以安全饮用。

（4）臭氧（$O_3$）杀菌技术说明

臭氧发生器产生臭氧的工作原理（如图8–71所示）如下：以空气为气源，通过臭氧发生器的高压变频放电——空气流过由内电和外电极组成的电晕放电区，放电区内施加数千伏的高压电能，将流入放电区的氧气电离生成臭氧。

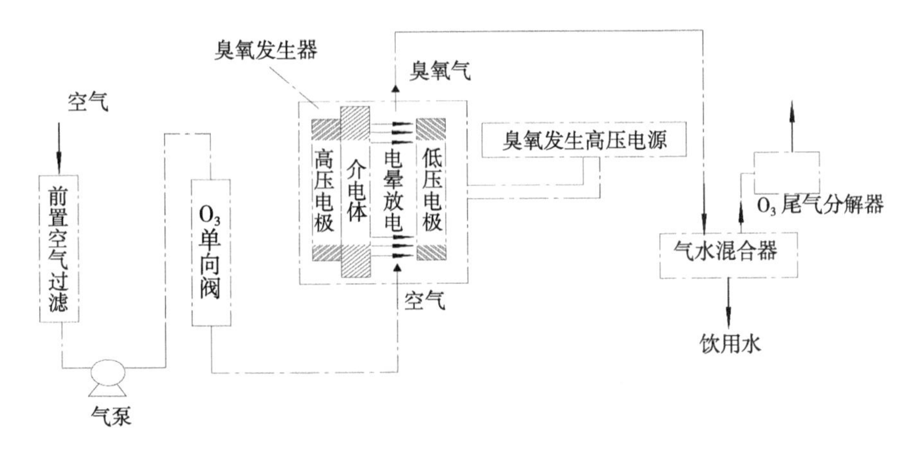


图 8–71　浩泽臭氧发生器工作原理

安全臭氧杀菌技术系统的工作原理（如图8–72所示）如下：经臭氧发生器内的气泵，通过导气管输送至净水箱内的曝气盘，通过曝气盘的水气混合作用，将臭氧作用于原水和净水中，对原水箱和净水箱进行臭氧处理。臭氧尾气通过导气管排出净水箱，通过臭氧分解装置分解。臭氧消毒方式为每4小时投放一次，每次工作3分钟，投放臭氧总量为6mg~8mg。

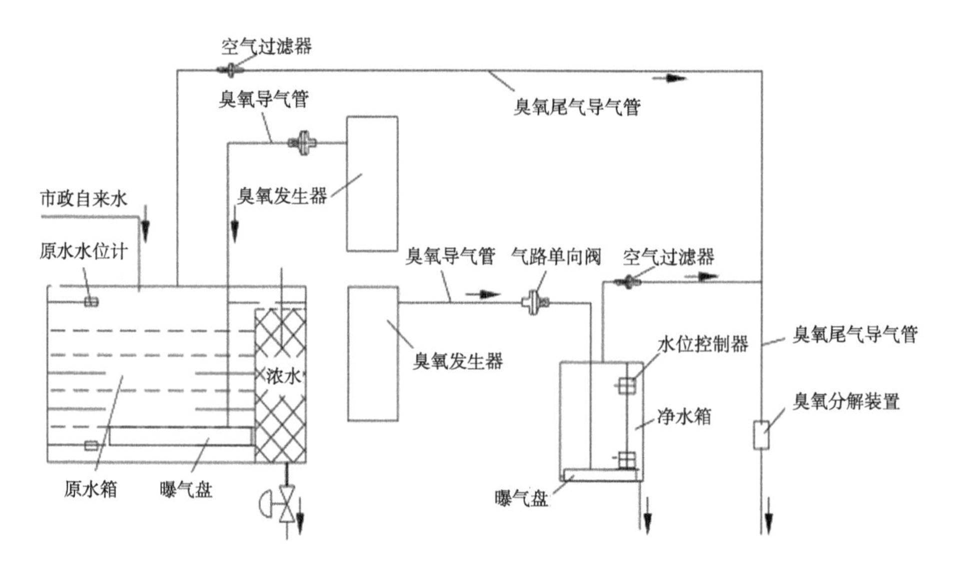


图 8-72　浩泽安全臭氧杀菌技术工作原理图

第三方的检测准备工作：依据委托单位要求，对送检样品进行臭氧杀菌系统效果测试，测试项目分为水质检测、臭氧气体浓度检测、微生物检测；将测试机器放置在试验平台上，试验平台按《冷热饮水机》（GB/T 22090-2008）中6.1.2.1章节要求制作，位置按GB/T 22090-2008中6.1.2.1章节中要求放置；测试水源使用市政自来水，保持恒压压力0.15 MPa。

检测方法：

① 水质检测

进水，开启机器，使其正常工作，待纯水箱制满水后，手动连接臭氧发生器，使其工作，达到3min后停止工作。分别取原水自来水水样、臭氧工作前纯水水样、臭氧工作后纯水水样（都为整机出水口）测试水质，测试指标为《生活饮用水水质处理器卫生安全与功能评价规范 ——

反渗透处理装置》(卫生部，2001)中的出水水质指标，以及《生活饮用水卫生标准》(GB 5749–2006)中的溴酸盐、硝酸盐、亚硝酸盐、臭氧浓度四项与臭氧处理效果相关的可能的副产物指标，验证臭氧处理系统对水质指标的影响。

② 臭氧气体浓度检测

进水，开启机器，使其正常工作，待纯水箱制满水后，手动连接臭氧发生器，使其工作，达到3min后停止工作。用臭氧浓度检测仪在臭氧发生器出气口检测浓度。刚停止工作时，分别用臭氧浓度检测仪在臭氧消解装置后、水机整体外检测臭氧浓度，测试环境臭氧气体浓度去除率。测试标准为《室内空气中臭氧卫生标准》(GB/T 18202–2000)。

③ 微生物检测

杀菌效果检测：在纯水箱中加入加标培养细菌的纯水水样，至水机设定的满水位，开启臭氧发生器，工作3min后停止，分别取工作前、工作后的水样测试菌落总数，测试臭氧杀菌效果。

微生物长期测试：进水，开启机器，使其正常工作，每天定时放水5L，使水机每天能制水工作。30天内取样监测水机的菌落数，共取样测试4次。

检测数据：

① 水质检测

商用直饮水机系列水质分析检验结果数据如表8–37所示。

表 8-37 水质分析检验结果全分析

| 测定项目 | 单位 | 检验依据 | （1）原水 | （2）纯水 | （3）臭氧工作后纯水 | 卫生要求 | 判定 |
|---|---|---|---|---|---|---|---|
| 色 | 度 | GB/T 5750.4-2006（1.1） | ＜5 | ＜5 | ＜5 | ≤5 | 合格 |
| 浑浊度 | NTU | GB/T 5750.4-2006（2.1） | 0.19 | 0.17 | 0.18 | ≤1 | 合格 |
| 臭和味 | / | GB/T 5750.4-2006（3.1） | 无 | 无 | 无 | 不得有异臭和异味 | 合格 |
| 肉眼可见物 | / | GB/T 5750.4-2006（4.1） | 无 | 无 | 无 | 不得有 | 合格 |
| pH | / | GB/T 5750.4-2006（5.1） | 7.86 | 6.35 | 6.44 | ＞5.0 | 合格 |
| 溶解性总固体 | mg/L | GB/T 5750.4-2006（8.1） | 179 | ＜10 | ＜10 | ≤1000 | 合格 |
| 耗氧量（CODMn法，以 $O_2$ 计） | mg/L | GB/T 5750.7-2006（1.1） | 1.36 | 0.20 | 0.19 | ≤1.0 | 合格 |
| 铅 | mg/L | GB/T 5750.6-2006（11.1） | ＜$2.5\times10^{-3}$ | ＜$2.5\times10^{-3}$ | ＜$2.5\times10^{-3}$ | ≤0.01 | 合格 |
| 砷 | mg/L | GB/T 5750.6-2006（6.1） | ＜$5.0\times10^{-4}$ | ＜$5.0\times10^{-4}$ | ＜$5.0\times10^{-4}$ | ≤0.01 | 合格 |
| 挥发酚类（以苯酚计） | mg/L | GB/T 5750.4-2006（9.1） | ＜0.002 | ＜0.002 | ＜0.002 | ≤0.002 | 合格 |
| 硝酸盐（以N计） | mg/L | GB/T 5750.5-2006（5.3） | 1.35 | ＜0.50 | ＜0.50 | ≤10 | 合格 |
| 三氯甲烷 | mg/L | GB/T 5750.8-2006（1.2） | 0.012 | 0.0082 | 0.0080 | ≤0.015 | 合格 |
| 四氯化碳 | mg/L | GB/T 5750.8-2006（1.2） | ＜$2.0\times10^{-4}$ | ＜$2.0\times10^{-4}$ | ＜$2.0\times10^{-4}$ | ≤0.0018 | 合格 |
| 溴酸盐 | mg/L | GB/T 5750.10-2006（14.1） | <0.005 | <0.005 | <0.005 | ≤0.01 | 合格 |
| 甲醛 | mg/L | GB/T 5750.10-2006（6.1） | <0.05 | <0.05 | <0.05 | ≤0.9 | 合格 |

（续表）

| 测定项目 | 单位 | 检验依据 | （1）原水 | （2）纯水 | （3）臭氧工作后纯水 | 卫生要求 | 判定 |
|---|---|---|---|---|---|---|---|
| 亚硝酸盐 | mg/L | GB/T 5750.5-2006（10.1） | 0.031 | <0.001 | <0.001 | ≤1 | 合格 |
| 臭氧 | mg/L | GB/T 5750.11-2006（5.3） | 0.02 | ≤0.01 | 0.02 | ≤0.02 | 合格 |
| 菌落总数 | CFU/mL | GB/T 5750.12-2006（1） | 未检出 | 未检出 | 未检出 | ≤20 | 合格 |
| 总大肠菌群 | CFU/mL | GB/T 5750.12-2006（2.1） | 未检出 | 未检出 | 未检出 | 不得检出 | 合格 |

② 臭氧气体浓度检测

检测结果如表8-38所示。

表8-38 臭氧浓度检测结果

| 样机名称 | 测定项目 | 单位 | 检验依据 | （1）臭氧发生器 | （2）臭氧消解装置后 | （3）水机整体0.5m外 | 卫生要求 | 判定 |
|---|---|---|---|---|---|---|---|---|
| A5/A1 | 臭氧 | $mg/m^3$ | GB/T 18202-2000 | 1902 | 10.02 | ≤0.05 | ≤0.16 | 合格 |
| A5/A1 | 臭氧 | $mg/m^3$ | GB/T 18202-2000 | 1915 | 11.50 | ≤0.05 | ≤0.16 | 合格 |
| A5/A1 | 臭氧 | $mg/m^3$ | GB/T 18202-2000 | 1855 | 8.99 | ≤0.05 | ≤0.16 | 合格 |
| A5/A1 | 臭氧 | $mg/m^3$ | GB/T 18202-2000 | 1942 | 11.25 | ≤0.05 | ≤0.16 | 合格 |

③ 杀菌效果检测

杀菌效果检测数据如表8-39所示。

表8-39　杀菌效果检测结果数据表

| 样机名称 | 测定项目 | 单位 | 检验依据 | （1）加标水 | （2）臭氧工作后水样 | 卫生要求 | 判定 |
|---|---|---|---|---|---|---|---|
| A1XB系列A5系列 | 菌落总数 | CFU/ml | GB/T 5750.12-2006（1） | 962 | 5 | ≤20 | 合格 |
| | 总大肠菌群 | CFU/ml | GB/T 5750.12-2006（2.1） | 45 | 未检出 | 不得检出 | 合格 |
| A1XB系列A5系列 | 菌落总数 | CFU/ml | GB/T 5750.12-2006（1） | 988 | 6 | ≤20 | 合格 |
| | 总大肠菌群 | CFU/ml | GB/T 5750.12-2006（2.1） | 57 | 未检出 | 不得检出 | 合格 |
| A1XB系列A5系列 | 菌落总数 | CFU/ml | GB/T 5750.12-2006（1） | 1050 | 4 | ≤20 | 合格 |
| | 总大肠菌群 | CFU/ml | GB/T 5750.12-2006（2.1） | 33 | 未检出 | 不得检出 | 合格 |
| A1XB系列A5系列 | 菌落总数 | CFU/ml | GB/T 5750.12-2006（1） | 897 | 未检出 | ≤20 | 合格 |
| | 总大肠菌群 | CFU/ml | GB/T 5750.12-2006（2.1） | 68 | 未检出 | 不得检出 | 合格 |

④ 微生物长期测试

微生物长期测试结果数据如表8-40所示。

表 8-40　微生物长期测试结果数据表

| 样机名称 | 测定项目 | 单位 | 检验依据 | （1）原水 | （2）5天后水 | （3）10天后水 | （4）20天后水 | （5）30天后水 | 卫生要求 | 判定 |
|---|---|---|---|---|---|---|---|---|---|---|
| A1XB系列A5系列 | 菌落总数 | CFU/ml | GB/T 5750.12–2006（1） | 未检出 | 3 | 5 | 未检出 | 未检出 | ≤20 | 合格 |
| | 总大肠菌群 | CFU/ml | GB/T 5750.12–2006（2.1） | 未检出 | 未检出 | 未检出 | 未检出 | 未检出 | 不得检出 | 合格 |
| A1XB系列A5系列 | 菌落总数 | CFU/ml | GB/T 5750.12–2006（1） | 未检出 | 未检出 | 5 | 未检出 | 6 | ≤20 | 合格 |
| | 总大肠菌群 | CFU/ml | GB/T 5750.12–2006（2.1） | 未检出 | 未检出 | 未检出 | 未检出 | 未检出 | 不得检出 | 合格 |
| A1XB系列A5系列 | 菌落总数 | CFU/ml | GB/T 5750.12–2006（1） | 未检出 | 5 | 10 | 未检出 | 3 | ≤20 | 合格 |
| | 总大肠菌群 | CFU/ml | GB/T 5750.12–2006（2.1） | 未检出 | 未检出 | 未检出 | 未检出 | 未检出 | 不得检出 | 合格 |
| A1XB系列A5系列 | 菌落总数 | CFU/ml | GB/T 5750.12–2006（1） | 未检出 | 未检出 | 未检出 | 7 | 8 | ≤20 | 合格 |
| | 总大肠菌群 | CFU/ml | GB/T 5750.12–2006（2.1） | 未检出 | 未检出 | 未检出 | 未检出 | 未检出 | 不得检出 | 合格 |

测试结论：

通过以上各项检测，可得出反渗透直饮水机臭氧杀菌系统具有以下实际应用效果：

在测试条件下，反渗透直饮水机产生的纯水经过臭氧杀菌系统处理后，符合《生活饮用水水质处理器卫生安全与功能评价规范 —— 反渗透处理装置》（卫生部，2001）、《家用和类似用途饮用水处理装置》（GB/T 30307-2013）和《家用和类似用途反渗透净水机》（QB/T 4144-2010）。

反渗透直饮水机臭氧杀菌系统的臭氧分解装置可以去除水箱的剩余臭氧，保证水机外的室内空气中臭氧浓度符合《室内空气中臭氧卫生标准》（GB/T 18202-2000）要求。

反渗透直饮水机臭氧杀菌系统可以杀灭加标水中99%以上的微生物，在长期使用中可保证水箱内的微生物状态符合《生活饮用水水质处理器卫生安全与功能评价规范 —— 反渗透处理装置》（卫生部，2001）的标准，有效防止二次污染，保障水质安全。

（5）学校直饮水设备进水要求

学校直饮水设备进水要求参数如表8-41所示。

表8-41　进水要求参数

| 原水水质 | 原水水压 | 原水进水量 | 电源要求 | 温、湿度 |
| --- | --- | --- | --- | --- |
| 地下水或自来水以实际检测报告为准 | 大于等于0.25MPa | 大于2t/h | 500W<br>220V<br>50Hz | 5℃~40℃<br>湿度小于50% |

（6）学校直饮水设备出水指标

学样直饮水设备出水指标参数如表8-42所示。

表8-42　出水指标参数表

| 产水用途 | 终端产水水质 | 运行方式 | 供水方式 | 出水水质 |
| --- | --- | --- | --- | --- |
| 直饮水 | 总溶解固体值：TDS值≤20 | 全自动运行（并具备手动操作功能） | 连续产出（10小时运行） | 出水水质符合《生活饮用水卫生标准》（GB 5749-2006） |

（7）设备应满足标准

①《建筑给水排水设计规范（2009年版）》（GB 50015-2003）

②《给水排水管道工程施工及验收规范》（GB 50268-2008）

③《生活饮用水卫生标准》（GB 5749-2006）

④《室内空气中臭氧卫生标准》（GB/T 18202-2000）

⑤《生活饮用水水质处理器卫生安全与功能评价规范——反渗透处理装置》（卫生部，2001）

⑥《生活饮用水输配水设备及防护材料卫生安全评价规范》（卫生部，2001）

⑦《家用和类似用途饮用水处理装置》（GB/T 30307-2013）

⑧《家用和类似用途连续式净水机安装规范》（QB/T 4693-2014）

⑨《家用和类似用途饮用水处理内芯》（GB/T 30306-2013）

⑩《家用和类似用途净水机维修维护服务规范》（QB/T 4692-2014）

⑪《家用和类似用途反渗透净水机》（QB/T 4144-2010）

⑫《生活饮用水卫生标准》（GB 5749-2006）

⑬《生活饮用水标准检验方法》（GB/T 5750.1~5750.13–2006）

**4. 学校产品实施方案详述**

（1）学校实际设计产品分布

学校实际设计产品分布如表8–43所示。

表8–43 产品分布表

| 饮水区域<br>主机 | | 产品数量/台、型号 | | 饮水人数（人） | 备注 |
|---|---|---|---|---|---|
| | | 饮水机 | | | |
| 办公楼 | 2层 | A5B2–ZW，2台 | A6G（XBF），12台 | 330 | 每层可满足400人以内用水，总人数为2430人，每层约233人，在400人以内。 |
| 教学楼A栋 | 1层 | A1XB–A1，8台 | A6G（XBF），8台 | 233 | |
| | 2层 | A1XB–A1，8台 | A6G（XBF），8台 | 233 | |
| | 3层 | A1XB–A1，8台 | A6G（XBF），8台 | 233 | |
| 教学楼B栋 | 1层 | A1XB–A1，8台 | A6G（XBF），8台 | 233 | |
| | 2层 | A1XB–A1，8台 | A6G（XBF），8台 | 233 | |
| | 3层 | A1XB–A1，8台 | A6G（XBF），8台 | 233 | |
| 教学楼C栋 | 1层 | A1XB–A1，8台 | A6G（XBF），8台 | 233 | |
| | 2层 | A1XB–A1，8台 | A6G（XBF），8台 | 233 | |
| | 3层 | A1XB–A1，8台 | A6G（XBF），8台 | 236 | |
| 合计 | | 74台 | 84台 | 2430 | |

（2）详细参数说明

① 学校用A5B2–ZW型主机参数

产品外观如图8–73所示。

图 8-73　A5B2-ZW 型主机产品外观图

额定电压：AC220V

额定频率：50Hz

额定功率：200W

纯水产量：70L/h（25℃，0.25MPa）

储水罐容积：40L

工作水压范围：0.06MPa~0.3MPa

适用自来水水温：5℃~40℃

适用环境温度：5℃~40℃

计费方式：按天数递减方式显示过水量，0天停机

尺寸：856mm × 456mm × 848mm

压力罐支架尺寸：L480mm × W445mm × H1400mm（机器）

学校使用的充水卡型号是统一的A12包月卡；适用水源为市政自来水。

② 壁挂式饮水机JZY-A6G型商用饮水机参数

产品外观如图8-74所示。

图 8-74 壁挂式饮水机图

额定电压：AC220V

额定频率：50Hz

额定功率：600W

热水制水量：5L/h

冷水制水量：无

适用纯净水温：5℃~40℃

适用环境温度：5℃~40℃

加热功率：500W

热水温度：≥ 90℃

冷水温度：≤ 15℃

尺寸：355mm × 226mm × 555mm

备注：无过滤系统，仅作为取水处使用。

③ 共享集成一体JZY-A1XB-A直饮水机参数

产品外观如图8-75所示。

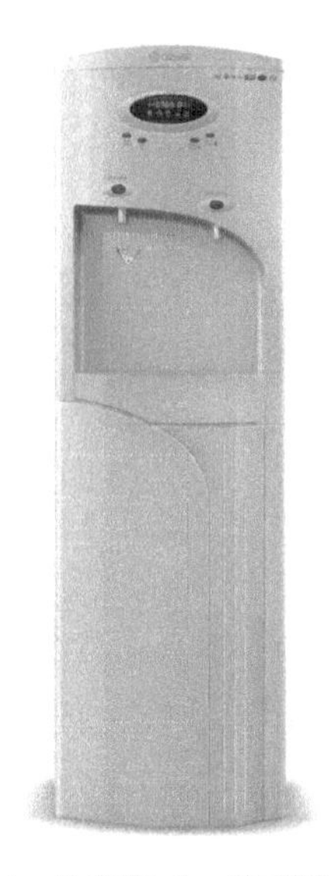

图 8-75　共享集成一体直饮水机图

额定电压：AC220V

额定频率：50Hz

额定功率：600W

纯水产量：6L/h（25℃，0.25MPa）

净水箱容积：10L

储水罐容积：3L

热水罐容积：1.8L

热水制水量：4L/h

冷水制水量：0.7L/h

工作水压范围：0.06MPa~0.3MPa

适用自来水水温：5℃~40℃

适用环境温度：5℃~40℃

加热功率：500W

热水温度：≥90℃

冷水温度：≤15℃

计费方式：按天数递减方式显示过水量，0天停机

尺寸：1380mm×385mm×300mm

充水卡型号：A12包月卡

适用水源：市政自来水

放水方式：按住出水，松开停水

加热节能：2小时无人使用，自动关闭加热

（3）系统使用的阀门、管件等零件参数

零件外形如图8-76所示。

进水球阀：3/8寸，非标专用

进水阀：3/8寸，非标专用

PE管：3/8寸，进口食品级

专用快插接头：1/8寸，进口食品级

装饰条：非标，用于墙面安装

PVC管：3/4寸，进水管外层保护，防鼠咬

漏水保护器：纸带感应，根据现场情况安装

增压泵：≤0.06MPa，水压过低时增压

减压阀：≥0.3MPa，水压过高时加装保护

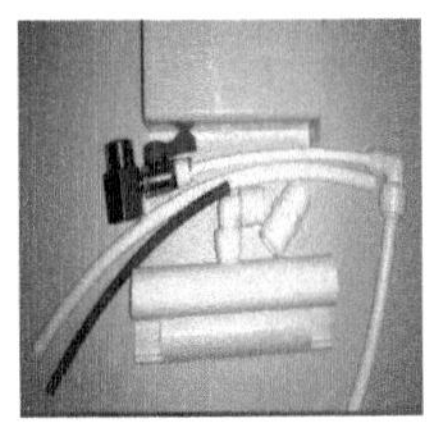

图 8-76 阀门、管件等零件图

（4）防漏水装置安装及保护措施

漏水保护器如图 8-77 所示。

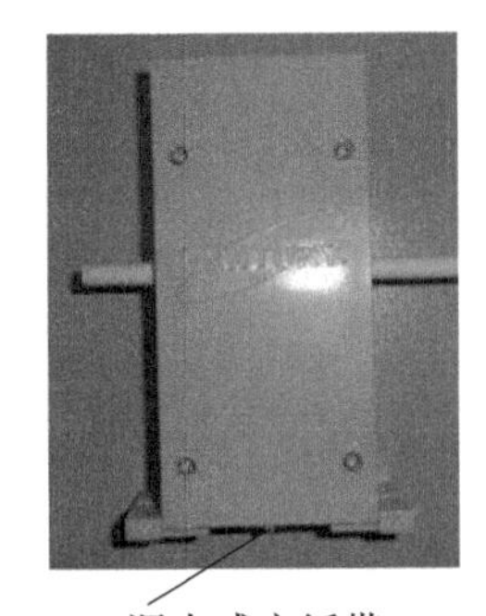

图 8-77 防漏水装置图

遇漏水可瞬间触发，100% 截断进水管路，预防并可彻底杜绝漏水造成财产的损失。

（5）装修时预埋安装基本需求

装修时预埋安装基本标准接口参数如表 8-44 所示。

表 8-44 预埋安装基本标准接口参数

| 装修预备现场图示 | 备注 |
| --- | --- |
|  | 在整体装修时可按图提前设计，装修时预备好电源、水源、自然排水管，装修预备要求如下：<br>1.电源：三孔接地AC220V离地70cm，功率不小于1500W；<br>2.水源：二分之一寸内丝接头，堵头堵死即可，标配三通转专用小球阀；<br>3.排水：二分之一寸PVC管自然排污水即可；<br>4.饮水点：共10个，可满足300~500人日常饮用；<br>5.整机尺寸：高1400cm × 宽390cm × 深300cm，占地$0.12m^2$。 |

整体装修时可按图提前设计，可由装修方施工电源、水源、自然排水管。

（6）滤芯更换周期

滤芯更换由使用周期和处理水量两项参数决定，如表8-45所示。

表 8-45 滤芯更换周期表

| PPF滤芯 | KDF滤芯 | GAC滤芯 | 三合一滤芯 | RO膜 |
| --- | --- | --- | --- | --- |
| 11个月 | 11个月 | 11个月 | 11个月 | 23个月 |
| 1.耗材更换除上述定期更换周期外，增加不定期更换，因自来水季节变化与用量相关，滤芯堵塞需强制更换。<br>2.超量水机提前提示，滤芯图标闪烁，用户报修时，售后人员需上门检测更换，并刷卡复位重新计量。<br>3.季节变化或用量较大，口感略有差异，用户可报修上门维护更换。 | | | | |

（7）室内装修顶棚、墙面安装方法及装修预埋处理

吊顶顶棚预埋3/4寸PVC管，进水管外层保护如图8-78所示，防鼠咬及PVC管老化破坏。

图8-78　顶棚预埋管图

墙面专用PE管外层安装装饰防护装饰条，如图8-79所示。

图8-79　专用防护装饰条

（8）技术参数和设备运维参数

学样直饮水系统技术参数如表8-46所示。

表 8-46 设备技术参数表

| 反渗透膜规格 | 反渗透膜品牌要求 | 额定功率 | 额定总净水量 | 净水流量 | 制热水量 | 适用人数 |
|---|---|---|---|---|---|---|
| JZY-A1XB-A1：50G、JZY-A5B2-ZW：600G | 自有品牌膜片 | 600W | JZY-A1XB-A1：2000L、JZY-A5B2-ZW：12000L | ZY-A1XB-A1：7L/h、JZY-A5B2-ZW：40L/h | JZY-A1XB-A1:5L/h、JZY-A6G:5L/h | JZY-A1XB-A1:50人 |

学样直饮水系统设备运维参数如表8-47所示。

表 8-47 设备运维参数表

| 出水水质 | 节能保护 | 滤芯自动更换提醒 | 漏水保护 | 自动清洗 | 自动杀菌 | 资质认证 |
|---|---|---|---|---|---|---|
| 符合《生活饮用水水质处理器卫生安全与功能评价规范——反渗透处理装置》（2001）的要求 | 2小时无人放水停止加热，8小时无人放水停止制冷 | 有自动更换提醒功能 | 漏水自动检测并关闭水源，2小时无人使用自动关闭净水阀 | 每次造水前自动清洗滤芯18秒，提升出水安全等级 | 每4小时投加一次臭氧3分钟，预防二次污染 | 水批等资质认证齐全有效 |

**5. 学校直饮水区别传统饮水的优势**

（1）与桶装水的比较

学样直饮水与桶装水的比较如表8-48所示。

表 8-48　与桶装水的比较内容表

| 比较内容 | 直饮净水机 | 桶装水+饮水机 |
| --- | --- | --- |
| 水费支出 | 机器免费安装和保养，只需支付水费 | 储存、运输、人工费用全部摊入水费中 |
| 水质安全与卫生 | 即造即喝，无假水、黑心桶担忧 | 遇到黑心商家，水源无保障、水桶材质掺假等 |
|  | 定时投放臭氧，保证无菌，增加水中溶解氧，提升水的品质 | 储存、运输、饮用过程中“二次污染”导致细菌超标已成技术壁垒 |
| 水机清洗 | 设有自动反冲洗功能 | 需要定期人工清洗，保养经常不到位 |
| 反复加热 | 2小时不取热水，加热功能自动关闭，环保节能防干烧 | 放一杯就开始加热，形成“千滚水” |
| 占用空间 | 仅为0.1m$^2$左右 | 除了饮水机还要至少放2只水桶，以便及时更换 |
| 订水送水 | 无须订水送水，无须专人管理，智能化运行 | 需要专人管理水票、水桶、订水，夏天集中订水经常不能及时到位 |
| 售后服务 | 400中心24小时服务，售后工程师定期上门检测水质和维护保养，更换滤芯 | 水站多为私人小老板，服务意识差，缺乏体系，服务经常不及时、不到位 |

（2）与电茶炉比较

学校直饮水与电茶炉的比较如表8-49所示。

表 8-49　与电茶炉的比较内容表

| 比较内容 | 直饮净水机 | 电茶炉 |
| --- | --- | --- |
| 使用成本 | 每台机器每年收取固定的净水服务费 | 一般10~15千瓦/台，每天加热4小时，耗电40~60度 |

（续表）

| 比较内容 | 直饮净水机 | 电茶炉 |
| --- | --- | --- |
| 水质安全与卫生 | 净化后去除有害物质，水质鲜活健康 | 自来水加热，口感差，无法去除重金属、有害有机物，长期饮用有致病风险 |
| 饮水便捷 | 有冰凉水、常温水、热水可供选择 | 单一热水，一般都需大杯接水放凉后饮用 |
| 售后服务 | 免费定期上门检测保养、滤芯更换、售后服务，机器老化不能维护，免费更换 | 开水炉内壁、加热管、浮球易结垢，配件经常需要更换，后续维修成本高或需要重新购买 |
| 安全性 | 童锁保护功能 | 容易烫伤 |
| 节能环保 | 2小时无人接热水自动停止加热功能 | 不停加热，耗电量大且形成“千滚水”；先接水再放凉，能耗浪费 |

（3）运维成本对比

学校使用桶装水与共享直饮水机运维成本对比如表8-50所示。

表8-50　运维成本对比表

| 对比用量 | 饮水方式 | 支出成本 | 备注 |
| --- | --- | --- | --- |
| 共2430人饮用，约120桶/天 | 桶装水 | 每天1200元，1年432000元 | 2430人饮用1.5L/（天·人）；桶装水10元/桶 |
| | 直饮水机方案 | 升级后约585元/天，每年支出213400万元 | |

注：直饮水机饮用水安全、健康、方便，同时可每年为用户节约饮水成本20余万元。

**6. 售后服务**

（1）全天24小时响应系统

智能监控和管理终端用户设备的使用信息，确保用户的正常安全饮水。全天24小时接听用户的来电，同时定期回访终端用户，确保用户正常饮水和安全。建立CRM客户信息系统，运用智能云端物联网系统监控终端设备使用状态，实时监控水值，每季度定期回访用户使用状态。

（2）建档并提供个性化售后服务

标准的维保材料和零件由公司免费提供，产品使用期间提供免费定期上门更换滤芯、售后维护。在产品使用期间，建立客户档案，以提供更加优质的个性化服务。

（3）服务团队

有厂商的专业售后服务团队、统一的服务标准及服务时效，能在安装、维修、维护及保养方面提供专业的服务。

（4）服务响应

全年24小时的全天候服务，紧急报修3小时内到达，8小时内解决设备断水问题；24小时内解决设备故障问题；不能解决无法维修的免费更换新设备。

（4）定期水质检测

水质检测标准参数如表8-51所示。

表8-51　水质检测标准参数

| 检验项目 | 单位 | 检验依据 | 技术要求 |
|---|---|---|---|
| 色度 | 度 | GB/T 5750.4-2006（1.1） | ≤5度 |
| 臭和味 | / | GB/T 5750.4-2006（3.1） | 无异臭和异味，不得有能觉察的臭和味 |
| 肉眼可见物 | / | GB/T 5750.4-2006（4.1） | 不产生任何肉眼可见的碎片杂物等 |

（续表）

| 检验项目 | 单位 | 检验依据 | 技术要求 |
|---|---|---|---|
| 浑浊度 | NTU | GB/T 5750.4 -2006（2.1） | ≤ 0.5度（NTU） |
| pH值 | / | GB/T 5750.4 -2006（5.1） | 高于5.0 |
| 溶解性总固体 | mg/L | GB/T 5750.4 -2006（8.1） | ≤ 1000 mg/L |
| 菌落总数 | CFU/ml | GB/T 5750.4 -2006（1） | ≤ 50 CFU/ml |
| 总大肠菌群 | MPN/100ml | GB/T 5750.4 -2006（2.1） | 每100ml水样不得检出的个数 |
| 首次安装完成第三方检测后提供合格报告（费用3000元），后续由企业自己的水质监督检测实验室，每学期开学前免费上门取水样检测，并提供书面检测报告。 | | | |

在学校中公示的水质检测报告如图8-80所示。

检 验 报 告

上海疾控安全健康保健评价中心

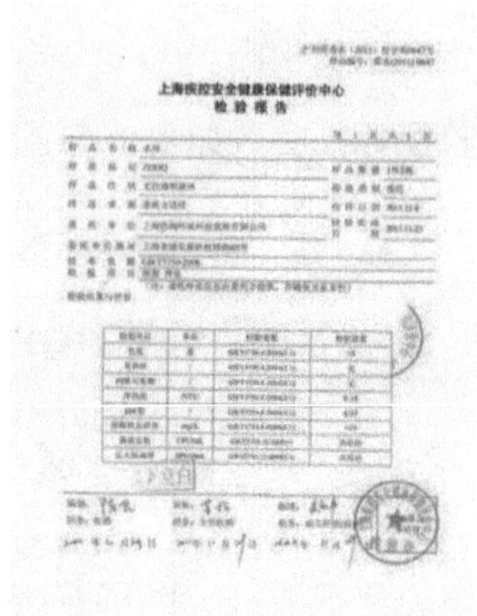

上海疾控安全健康保健评价中心

检 验 报 告

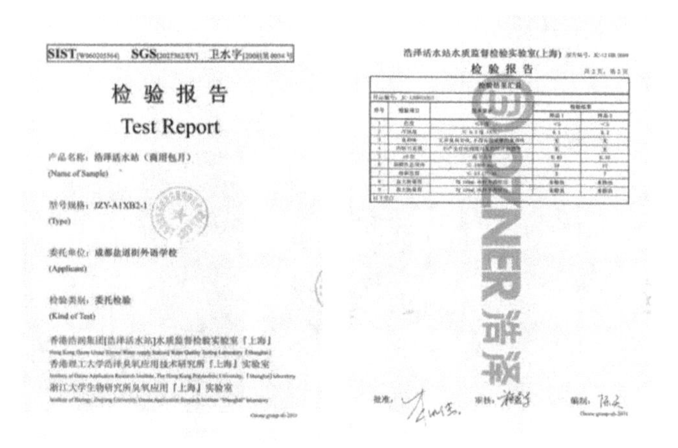

SIST　SGS　卫水字

检 验 报 告

Test Report

产品名称：浩泽活水站（商用包月）

(Name of Sample)

型号规格：JZY-A1XB2-1

(Type)

委托单位：成都盐道街外语学校

(Applicant)

检验类别：委托检验

(Kind of Test)

香港浩润集团[浩泽活水站]水质监督检验实验室『上海』

香港理工大学浩泽臭氧应用技术研究所『上海』实验室

浙江大学生物研究所臭氧应用『上海』实验室

浩泽活水站水质监督检验实验室(上海)

检 验 报 告

图 8-80　水质检测报告

**7. 项目实施具体进度控制**

（1）第一阶段（4天）

项目小组成立与人员调配；部门主管动员大会；安装整体计划制订与分工；现场考察并设计安装图；安装物料和工具计划与准备。

（2）第二阶段（5天）

水管路及电路布置；根据学校情况制订安装计划；跟进发货和仓库设备接货；根据水电管理已经敷设完善的地点，开始陆续送货到各处。

（3）第三阶段（8天）

根据到货情况组织安排安装派工；质量监督小组配合巡检；验收小组开始组织内检；技术总监现场巡检和指导。

（4）第四阶段（4天）

内检合格出具相应报告；安装竣工采购方验收；验收组组织安排外检；与权威检验机构或者当地卫生防疫部门协调安排官方水质检测，并出具检验报告（15~30天）。

### 8. 工程项目实景图

（1）项目现场施工如图8-81所示。

图8-81　项目现场施工

（2）直饮水设备如图8-82所示。

图8-82　使用中的直饮水设备

## 五、运维模式案例（5）：区域集中购买服务（PPP）运维模式

### 1. 学校直饮水设备集中购买服务模式分析

市政府为了解决中小学生的健康饮水问题，通过仔细的研究，在分析地区的实际情况后，决定采用政府购买服务的PPP模式来解决校园健康饮水问题。从2003年开始就启动了中小学校园健康饮水工程项目，要

求以“为学生终身健康引入一泓清泉”的战略思维，下大力气解决师生在校的喝水问题。现已解决了700多所学校、近60万中小学生在校饮水的问题。学校直饮水的供水运营模式是先采用竞争性招标的办法引入两家企业，在中标的企业中由学校自主选择，并和这个企业签订比较长期的合同，采用政府按年购买服务、师生畅饮的运维模式，根据每年学校喝水的总人数，给企业支付服务费用。中标企业要负责学校直饮水设备的安装、施工、运营、维护、保养、清洗、消毒、更换滤料等工作；在每个学期开学前一周，由企业出资在学校的监督下并由疾控部门统一采样，监测直饮水的水质。学校负责提供直饮水设备机组的安装场地和直饮水设备日常的水电费用等。这种服务模式下学校更便于管理，学生、家长、教师、学校都满意，既解决了日常的饮水问题，也不会出现饮水的安全事故。由于只有供水达标、运维合格、师生满意后企业才能拿到每年的服务费，所以企业会自觉地按照疾控部门的要求更换滤料，对设备进行消毒、清洗和维护。企业也会在一个长时间内稳定的逐渐收回投资并实现盈利。

**2. 项目运维模式简介**

以长沙市某中学为例，具体分析学校直饮水工程的PPP运维模式。这所中学是教育局直属学校，有着相当悠久的历史，学校本部地处长沙市天心区，其管道直饮水工程始建于2008年9月，当时在校学生有4600多名，加上教职员工，共约5000人。在使用直饮水之前的饮水方式是饮用桶装水和学生自备水及超市的瓶装水，饮水卫生问题时有发生。为彻底解决学生健康饮水问题，长沙市卫计委、教育局、市政府高度重视，采用公开竞争性谈判方式引入了3家企业入围。学校在中标入围的企业中根据学校实际情况，选择了纳滤净水机组，来扩建和改造校园直饮水项目。

湖南省长沙市天心区处于长、株、潭“金三角”的核心位置，湘江长沙段上游是省会城市的水源重地。湘江长沙天心区段26.5公里全部属于饮用水源保护区，长沙市50%的自来水厂均在此水域内取水，水质的好坏直接影响到学校及周边的饮水安全。由于学校的历史悠久，自来水的管道年份久远，部分虽经过改造升级，但是还是会有末梢水的水质不稳定的现象。所以通过专家全面审核，根据当时的技术工艺，学校决定使用纳滤净水工艺进行净化升级，产品水经过紫外线加臭氧消毒后通过管道输送到学校的饮水处，来满足饮水的需要。

根据合同要求，企业免费为这所学校投资建设校园直饮水设备及管道系统，并负责运行维护，再由财政每年按学生人数向企业支付饮水服务费，饮水服务费标准参照长沙市县区的标准统一执行。

**3. 直饮水方案简述**

每个楼宇为一个单元，以集中净化分质供水为直饮水方案原理，每栋楼有一套独立的制水、供水管道，以及终端加热和分质出水系统，可以给每个教室和办公室提供一个饮水点，实现直饮水入教室的目标。本设备是直饮水系统中央净水站的成套设备，由纳滤净水系统、恒压供水系统、杀菌消毒系统和后处理系统组成。

（1）工程概况

① 建设标准

应符合《管道直饮水系统技术规范》CJJ 110–2006（后修改为《建筑与小区管道直饮水系统技术规程》CJJ/T 110–2017）和建设部《饮用净水水质标准》（CJ 94–2005）的要求。

② 营商模式

项目由长沙市本地企业投资建设，包括主机系统、管网系统和终端饮水系统。建成后按人数由长沙市财政局统一支付学生饮水服务费用，教职员工则免费喝水。

③ 运营状况

项目经过近半年的精心施工，于2009年4月通过了长沙市政府组织的验收，开始正常运行，供应健康、安全、洁净的优质直饮水，期间经过一次全面的大型修理，至今运营10年，系统尚正常良好。主机型号为YHQ-NF-1000，机房如图8-83所示。

图8-83　颐鹤泉机房

（2）直饮水系统工艺

直饮水系统工艺流程如图8-84所示。

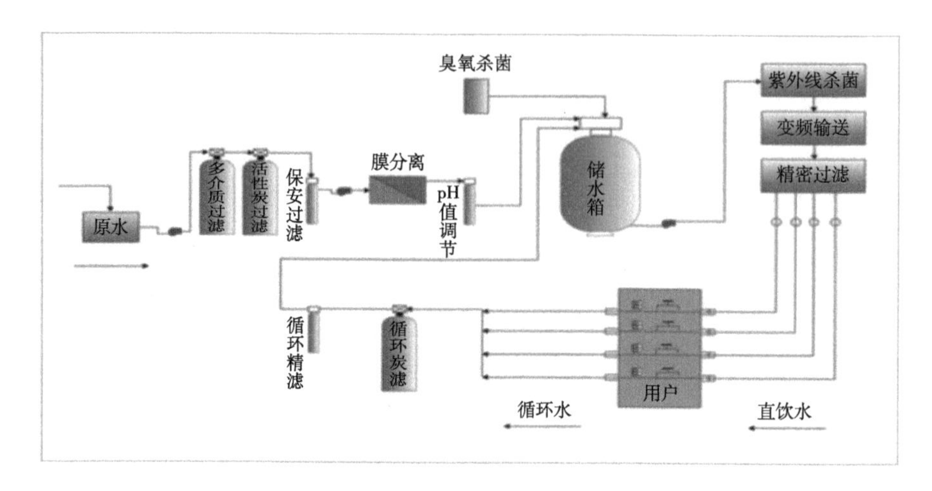


图 8-84 颐鹤泉直饮水系统工艺流程图

（3）系统技术要点

① 核心技术

系统采用中科院研发的纳滤主机，纳滤膜从美国进口。经过该主机处理的水，滤除了病菌、病毒、重金属、氟化物、氰化物、农药、放射性物质等对人体有毒有害的杂质，保留了部分对人体有益的微量元素，打开水龙头就可生饮。

② 口感调节

拥有《纯净水生产中pH值的改善方法》专利技术，设置口感调节器，直饮水经过口感调节器后，其酸碱度适合大众口味，并增加了部分人体所需的微量元素。

③ 杀菌消毒

设计了优质直饮水杀菌装置，设置多道杀菌消毒程序：一是臭氧杀菌保鲜，二是紫外线杀菌消毒，并使用食品级不锈钢管道，确保水质无任何二次污染。

④ 管网布置

系统管网采用食品级铝塑复合管循环布置，并采用变频供水技术，使水体24小时定时循环，确保饮水点水质新鲜。

⑤ 水质标准

系统严格按照国家直饮水规范《建筑与小区管道直饮水系统技术规程》（CJJ/T 110–2017）设计施工，由疾病预防控制中心检测，水质达到国家建设部《饮用净水水质标准》（CJ 94–2005）要求。

⑥ 管网

管网全部采用食品级的铝塑复合管，如图8–85所示。

图8–85　食品级的铝塑复合管

⑦ 终端机

根据使用场所及人员数量的不同，该项目使用了三种型号的终端饮水设备。教学楼采用了23台四龙头不锈钢温开饮水机（每层楼一台）；教师、行政办公室采用了70台立式温开饮水机；宿舍楼层采用了60台壁挂式温开饮水机。

⑧ 其他

以上设备、管材均有涉水产品卫生许可批件，终端机均有涉水产品卫生许可批件和3C认证。

**4. 运维服务**

（1）饮水量测算

按《建筑与小区管道直饮水系统技术规程》标准2升/（人·天）计算，该校5000人，每天需提供10吨直饮水。公司制水设备为1000型，即1吨/小时，完全可满足饮水量需求。

（2）主机运行

采用无人值守、全自动化运行的方式。如出现任何故障，设备会自动停机报警。

（3）服务方式

① 报修与主动检修相结合。

② 电话回访和咨询相结合。

③ 问卷调查与公司现场督查相结合。

④ 信息反馈与学校家长群信息相结合。

（4）服务内容

① 每月自检测一次水质，确保直饮水符合标准。

② 每月定时巡检与维护。

③ 每学期更换一次耗材，对管网和终端机进行清洗消毒，并提供第三方有资质的检测机构水质检测报告。

④ 增加终端机数量和变换位置。

⑤ 紧急处置水质异常状况。

⑥ 保持直饮水机房和设备的洁净、卫生、干燥，并随时上锁。同时

做好机房内的看板管理和更新。

⑦ 直饮水满意度调查，包括水质口感、饮水率、服务及时率、服务质量等方面，采用问卷或随机询问方式，进行满意度调查。调查结果上报公司总经理并存档，作为改善服务的主要依据。

（5）运维的主要实际操作规范

① 清洗消毒：根据湘江流域自来水水质状况和使用特点，暂定：学校、幼儿园每年寒暑假开学前进行清洗消毒、更换耗材；水质较差或原水为河水、井水的，视具体情况和水质检测结果来定。总之水质标准应符合国家建设部《饮用净水水质标准》（CJ 94–2005）。清洗消毒完毕后，由有资质的检测机构取样并检测，检测结果送或寄给客户。取样检测时间一般为一周左右。若检测结果达不到标准要求，则需重新对设备清洗消毒，直至合格。

② 耗材更换：主要是石英砂、活性炭、PP棉滤芯、NF膜等。一般和清洗消毒同步进行，对到期或水质不能达标的耗材，要及时更换，同时也要防止过剩更换，耗材更换必须使用有合格批件的供应商，同时随同水质检测报告、更换耗材明细一起交给学校留存并公示。

③ 设备保养：定期保养和巡回保养相结合。根据用户档案，应当定期对直饮水设备进行常规保养，内容包括：外观清洁、加润滑油、听有无异常噪音、运转是否正常、杀菌消毒设施是否在正常工作、直饮水是否有异味、查看管道是否有漏水、机房环境是否干净、饮水龙头是否漏水、有无松动等。

④ 维护维修：分为两种情况，一是在巡检过程中发现的问题和故障，应立即解决；二是客户报修或投诉，这就需要和客户沟通好，了解清楚问题的现象，最好能有图片，一般在三个工作日内解决。特别规定：出

现了停水故障，当天必须解决。

（6）饮用水卫生管理规定

① 本管理制度中的饮用水是指由我公司制造并安装在学校的直饮水设备所生产的供学校师生饮用的直饮水。不包括自来水、学校购买的桶装水和瓶装水等其他水。

② 直饮水设备应获得省级或省级以上卫生行政主管部门颁发的《涉及饮用水卫生安全产品卫生许可批件》，如图 8-86 所示。

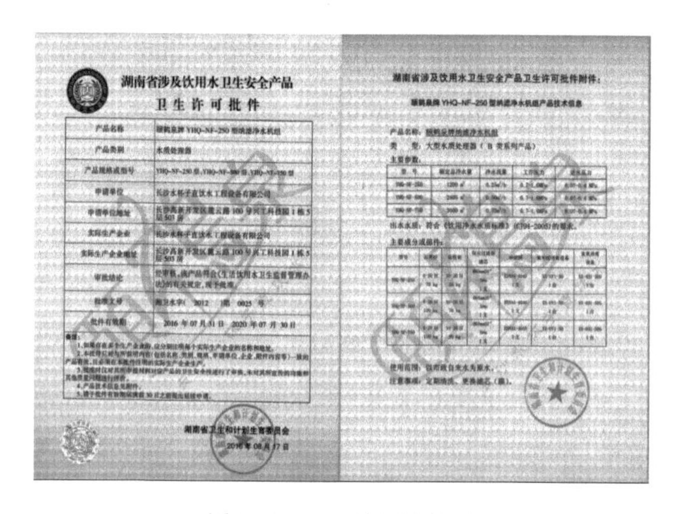

湖南省涉及饮用水卫生安全产品

卫生许可批件

| 产品名称 | [illegible]泉牌 YHQ-NF-250 型纳滤净水机组 |
|---|---|
| 产品类别 | 水质处理器 |
| 产品规格或型号 | YHQ-NF-250 型、YHQ-NF-500 型、YHQ-NF-750 型 |
| 申请单位 | 长沙水杯子直饮水工程设备有限公司 |
| 申请单位地址 | 长沙高新开发区麓云路 100 号兴工科技园 1 栋 5 层 503 房 |
| 实际生产企业 | 长沙水杯子直饮水工程设备有限公司 |
| 实际生产企业地址 | 长沙高新开发区麓云路 100 号兴工科技园 1 栋 5 层 503 房 |
| 审批结论 | 经审核，该产品符合《生活饮用水卫生监督管理办法》的有关规定，现予批准。 |
| 批准文号 | 湘卫水字（2012）第 0025 号 |
| 批件有效期 | 2016 年 07 月 31 日　2020 年 07 月 30 日 |

湖南省卫生和计划生育委员会

2016 年 08 月 17 日

湖南省涉及饮用水卫生安全产品卫生许可批件附件：

[illegible]泉牌 YHQ-NF-250 型纳滤净水机组产品技术信息

类　型：大型水质处理器（B 类系列产品）

主要参数：

出水水质：符合《饮用净水水质标准》（CJ94-2005）的要求。

主要成分或部件：

使用范围：以市政自来水为原水。

注意事项：定期清洗、更换滤芯（膜）。

图 8-86　卫生许可批件图

③ 学校饮用水应达到《饮用净水水质标准》（CJ 94-2005）的规定。

④ 公司应配置专业服务人员，并必须取得体检合格证后方可上岗工作，并每年进行一次健康检查，凡患有痢疾、伤寒、病毒性肝炎、活动性肺结核、化脓性或渗出性皮肤病及其他有碍饮用水卫生疾病的和病源携带者，不得直接从事学校饮水服务工作；未经卫生知识培训不得上岗工作。

⑤ 公司应定期对学校直饮水系统进行安全卫生巡查，检查直饮水系统运行情况，排查故障，打扫直饮水设备卫生。

⑥ 为节能减排、避免电气安全隐患和发生漏水事故，寒暑假期服务人员应关闭直饮水设备。

⑦ 每学期开学前15天，服务人员应做好设备的维护保养工作，更换滤芯滤料并对直饮水系统进行清洗消毒。开学前10天请有资质的水质检测机构，对直饮水取样检测，水质达标后方可启动供水。

⑧ 学校应安排兼职饮水管理员，并时刻与我司专职服务员对接，发现问题及时处理；如果学校兼职饮水管理员处理不了，立即通知我司服务人员到现场处理。

⑨ 执行饮用水水质月自检制度，每月自检一次。月检项目包括：臭和味、色度、肉眼可见物、pH值、浊度。

⑩ 建立学校直饮水卫生管理制度和卫生管理档案。卫生管理档案包括以下资料：卫生管理制度、饮用水突发事件应急预案、日常巡检记录、系统维修记录、月度自检报告、学期维护保养记录、学期清洗消毒记录、学期水质检测报告等资料。

⑪ 加强学校师生及家长饮水安全卫生知识培训，提高安全饮水和节约用水的意识，树立自觉保护饮用水设备设施的理念，建立文明、安全、节约的绿色校园。

（7）服务报样表

主机运维服务单如图8-87所示。

# 直饮水工程设备有限公司

## 主机系统滤材清洗、更换服务单（机站系列）

| 客户名称 | | 工作时间 | |
|---|---|---|---|
| 主机型号 | | 主机位置 | |

**主机系统滤材清洗、更换服务单（机站系列）**

**一、清洗前检查**

| 序号 | 内容 | 检查情况(划√) | |
|---|---|---|---|
| 1 | 主机房是否符 | 标准 | 不标准（拍照取证） |
| 2 | 主机运行是否 | 正常 | 不正常（拍照取证） |
| 3 | 主机房环境是 | 整洁 | 不整洁（拍照取证） |
| 检查说明 | | | |

**二、水质采样**

| 序号 | 样品名 | 样品标签号 |
|---|---|---|
| 1 | 原水样 | |
| 2 | 清洗前 | |
| 3 | 清洗后 | |
| | | |

**三、预处理系统拆装**

| 序号 | 部件名称 | | 部件完好（划√） |
|---|---|---|---|
| 1 | 多介质过滤器 | | |
| 2 | 活性炭过滤器 | | |
| 3 | 保安过滤器 | | |
| 4 | | | |
| 5 | | | |
| 6 | | | |

**客户评价：□不满意 □满意 □非常满意**

**客户意见：**

**签字： 年 月 日**

**四、滤材的清洗更换**

| 序号 | 滤材名称 | 更换数量 | 清洗时间 | 合格（划√） |
|---|---|---|---|---|
| 1 | 保安 PP 棉 | | | |
| 2 | 后置 PP 棉 | | | |
| 3 | 终端 PP 棉 | | | |
| 4 | 石英砂（3 年） | | | |
| 5 | 活性炭（3 年） | | | |
| 6 | PH 滤料（3 年） | | | |
| 7 | 膜（3 年） | | | |
| | | | | |
| | | | | |
| | | | | |

**五、主机运行检查**

| 序号 | 内容 | 合格（划√） |
|---|---|---|
| 1 | 水泵运行是否正常、有无噪声 | |
| 2 | O3、紫外线消毒设备是否正常 | |
| 3 | 机柜各种仪表显示是否正常 | |
| 4 | 主机管道是否有漏水现象 | |
| 5 | 机组是否能自动运行 | |
| 6 | 电器开关、机组外观是否有损伤 | |

**六、清洗完工后事项**

| 序号 | 内容 | 完成（划√） |
|---|---|---|
| 1 | 清洗完成，取水样，标记水样 | |
| 2 | 粘贴清洗标签 | |
| 3 | 清点水样 | |
| 4 | 清理物料 | |
| 5 | 清理工具 | |
| 6 | 打扫整理场地 | |
| 7 | 拍照取证 | |
| 8 | 向客户报告工作 | |

**有任何异常情况，请及时拍照存档，以便后续处理！**

| 备注： | |
|---|---|

图 8-87 主机运维服务单

系统运维清洗消毒服务单如图 8-88 所示。

| 附件 2 | | | | | | | |
|---|---|---|---|---|---|---|---|
| 直饮水工程设备有限公司 | | | | | | | |
| 主机系统、管道、终端机消毒服务单 | | | | | | | |
| 客户名称 | | 维护人员 | | 工作时间 | ……………至…………… | | |
| 主机型号 | | 主机编号 | | 主机位置 | | | |
| 主机系统消毒服务记录 | | | | | | | |
| 一、消毒用品 | | | 四、主机水箱消毒 | | | | |
| 序 | 内容 | | 序号 | 内容 | 使用数量 | 消毒时间 | 符合要求 |
| 1 | 二氧化氯 | | 1 | 二氧化氯 | | | |
| 2 | 去污粉 | | 2 | 去污粉 | | | |
| 二、消毒工具 | | | 3 | 臭氧消毒机 | | | |
| 序 | 名称 | | 五、管道消毒 | | | | |
| 1 | 十字起 | | 序号 | 消毒内容 | 消毒时间 | 符合要求（划√） | |
| 2 | 大号刷子 | | 1 | 所有管道都 | | | |
| 3 | 清洗用皮手套 | | 2 | 是否按工艺 | / | | |
| 4 | 清洁布 | | 六、终端机消毒 | | | | |
| 5 | 水桶 | | 序号 | 消毒内容 | 消毒时间 | 符合要求（划√） | |
| 6 | 牙刷 | | 1 | 终端机内水 | | | |
| 7 | 镊子 | | 2 | 冷热水龙头 | | | |
| 8 | 棉签 | | 3 | 所有硅胶管 | | | |
| 9 | 拂尘刷 | | 4 | 接水盒 | | | |
| 10 | EVA 网纹管 | | 5 | 外部 | | | |
| 11 | 便携式臭氧消毒机 | | 七、运行检查 | | | | |
| 三、个人用品 | | | 序号 | 内容 | | | 合格（划√） |
| 序 | 部件名称 | 符合规范（划√） | 1 | 主机运行是否正常 | | | |
| 1 | 工作牌 | | 2 | 臭氧、紫外线消毒设备是否正常 | | | |
| 2 | 工作服 | | 3 | 管道消毒水是否排净 | | | |
| 3 | 清洗消毒 | | 4 | 主机管道是否有漏水现象 | | | |
| 4 | 口罩 | | 5 | 管道、终端机的水是否有异味 | | | |
| 5 | 手套 | | 6 | 所有拆装过的部分是否恢复到位 | | | |
| 客户评价：□不满意　□满意　□非常满意 | | | 六、清洗完工后事项 | | | | |
| 客户意见： | | | 序号 | 内容 | | | 完成（划√） |
| | | | 1 | 粘贴清洗标签 | | | |
| | | | 2 | 清理物料 | | | |
| | | | 3 | 清理工具 | | | |
| | | | 4 | 打扫整理场地 | | | |
| | | | 5 | 拍照取证 | | | |
| | | | 6 | 向客户报告工作 | | | |
| 签字：　　年　月　日 | | | 有任何异常情况，请及时拍照存档，以便后续处理！ | | | | |

图 8-88　系统运维清洗消毒服务单

学校直饮水系统巡检表如图8–89所示。

<table>
<tr><td colspan="4">**附件3**</td></tr>
<tr><td colspan="4">**直饮水系统巡检表**</td></tr>
<tr><td colspan="4">**客户名称：** **主机型号：** **主机编号：**</td></tr>
<tr><td colspan="4">**巡检人员：** **巡检时间：** **主机位置：**</td></tr>
<tr><td colspan="4">**一、系统运行状态**</td></tr>
<tr><td>序号</td><td>检查项目</td><td>符合（打√）</td><td>备注</td></tr>
<tr><td>1</td><td>制水系统</td><td></td><td></td></tr>
<tr><td>2</td><td>供水系统</td><td></td><td></td></tr>
<tr><td>3</td><td>PH值调节器</td><td></td><td></td></tr>
<tr><td>4</td><td>臭氧杀菌器</td><td></td><td></td></tr>
<tr><td>5</td><td>紫外线杀菌器</td><td></td><td></td></tr>
<tr><td colspan="4">**二、设备运行状态**</td></tr>
<tr><td>序号</td><td>检查内容</td><td>符合（打√）</td><td>备注</td></tr>
<tr><td>1</td><td>水泵运行是否正常、有无噪声</td><td></td><td></td></tr>
<tr><td>2</td><td>机柜各种仪表显示是否正常</td><td></td><td></td></tr>
<tr><td>3</td><td>主机管道是否有漏水现象</td><td></td><td></td></tr>
<tr><td>4</td><td>机组是否能自动运行</td><td></td><td></td></tr>
<tr><td>5</td><td>电器开关、机组外观是否有损伤</td><td></td><td></td></tr>
<tr><td colspan="4">**三、电导率情况**</td></tr>
<tr><td>序号</td><td>检查内容</td><td>符合（打√）</td><td>备注</td></tr>
<tr><td>1</td><td>电导率数值显示</td><td></td><td></td></tr>
<tr><td colspan="4">**四、机房状况**</td></tr>
<tr><td>序号</td><td>检查内容</td><td>符合（打√）</td><td>备注</td></tr>
<tr><td>1</td><td>机房是否洁净、整齐、无杂物</td><td></td><td></td></tr>
<tr><td>2</td><td>机房所有电线、照明有无老化或破损</td><td></td><td></td></tr>
<tr><td>3</td><td>机房内是否存放有毒物品</td><td></td><td></td></tr>
<tr><td>4</td><td>机房是否具备通风、散热条件</td><td></td><td></td></tr>
<tr><td>5</td><td>机房门是否能上锁</td><td></td><td></td></tr>
<tr><td colspan="4">**用户确认签字：**</td></tr>
</table>

图8–89 直饮水系统巡检表样图

### 5. 饮用水突发事件应急预案

本应急预案中的饮用水是指由我公司制造并安装在学校的直饮水设

备所生产的供学校师生饮用的直饮水。不包括自来水、学校购买的桶装水和瓶装水等其他水。

本应急预案适用于学校直饮水系统突发性事件的应急处置。突发性事件主要包括：饮用水受生物、化学、毒剂、病毒、油污、放射性物质等污染；因原水（自来水）停水而导致48小时饮用水不能供水；因学校停电导致饮用水48小时不能供水；直饮水设备发生严重故障48小时无法恢复饮用水供水；直饮水设备和管网系统因发生自然灾害遭到破坏，48小时内无法修复而导致饮用水不能供水；传染性疾病爆发而导致饮用水不能供水；学生因饮用直饮水出现突发性疾病导致饮用水不能供水。

应建立如下日常预防预警机制：

（1）日常巡查

① 学校兼职饮用水管理人员每天对本校饮水系统巡查1次，及时了解学校饮水系统设备运行情况、供水情况、终端饮水机运行情况，并把相关信息反馈到我公司专职服务员。

② 专职服务员定期对所辖区域内每个学校直饮水系统进行巡查，及时了解学校饮水系统运行情况，发现隐患或问题及时解决。

（2）定期检测

① 严格按照《饮用水卫生管理制度》做好学校饮用水月检。

② 每学期开学前对饮水水质进行1次检验，检测合格方可启动供水。

（3）应急响应

① 由学校向教育局、卫计委报告突发事件情况。

② 学校饮水系统发生后，由教育局、学校和我公司三方负责组织实施事故应急、抢险、排险、抢修、快速修复、恢复重建等方面的工作。

（4）应急响应措施

① 饮用水受生物、化学、毒剂、病毒、油污、放射性物质等污染时，立即停止供水，取样送检、分析原因、查找污染源、排除并处理污染。污染处理后，多次反复检测饮用水质，直到饮用水质达标后，方可恢复供水。

② 因原水（自来水）停水而导致48小时饮用水不能供水时，学校安排其他合格的饮用水供师生饮用，同时与自来水公司协商，要求尽快恢复自来水供水。

③ 因学校停电导致48小时饮用水不能供水时，学校安排其他合格的饮用水供师生饮用，同时与电力公司协商要求尽快恢复供电。

④ 直饮水设备发生严重故障48小时无法恢复饮用水供水时，我司提供直饮水备用设备，保证饮用水停水时间不超过48小时。

**6. 学校运营状况**

随着物质生活水平的提高，人们对饮水的质量提出了更高的要求，健康和安全的饮用水日益受到人们的广泛关注。在这种背景下，立项研发的系列优质直饮水设备开始应用于学校的管道直饮水系统，这些产品既符合健康饮水概念，又十分安全可靠。学校的直饮水项目经过近半年的精心施工，于2009年4月通过了长沙市政府组织的专家验收，开始正常运行，供应健康、安全、洁净的优质直饮水，期间经过一次全面的大型修理，至今运营10年，系统一直保持正常良好的工作状态。通过长期运用标准化的运维模式进行运维，既为学校提供了优质直饮水，又可保证学校和设备公司双方的经济效益。

# 附 1：参考文献

[1]中华人民共和国教育委员会. 学校卫生工作条例（1990年第10号令）[Z].1990.

[2]国家发展和改革委员会等.关于做好农村学校饮水安全工程建设工作的通知（改农经〔2005〕第 1592号）[Z].2009.

[3]国家卫生计生委办公厅等.关于加强学校食源性疾病监测和饮用水卫生管理工作的通知（国卫办食品函〔2014〕887号）[Z].2014.

[4]国家健康卫生委员会.关于印发省级涉及饮用水卫生安全产品卫生行政许可规定的通知（国卫办监督发〔2018〕25号）[Z].2018.

[5]中华人民共和国卫生部.生活饮用水集中式供水单位卫生规范（卫法监发〔2001〕161号）[Z].2001.

[6] 中华人民共和国建设部/中华人民共和国卫生部.生活饮用水卫生监督管理办法（1996年卫生部令第53 号）[Z].1996.

[7]中国质量检验协会净水设备专业委员会.净水行业工作手册[M].北京：中国标准出版社，2015：108 — 121.

[8]人力资源和社会保障部教材培训中心等.家用净水器销售、安装和售后服务人员岗位能力培训教材[M].北京：中国劳动社会保障出版社，2016：47 — 54.

[9]吴志刚，李杰，等.饮用水安全危机及对策[M].武汉：长江出版社，2013：74—92.

[10]沈英琪，线亚威，辛珉，董雪莲.校园直饮水现状调查与配备研究[J].教育与装备研究，2017（10）：3—10.

[11]丁秋华，何欢，任凌颖，等.国内外家用净水器及活性炭滤芯的技术标准现状分析[J].净水技术，2017（11）：7—12.

[12]杨靖，周柏青，黄荣华.纳滤膜处理优质饮用水[J].水处理技术，2004（10）：288—289.

[13]王晓琳.纳滤膜分离机理及其应用研究进展[J].化学通报，2001（2）：86—90.

[14]任汉文，蔡璇，朱煜，等.臭氧消毒技术研究进展[J].给水排水2011（37）：208—209.

[15] Mo.Yibing. Effects of water chemistry on NF/RO membrane structure and performance[D]. Los Angeles：University of Calfornia，2013：3—5.

# 附 2：学校直饮水设备现行参考标准

[1] 中华人民共和国建设部. 饮用净水水质标准：CJ 94–2005[S]. 北京：中国标准出版社，2005.

[2] 中华人民共和国住房和城乡建设部. 建筑与小区管道直饮水系统技术规程：CJJ/T 110–2017[S]. 北京：中国建筑工业出版社，2017.

[3] 中华人民共和国国家质量监督检验检疫总局，中国国家标准化管理委员会. 压力容器 [ 合订本 ]：GB 150.1~ GB 150.4–2011[S]. 北京：中国标准出版社，2011.

[4] 中华人民共和国国家市场监督管理总局，中国国家标准化管理委员会. 管道元件　公称尺寸的定义和选用：GB/T 1047–2019[S]. 北京：中国标准出版社，2019.

[5] 中华人民共和国国家卫生和计划生育委员会. 食品安全国家标准 食品添加剂使用标准：GB 2760–2014[S]. 北京：中国标准出版社，2014.

[6] 中华人民共和国国家卫生和计划生育委员会，国家食品药品监督管理总局. 食品安全国家标准 食品中污染物限量：GB 2762–2017[S]. 北京：中国标准出版社，2017.

[7] 中华人民共和国国家环境保护总局，国家质量监督检验检疫总局. 地表水环境质量标准：GB 3838–2002[S]. 北京：中国环境科学出版社，

2002.

[8] 中华人民共和国国家质量监督检验检疫总局，中国国家标准化管理委员会.家用和类似用途电器噪声测试方法 通用要求：GB/T 4214.1-2017[S].北京：中国标准出版社，2017.

[9] 中华人民共和国国家质量监督检验检疫总局，中国国家标准化管理委员会.家用和类似用途电器的安全 第1部分：通用要求：GB 4706.1-2005[S].北京：中国标准出版社，2005.

[10] 中华人民共和国国家质量监督检验检疫总局，中国国家标准化管理委员会.家用和类似用途电器的安全 液体加热器的特殊要求：GB 4706.19-2008[S].北京：中国标准出版社，2008.

[11] 中华人民共和国国家质量监督检验检疫总局，中国国家标准化管理委员会.家用和类似用途电器的安全 商用电开水器和液体加热器的特殊要求：GB 4706.36-2014[S].北京：中国标准出版社，2014.

[12] 中华人民共和国国家质量监督检验检疫总局，中国国家标准化管理委员会.电气安全术语：GB/T 4776-2017[S].北京：中国标准出版社，2017.

[13] 中华人民共和国国家卫生和计划生育委员会.食品安全国家标准 食品接触材料及制品通用安全要求：GB 4806.1-2016[S].北京：中国标准出版社，2016.

[14] 中华人民共和国卫生部，中国国家标准化管理委员会.生活饮用水卫生标准：GB 5749-2006[S].北京：中国标准出版社，2006.

[15] 中华人民共和国卫生部，中国国家标准化管理委员会.生活饮用水标准检验方法：GB/T 5750.1 ~ GB/T 5750.13-2006[S].北京：中国标准出版社，2006.

[16] 中华人民共和国国家质量监督检验检疫总局，中国国家标准化管理委员会. 钢制阀门一般要求：GB/T 12224–2015[S]. 北京：中国标准出版社，2015.

[17] 中华人民共和国国家质量监督检验检疫总局，中国国家标准化管理委员会. 地下水质量标准：GB/T 14848–2017[S]. 北京：中国标准出版社，2017.

[18] 中华人民共和国国家质量监督检验检疫总局，中华人民共和国卫生部. 二次供水设施卫生规范：GB 17051–1997[S]. 北京：中国标准出版社，1997.

[19] 中华人民共和国国家质量监督检验检疫总局，中华人民共和国卫生部. 饮用水化学处理剂卫生安全性评价：GB/T 17218–1998[S]. 北京：中国标准出版社，1998.

[20] 中华人民共和国国家质量监督检验检疫总局. 生活饮用水输配水设备及防护材料的安全性评价标准：GB/T 17219–1998[S]. 北京：中国标准出版社，1998.

[21] 中华人民共和国国家质量监督检验检疫总局，中国国家标准化管理委员会. 陶瓷片密封水嘴：GB 18145–2014[S] 北京：中国标准出版社，2014.

[22] 中华人民共和国国家质量监督检验检疫总局. 室内空气中臭氧卫生标准：GB/T 18202–2000[S]. 北京：中国标准出版社，2000.

[23] 中华人民共和国国家质量监督检验检疫总局，中国国家标准化管理委员会. 学校卫生综合评价：GB/T 18205–2012[S]. 北京：中国标准出版社，2012.

[24] 中华人民共和国国家质量监督检验检疫总局，中国国家标准化

管理委员会.反渗透水处理设备：GB/T 19249–2017[S]. 北京：中国标准出版社，2017.

[25] 中华人民共和国国家卫生和计划生育委员会.食品安全国家标准 包装饮用水：GB 19298–2014[S].北京：中国标准出版社，2014.

[26] 中华人民共和国国家质量监督检验检疫总局，中国国家标准化管理委员会.城市给排水紫外线消毒设备：GB/T 19837–2005[S].北京：中国标准出版社，2005.

[27] 中华人民共和国国家质量监督检验检疫总局，中国国家标准化管理委员会.膜分离技术 术语：GB/T 20103–2006[S].北京：中国标准出版社，2006.

[28] 中华人民共和国国家质量监督检验检疫总局，中国国家标准化管理委员会.冷热饮水机：GB/T 22090–2008[S]. 北京：中国标准出版社，2008.

[29] 中华人民共和国卫生部，中国国家标准化管理委员会.臭氧发生器安全与卫生标准：GB 28232–2011[S].北京：中国标准出版社，2011.

[30] 中华人民共和国国家质量监督检验检疫总局，中国国家标准化管理委员会.家用和类似用途饮用水处理装置：GB/T 30307–2013[S].北京：中国标准出版社，2013.

[31] 中华人民共和国国家质量监督检验检疫总局，中国国家标准化管理委员会.饮水机能效限定值及能效等级：GB 30978–2014[S].北京：中国标准出版社，2014.

[32] 中华人民共和国国家质量监督检验检疫总局，中国国家标准化管理委员会.超滤膜测试方法：GB/T 32360–2015[S].北京：中国标准出版社，2015.

[33]中华人民共和国国家质量监督检验检疫总局，中国国家标准化管理委员会.卷式聚酰胺复合反渗透膜元件：GB/T 34241-2017[S].北京：中国标准出版社，2017.

[34]中华人民共和国国家质量监督检验检疫总局，中国国家标准化管理委员会.纳滤膜测试方法：GB/T 34242-2017[S].北京：中国标准出版社，2017.

[35]中华人民共和国国家质量监督检验检疫总局，中国国家标准化管理委员会.反渗透净水机水效限定值及水效等级：GB 34914-2017[S].北京：中国标准出版社，2017.

[36]中华人民共和国国家质量监督检验检疫总局，中国国家标准化管理委员会.家用和类似用途饮用水处理装置性能测试方法：GB/T 35937-2018[S].北京：中国标准出版社，2018.

[37]中华人民共和国住房和城乡建设部.室外给水设计标准：GB 50013-2018[S].北京：中国建筑工业出版社，2018.

[38]中华人民共和国住房和城乡建设部，中华人民共和国国家质量监督检验检疫总局.建筑给水排水设计规范（2009年版）：GB 50015-2003[S].北京：中国计划出版社，2009.

[39]中华人民共和国住房和城乡建设部.通用用电设备配电设计规范：GB 50055-2011[S].北京：中国计划出版社，2011.

[40]中华人民共和国住房和城乡建设部.自动化仪表工程施工及质量验收规范：GB 50093-2013[S].北京：中国计划出版社，2013.

[41]中华人民共和国住房和城乡建设部.中小学校设计规范：GB 50099-2011[S].北京：中国建筑工业出版社，2010.

[42]中华人民共和国住房和城乡建设部.民用建筑隔声设计规范：

GB 50118–2010[S].北京：中国建筑工业出版社，2010.

[43]中华人民共和国住房和城乡建设部.电气装置安装工程 接地装置施工及验收规范：GB 50169–2016[S].北京：中国计划出版社，2016.

[44]中华人民共和国住房和城乡建设部.电气装置安装工程 低压电器施工及验收规范：GB 50254–2014[S].北京：中国计划出版社，2014.

[45]中华人民共和国住房和城乡建设部.给水排水管道工程施工及验收规范：GB 50268–2008[S]. 北京：中国建筑工业出版社，2008.

[46]中华人民共和国住房和城乡建设部.建筑工程施工质量验收统一标准：GB 50300–2013[S].北京：中国建筑工业出版社，2013.

[47]中华人民共和国住房和城乡建设部.建筑电气工程施工质量验收规范：GB 50303–2015[S]. 北京：中国建筑工业出版社，2015.

[48]国家卫生健康委员会.消毒产品卫生安全评价技术要求：WS 628–2018[S].北京：中国标准出版社，2018.

# 后　记

本书是教育装备研究与发展中心基本科研业务专项课题《学校直饮水设备运维模式适用性研究》(课题编号：KZX201709)的研究成果。

本书由辛珉执笔。参与本书部分章节编写的有：

线亚威（第一章），沈英琪（序言、第六章第一节），夏建新（第二章第一节、第六章第三节），段蕊、邓哲（第五章第二节第四部分），赵宝云（第七章第二节），王冰、夏建中（第二章第二节与第三节、第八章第一节第一部分），何应斌（第三章第四节、第八章第一节第二部分），徐建广（第八章第一节第三部分），骆文平（第八章第一节第四部分），任国飞（第八章第一节第五部分），李杰（第七章第一节第三部分、第八章第二节第一部分），靳锋（第八章第二节第二部分），刘东、张永杰（第八章第二节第三部分），李红高（第八章第二节第四部分），易显早（第八章第二节第五部分）。

清稿由王茜负责并完成，初稿和终稿由中央民族大学夏建新教授审阅，并提出了重要的修改意见和建议。

在此对所有教育装备和教育后勤装备的领导与老师及提供案例素材

的单位和学校提供的帮助、关心和支持表示诚挚的谢意。

由于本人水平有限，疏漏或错误在所难免，恳请各位领导、专家、老师提出宝贵建议和意见，以便再版时加以修订。

学校直饮水设备运维模式适用性研究 课题组